DIFUSÃO MÁSSICA

Blucher

Marco Aurélio Cremasco

DIFUSÃO MÁSSICA

Difusão mássica

Editora Edgard Blücher Ltda.

Imagem da capa: *Pintura sobre papelão*, Solange Bonilha Ribeiro Cremasco

Blucher

Rua Pedroso Alvarenga, 1245, 4° andar
04531-934 – São Paulo – SP – Brasil
Tel.: 55 11 3078-5366
contato@blucher.com.br
www.blucher.com.br

Segundo Novo Acordo Ortográfico, conforme 5. ed. do *Vocabulário Ortográfico da Língua Portuguesa*, Academia Brasileira de Letras, março de 2009.

Dados Internacionais de Catalogação na Publicação (CIP)
Angélica Ilacqua CRB-8/7057

Cremasco, Marco Aurélio
Difusão mássica / Marco Aurélio Cremasco. -- São Paulo : Blucher, 2019.
284 p. : il.

Bibliografia
ISBN 978-85-212-1390-1 (impresso)
ISBN 978-85-212-1391-8 (e-book)

1. Engenharia química 2. Massa - Transferência 3. Química I. Título.

19-0084 CDD 660.28423

Índice para catálogo sistemático:
1. Engenharia química : Difusão mássica

Para Solange Bonilha Ribeiro Cremasco, minha esposa.

APRESENTAÇÃO

Aqueles que se dedicam à ciência e à tecnologia buscam elementos que lhes permitam desenvolver habilidades para pensar, analisar, abstrair, inovar, propor ideias e pô-las em prática. Urge incentivar pensadores comprometidos e que tenham a noção clara e responsável da utilização de seu conhecimento, pois dele depende a vida de tantos. Não se trata de humanizar o técnico ou vice-versa, mas moldar o espírito das pessoas para a realidade que não se cansa de nos assombrar com rapidez, levando-nos para um futuro nada previsível, contudo possível de manter o planeta vivo e vibrante. Com tal desejo e esperança é que apresentamos este livro: *Difusão mássica*.

O fenômeno de difusão mássica está associado ao espalhamento da matéria, basicamente em escala microscópica, aleatória e regida naturalmente pela 2ª lei da termodinâmica. Trata-se, sobretudo, de uma ciência multidisciplinar, pois abarca conhecimentos de matemática, química, física e, em particular, termodinâmica e fenômenos de transporte, sendo destes a fundamentação para a transferência de massa. Neste caso específico, encontra-se a presença da contribuição do fenômeno da difusão mássica em processos tecnológicos que envolvem a separação da matéria, como, por exemplo, adsorção, absorção, extração e destilação, e, portanto, está em várias indústrias de transformação, tais como nas indústrias química, agrícola, metalúrgica, têxtil, de papel, de petróleo, petroquímica, farmacêutica, de alimentos. Por decorrência, a compreensão da ciência da difusão mássica torna-se necessária para amplo leque de engenharia.

Usualmente o estudo de difusão mássica restringe-se ao escopo da disciplina de transferência de massa, e, ainda assim, quando oferecida na grade curricular de cursos de graduação ou de pós-graduação. No século XXI, torna-se necessário novo olhar para a ciência de formação, principalmente porque esta precisa acolher considerável número de informações, oriundas de novas ferramentas para o processamento matemático, novos materiais e, principalmente, para escalas cada vez menores de detalhamento de fenômenos no qual enfoques determinísticos carecem ser reavaliados e aqueles probabilísticos devem ser retomados. Sob tal contexto, a presente obra divide-se em onze capítulos.

O Capítulo 1 apresenta a contextualização da difusão mássica no âmbito da transferência de massa e uma breve história da difusão mássica, na qual se discorre sobre os fundadores dessa ciência e as contribuições oferecidas, desde a sua origem, como as de Graham, Fick e Maxwell, passando pelo movimento browniano e pelos processos termodinâmicos irreversíveis até o advento da difusão em sistemas multicomponentes. Ao abordar a difusão mássica sob esse aspecto, a presente obra também se endereça à história da ciência, pois a história da difusão mássica acompanha a do desenvolvimento científico, tecnológico e da própria humanidade na busca da compreensão do universo em que está enraizada.

No Capítulo 2, a difusão mássica é inserida no campo de conhecimento da termodinâmica, de onde são estabelecidas as condições para que esse fenômeno aconteça, explicitando o potencial químico enquanto sua força motriz, além da apresentação do coeficiente de difusão fruto das relações de Onsager.

Após a apresentação do coeficiente de difusão, os Capítulos 3 a 8 são direcionados ao estudo de mecanismos da difusão de solutos (átomos, moléculas ou íons), espécie sujeita ao transporte, nos distintos estados da matéria (gás, líquido, sólido cristalino), incluindo fluidos supercríticos, nanomateriais, sólidos porosos e membranas. O objetivo de tais capítulos também é o de apresentar equações (ou correlações) para a estimativa de valores para o coeficiente de difusão, considerando-se sistemas binários, em que o soluto *A* difunde-se no meio *B*. Já o Capítulo 9 aborda tal coeficiente em um meio configurado como sistema multicomponente, com a presença de vários solutos.

Enquanto nos capítulos anteriores o enfoque para a difusão mássica era, basicamente, molecular ou atômico, em que não havia interesse em descrever a distribuição de concentração do soluto, sua concentração média ou sua trajetória, os Capítulos 10 e 11 cumprem tal tarefa. No Capítulo 10, assume-se a hipótese do contínuo e a descrição da difusão mássica é assumida como fickiana, apresentada de forma determinística por meio da equação da continuidade destinada ao soluto *A*. Estuda-se a difusão mássica binária em meio gasoso acompanhada de reação química em meio líquido, em sólido cristalino, e a difusão mássica em sólido poroso, sendo, nesse caso, direcionada tanto para a adsorção física quanto para a difusão mássica acompanhada de reação química heterogênea. Já no último capítulo, descreve-se a difusão mássica em meio discreto e probabilístico, cujo foco é avaliar a trajetória da molécula do soluto. A difusão mássica, nesse capítulo, é vista como fenômeno aleatório e tratada como processo estocástico markoviano, utilizando-se para sua descrição os modelos de Ehrenfest, do passeio aleatório e de Langevin.

São apresentados, do segundo ao último capítulo, exemplos resolvidos na intenção de se fixar conteúdos. Tais exemplos também se direcionam à inserção da ciência e da tecnologia para questões inerentes à relação entre o ser humano e o meio que o cerca, como preservação do ar atmosférico, tratamento de água para consumo e de efluentes industriais. Os exemplos permitem a reflexão multissistêmica na medida em que se inserem na problemática de combustíveis e de biocombustíveis, na importância da difusão mássica para a elaboração de fármacos, com o nítido comprometimento com o bem-estar da geração do presente assim como o de gerações futuras, com o compromisso de manter este mundo mais solidário e sustentável.

Ressalte-se que as referências bibliográficas utilizadas, em auxílio fundamental para a composição deste livro, são apresentadas no final para serem também fontes de consulta.

Agradeço, aqui, a todos que contribuíram – de algum modo – para que este livro acontecesse. A começar pelos meus alunos de mestrado e doutorado, cujos trabalhos auxiliaram no aprofundamento da compreensão de diversos fenômenos de transferência de massa. Aos colegas da Faculdade de Engenharia Química da Unicamp, em particular àqueles do convívio diário, possibilitando a troca constante de aprendizagem. Ao Eduardo Blücher, meu editor e parceiro há mais de uma década, que compartilha a crença de um país melhor. Estendo o agradecimento à equipe da Blucher pela presteza e pelo carinho. E, claro, à minha família, por estar presente onde quer que eu esteja.

Marco Aurélio Cremasco

CONTEÚDO

CAPÍTULO 1
BREVE HISTÓRIA DA DIFUSÃO MÁSSICA

1.1 APRESENTAÇÃO DO FENÔMENO DA DIFUSÃO MÁSSICA

Um dos primeiros passos para a compreensão do que vem a ser *difusão mássica* está na busca da etimologia do vocábulo *difusão*, que remete ao verbo latino *diffundere*, guardando em si o significado de *espalhar* (MEHRER; STOLWIJK, 2009). Segundo Tateishi (2010), esse verbo é formado pelo prefixo *dif-* (separar – em todas as direções) + *fundere* (derramar, espalhar), conduzindo à possível interpretação de *espalhar em várias direções*. O conceito de difusão é utilizado em diversos campos do conhecimento, estendendo-se da física à química, da biologia à sociologia, chegando à economia (GAUR; MISHRA; GUPTA, 2014), assim como à história e à geografia, como pode ser observado na Figura 1.1, que ilustra a difusão do ser humano moderno pela Europa a partir do Oriente Próximo.

Ao utilizar o termo *difusão*, deve-se, necessariamente, haver um complemento para definir a que difusão se refere. Em outras palavras: difusão de quê? Neste livro, a difusão refere-se ao transporte de matéria, na forma de átomos, moléculas ou íons, em determinado meio, sendo este gasoso, líquido, sólido, em condição termodinâmica de estado supercrítico ou em plasma. Nomeia-se soluto a matéria a ser transportada em tal meio, configurando a difusão mássica (ou molar ou de matéria) a ser estudada nesta obra.

O fenômeno da difusão mássica ocorre exatamente no momento em que os seus olhos estão depositados nesta leitura. Durante a leitura existe a respiração, em que o oxigênio é transferido de seus pulmões para as células de seu sangue, e vice-versa, por mecanismo de difusão mássica (GAUR; MISHRA; GUPTA, 2014). Uma compreensão simples desse fenômeno está no exemplo que se segue: suponha uma gota de tinta depositada, sem agitação e a uma temperatura constante, em um copo contendo água.

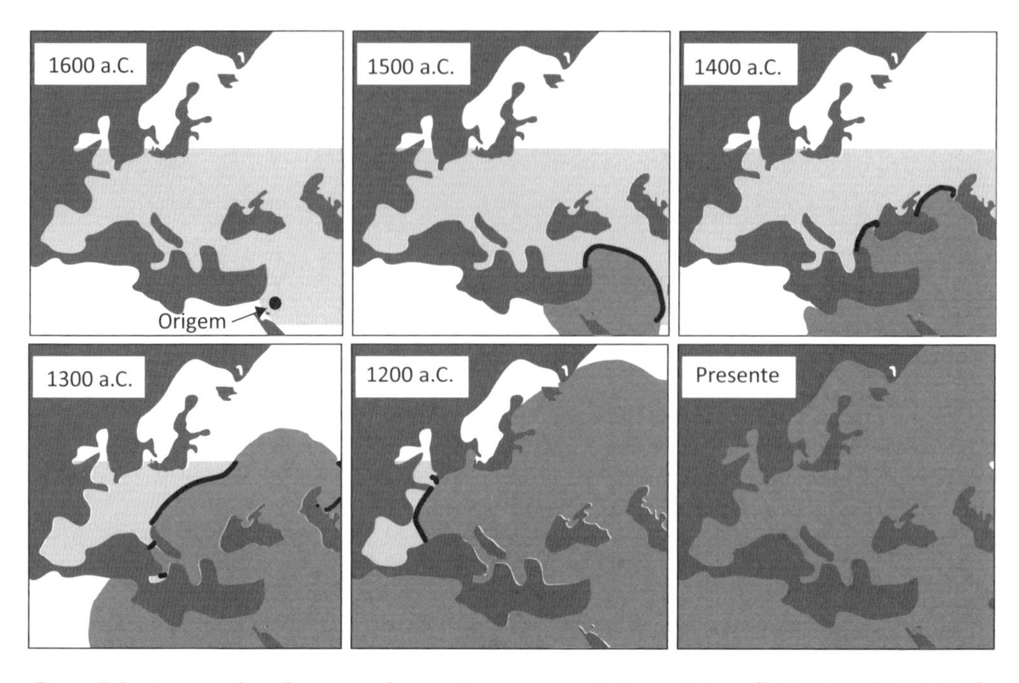

Figura 1.1 – Expansão do ser humano moderno na Europa, a partir do Oriente Próximo (CURRAT; EXCOFFIER, 2004).

Transcorridas algumas horas, a cor se espalhará alguns milímetros e, após vários dias, a solução estará uniformemente colorida (MEHRER; STOLWIJK, 2009). O fenômeno responsável pelo espalhamento da tinta em várias direções na água (*diffundere*) até a homogeneização da solução é resultado da difusão mássica. Nesse exemplo em particular, associa-se a tinta ao soluto e a água ao meio. Nota-se o exemplo típico da difusão mássica em líquidos, que ocorre em escala molecular e governada, basicamente, pela íntima interação entre as moléculas da tinta e da água.

A difusão de moléculas (e mesmo atômica) de determinado soluto é rápida em gases, resultando em taxa de difusão na ordem de centímetros por segundo, e lenta em líquidos, apresentando taxa de difusão, usualmente, na ordem de frações de milímetros por segundo. A difusão mássica em sólidos cristalinos, por sua vez, é um fenômeno por demais lento, e a taxa de difusão diminui fortemente com a redução da temperatura. Perto da temperatura de fusão de um metal, a taxa típica de difusão é de cerca de 1 mícron por segundo; perto da metade da temperatura de fusão desse mesmo metal, a taxa fica na ordem de nanômetros por segundo (MEHRER; STOLWIJK, 2009). Observa-se, claramente, a influência do estado da matéria para a difusão de determinado soluto, oferecendo resistência a essa difusão na medida em que a matéria, de que é constituído o meio em que ocorre a difusão mássica, é condensada, conforme ilustra a Figura 1.2.

A complexidade da descrição da difusão mássica está intimamente associada à mobilidade do soluto no meio considerado, bem como ao seu percurso característico. A dificuldade do transporte do soluto A aumenta na medida em que o meio oferece resistência para tanto, em particular quando se incrementa o adensamento molecular,

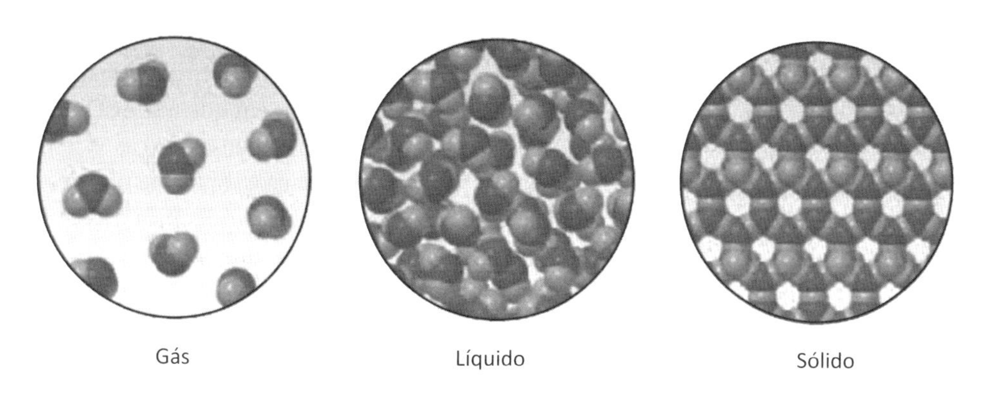

Figura 1.2 – Distintos estados da matéria (BROWN et al., 2004).

dificultando-se a mobilidade do soluto. A Figura 1.3 ilustra simulações das trajetórias de certo soluto gasoso nos meios gasoso, líquido e sólido. Observa-se o maior deslocamento do soluto à medida que tal agrupamento molecular é diluído, facilitando o fluxo do soluto através do meio.

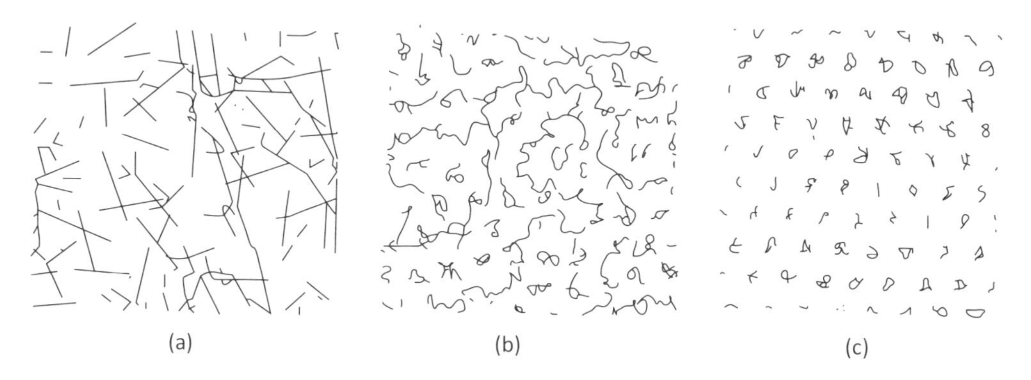

Figura 1.3 – Trajetória do soluto *A*: (a) meio gasoso; (b) meio líquido; (c) meio sólido (baseada em IIDA; GUTHRIE, 1988).

1.2 CONTEXTUALIZAÇÃO DA DIFUSÃO MÁSSICA NO ÂMBITO DA TRANSFERÊNCIA DE MASSA

Seja qual for o estado da matéria, verifica-se a presença do fenômeno da difusão mássica em processos tecnológicos envolvendo aqueles de separação da matéria (ou de transferência de massa), tais como adsorção, absorção, secagem, combustão, cristalização, extração, lixiviação, destilação. Enfim, em qualquer processo em que se deseja separar ou adicionar determinado componente em dada mistura ou solução.

Ao constatar a difusão mássica em aplicações tecnológicas, é importante ressaltar que, enquanto a difusão mássica é governada pela interação molecular soluto-meio, na qual se dá o fluxo mássico em escala molecular, há advecção mássica, cujo transporte do soluto é resultado de seu arraste pelo meio em que está contido. Em se tratando desse escoamento, torna-se fundamental descrever a natureza da transferência de quantidade de movimento e do equipamento em que ocorre. No que se refere ao escoamento em reator tubular, por exemplo, identifica-se o regime laminar, em que a transferência de quantidade de movimento ocorre em escala molecular, na qual as forças viscosas são preponderantes; já no regime turbulento, há interação macroscópica de pacotes de fluidos, sendo as forças inerciais as mais importantes. Na situação específica do regime turbulento, associa-se à difusão mássica turbilhonar o carreamento de matéria devido à ação dos turbilhões presentes no escoamento.

No caso de esse reator vir a ser um leito fixo, as forças viscosas são associadas ao escoamento darcyniano, fortemente atrelado às propriedades físicas, como as porosidades tanto do leito quanto das partículas que compõem o recheio. Ao se mencionar condição fluidodinâmica, pode-se especificá-la em termos de movimento do meio, causado por agentes externos, como a ação de um ventilador, caracterizando a convecção mássica forçada. Todavia, esse movimento pode ser resultado da pressão parcial do soluto de forma a alterar a densidade do meio. Essa variação em conjunto com uma força volumar qualquer (gravidade, por exemplo) caracteriza o empuxo mássico, determinando o aparecimento das correntes de convecção mássica natural. Ressalte-se que a diferença entre advecção mássica (ou contribuição convectiva) e convecção mássica é que a primeira se refere tão somente ao arraste do soluto devido à ação do meio, ou seja, trata-se de uma contribuição ao fluxo mássico do soluto; a convecção mássica diz respeito a um fenômeno de transferência de massa global, que abriga efeitos advectivo, difusivo e da geometria em que ocorre tal fenômeno.

Pode haver determinado grau de mistura macroscópica de pacotes de fluidos, ainda que o escoamento ocorra em regime laminar ou darcyniano. Isso acontece, por exemplo, quando se inserem dispositivos em equipamentos (aletas em tubulações) ou devido à fase particulada contida em leitos recheados, o que faz com que o soluto, presente na fase móvel que escoa no interior do equipamento, não se distribua de forma homogênea em todo o contactor (regiões de zonas mortas, por exemplo). Tais efeitos alteram o perfil parabólico do escoamento do meio, no caso do regime laminar, caracterizando a dispersão mássica. A dispersão mássica, assim sendo, surge devido ao grau de mistura do meio, independentemente da natureza do escoamento.

Para que se procure uma compreensão pouco mais abrangente do que foi exposto, considere a situação em que se busca separar determinado soluto (um fármaco) contido em uma solução alcoólica. Para tanto, utiliza-se a técnica de adsorção, conforme a Figura 1.4. Nota-se, na Figura 1.4a, o leito fixo, de $Área = \pi D^2/4$ (D, diâmetro da coluna), que é alimentado com a solução que contém o fármaco a ser adsorvido à vazão volumétrica igual a Q, resultando na velocidade superficial $q = Q/Área$. A solução, ao entrar na coluna, vai se deparar com o recheio (ou fase particulada ou adsorventes), cujas partículas são porosas e apresentam porosidade ε_p (Figura 1.4b). Os interstícios entre os adsorventes são caracterizados pela fração de vazios (ou porosidade do leito), ε, propiciando a velocidade intersticial $u = q/\varepsilon$.

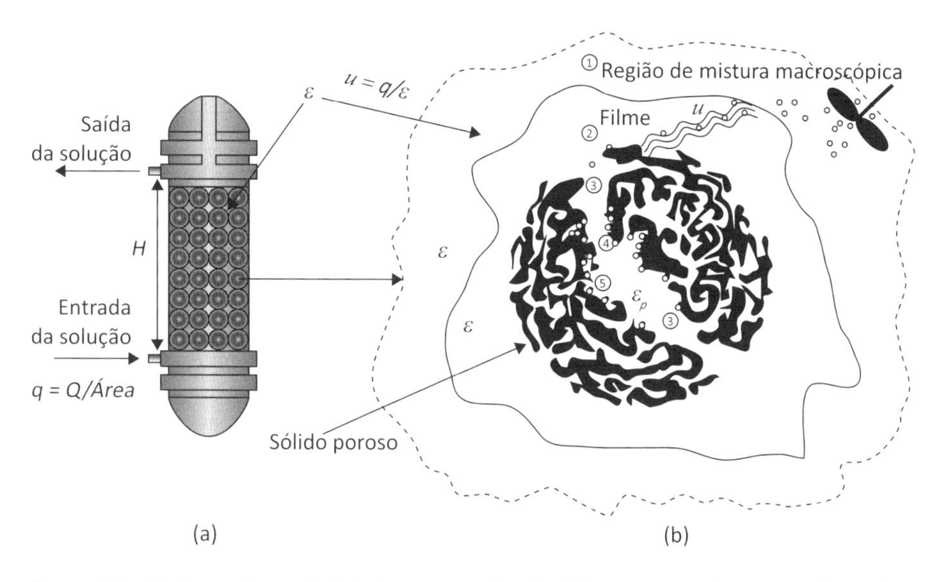

Figura 1.4 – Fenômeno de transferência de massa envolvendo vários mecanismos de transporte de matéria.

Na dinâmica da adsorção física, considerando-a isotérmica, são identificadas, pelo menos, cinco etapas: a etapa 1 é o transporte do soluto desde o seio do fluido até a superfície do adsorvente, distante o bastante desta a ponto de o transporte não sofrer influência cisalhante do sólido. Essa etapa é importante na medida em que se identifica o nível de mistura que ocorre no reator por meio da dispersão axial. Nesse caso, assume-se o transporte macroscópico de matéria por correntes dispersivas (agitação) até uma distância em que a ação da parede do adsorvente começa a tornar-se importante. Nessa região, verifica-se a etapa 2, presente na região de filme, em que há predomínio de ação advectiva, por meio do carreamento do soluto por parte da solução, além do espalhamento molecular do soluto nesse filme, que está associado à difusão livre do fármaco no fluido, caracterizando a convecção mássica. Ao entrar em contato com a fase particulada, de natureza porosa, etapa 3, passa a existir a ação decisiva de mecanismos difusivos, governados por efeitos microscópicos. Na etapa 4, o soluto, ao atingir os sítios disponíveis e apresentando afinidade termodinâmica com estes, é adsorvido, passando a difundir-se na superfície interna do adsorvente, etapa 5. Independentemente das etapas apontadas na Figura 1.4, sempre haverá difusão mássica, uma vez que se refere à íntima interação soluto-meio (fármaco-solução). Sua observação, identificação e descrição é um capítulo essencial da história da ciência, uma vez que guarda abordagem multissistêmica e transcende a sua aplicação tecnológica, como será visto a seguir.

1.3 O NASCIMENTO DA CIÊNCIA DA DIFUSÃO MÁSSICA: GRAHAM E FICK

A ideia de a matéria ser constituída por átomos advém de *Demócrito* de Abdera, filósofo grego que viveu cerca de quatrocentos anos antes de Cristo. No entanto, uma prova experimental teve que esperar por mais de dois milênios. O conceito de átomos e moléculas começou a tomar forma definitiva na comunidade científica a partir do inglês *John Dalton* (1766-1844) (MEHRER, 2007). O irlandês *Robert Boyle* (1627-1691), por sua vez e intuitivamente, observou a difusão em sólidos cristalinos (sem mencioná-la) no seu estudo *The porosity of bodies*. Em 1684, Boyle fez com que o zinco se difundisse em uma das faces de uma moeda de cobre. O lado da moeda exposto ao zinco ficou na cor dourada, enquanto o outro lado manteve a cor original (NARASIMHAN, 1999; MEHRER; STOLWIJK, 2009). Além da observação de Boyle, cabe mencionar que, no século XVIII, mais precisamente em 1752, o francês *Jean-Antoine Nollet* (1700-1770) relatou o movimento seletivo de líquidos através de uma membrana semipermeável (no caso, uma bexiga de animal) (NARASIMHAN, 1999).

Os primeiros trabalhos, baseados em metodologia experimental e direcionados especificamente ao estudo da difusão mássica, são creditados ao escocês *Thomas Graham* (1805-1869). Considerado o químico mais influente de sua época e um dos fundadores da físico-química (MEHRER, 2007), Graham deu início ao estudo quantitativo e metódico sobre difusão mássica em gases, em grande parte desenvolvido entre 1828 e 1833, cujos resultados foram publicados na *Philosophical Magazine*, em 1833, reconhecendo que gases distintos, quando postos em contato, não se arranjam de acordo com a sua densidade, com o mais pesado pondo-se abaixo do mais leve. Em vez disso, difundem-se, um através do outro, até atingir a homogeneização da mistura (MEHRER; STOLWIJK, 2009). Desse modo, quando dois ou mais gases são misturados em recipiente fechado, a tendência natural é que tais gases se redistribuam por difusão mássica, de tal forma que a mistura venha a apresentar, após certo tempo, composição uniforme em todos os pontos no volume. Graham mostrou experimentalmente que a taxa mássica na qual cada um dos gases, ϑ_A e ϑ_B, difunde é inversamente proporcional à raiz quadrada, do que se conhece atualmente, de suas massas molares, M_A e M_B, reconhecida como lei de Graham (NARASIMHAN, 1999).

$$\frac{\vartheta_A}{\vartheta_B} \propto \sqrt{\frac{M_B}{M_A}} \tag{1.1}$$

Graham, em 1850, apresentou resultados experimentais de difusão de sais em líquidos em sua conferência *On the diffusion of liquids*, observando que a difusão de solutos nesse estado da matéria era, no mínimo, mil vezes mais lenta do que em gases (MEHRER, 2007; MEHRER; STOLWIJK, 2009). Em relação à difusão de sais em líquido, é necessária a menção de que o físico-químico alemão *Walther Hermann Nernst* (1864-1941), em 1888, estudando a difusão de eletrólitos diluídos em líquidos, postulou que íons individuais migram separadamente, contudo, na mesma velocidade, e que as diferenças nas velocidades iônicas induzidas pela pressão osmótica são compensadas por forças eletrostáticas (NARASIMHAN, 1999).

Apesar de Thomas Graham não ter elucidado, por meio de modelo matemático, a difusão de eletrólitos e de não eletrólitos em líquidos, o seu estudo sobre a difusão de sal em água estimulou o fisiologista alemão *Adolf Eugen Fick* (1829-1901) no desenvolvimento de uma descrição matemática do fenômeno de difusão mássica (MEHRER; STOLWIJK, 2009).

Fick tinha sólida formação em matemática e física. Em 1855, publicou o artigo seminal "Über diffusion", no qual empregou a lei da conservação da matéria e a analogia entre difusão mássica e fluxo hidráulico (lei de Darcy), condução de calor (lei de Fourier) e transporte de carga elétrica (lei de Ohm) para desenvolver as suas leis fundamentais para a difusão mássica (GAUR; MISHRA; GUPTA, 2014). De acordo com Fick, a descrição do fluxo do soluto *A*, em determinado meio *B*, é semelhante ao fluxo de calor por condução térmica, na qual a força motriz para o fluxo de matéria é o gradiente de concentração, conhecida hoje em dia como a 1ª lei de Fick,

$$J_{A,z} = -D_{AB}\frac{dC_A}{dz} \tag{1.2}$$

sendo $J_{A,z}$ o fluxo de difusão molar do soluto *A* na direção *z*; C_A é a concentração molar do soluto *A*; e D_{AB}, o coeficiente binário de difusão do soluto *A* no meio *B*. Fick lançou mão da analogia entre o gradiente de concentração e o de temperatura, *T*, sendo o último a força motriz para o fluxo condutivo de calor (NARASIMHAN, 1999), conhecida como lei de Fourier para a condução de calor,

$$q_z = -k\frac{dT}{dz} \tag{1.3}$$

com q_z, fluxo condutivo de calor na direção *z*; *T*, temperatura; e *k*, condutividade térmica.

A 1ª lei de Fick estabelece que a matéria migra de uma região de maior concentração para uma região de menor concentração dessa mesma matéria. Tanto a 1ª lei de Fick quanto a lei de Fourier são denominadas leis fenomenológicas, pois se caracterizam por apresentarem forças motrizes de concentração, dC_A/dz, e de temperatura, dT/dz, tendo como base as respectivas diferenças, $\Delta C_A \neq 0$ e $\Delta T \neq 0$, para que ocorram os fluxos característicos, uma vez que qualquer fenômeno é resultado de certa diferença.

Além de apontar a nítida relação de causa e efeito para o fenômeno difusivo, em que a causa é o gradiente de concentração e o efeito é o fluxo de matéria (CREMASCO, 2015), a contribuição decisiva de Fick para o campo da difusão mássica foi definir o coeficiente de difusão e medi-lo para difusão de sal em água (MEHRER, 2007). É importante a menção de que, na sua proposição original, o coeficiente de difusão surge como simples constante de proporcionalidade, não havendo – até então – interpretação física para o seu significado.

A 1ª lei de Fick pode ser explicada à luz da teoria cinética dos gases, construída a partir dos trabalhos do físico alemão *Rudolf J. E. Clausius* (1822-1888) sobre o caminho livre médio, em 1858, para o qual se definiu a distância entre os centros de duas moléculas na iminência da colisão, e do escocês de *James Clerk Maxwell* (1831-1879), que, entre 1859 e 1860, descreveu a colisão elástica entre moléculas, considerando-as esferas rígidas, fornecendo uma teoria para os fenômenos de transporte, na qual se introduz o conceito da distribuição de velocidade das moléculas de um gás perfeito, hoje conhecida como distribuição de Maxwell (DIAS, 1994). Os trabalhos de Clausius e Maxwell possibilitaram o advento de uma expressão para o coeficiente de (auto)difusão mássica segundo

$$D_{AA} = \frac{1}{3}\Omega\lambda \tag{1.4}$$

sendo D_{AA} o coeficiente de autodifusão mássica do soluto A no meio constituído de suas próprias moléculas; Ω, a velocidade média molecular; λ, o caminho livre médio. A importância da contribuição da teoria cinética dos gases para a compreensão da difusão mássica está em que essa teoria estabelece, ao seu modo, que o coeficiente de difusão mássica, assim como o próprio fenômeno da difusão mássica, associa-se à interação molecular soluto-meio, estando intimamente vinculado à mobilidade do soluto em determinado meio, assim como a um trajeto característico, que deve ser percorrido pelo soluto, tendo a resistência do meio a ser vencida. Tal compreensão empírica pode ser estendida, inclusive, a outros estados da matéria.

1.4 O IMPACTO DA 2ª LEI DE FICK

Convém ressaltar que outra contribuição de Fick foi empregar o princípio da conservação da matéria em analogia ao tratamento de Fourier para a conservação de energia (MEHRER; STOLWIJK, 2009). Fick propôs uma equação diferencial parcial linear e de segunda ordem para a descrição da distribuição de concentração do soluto no tempo e no espaço, atualmente escrita na forma

$$\frac{\partial C_A}{\partial t} = D_{AB}\frac{\partial^2 C_A}{\partial z^2} \tag{1.5}$$

que é reconhecida como 2ª lei de Fick, inclusive deduzida por Maxwell posteriormente, em 1867. Essa equação possibilita a descrição de vários fenômenos de transferência de massa, incluindo a adsorção física, conforme discutido na seção 1.2. A Equação (1.5) informa que o coeficiente de difusão não depende da concentração do soluto, como, por exemplo, na descrição da evaporação em condições termodinâmicas ideais, e a difusão mássica é dita fickiana. Existem situações em que o coeficiente de difusão depende da concentração do soluto, como a difusão em matrizes poliméricas densas, e o fenômeno da difusão mássica é dita não fickiana, cuja equação diferencial unidimensional é escrita como

$$\frac{\partial C_A}{\partial t} = \frac{\partial^2}{\partial z^2}\left[D_{AB}(C_A)C_A\right] \tag{1.6}$$

Soluções das Equações (1.5) e (1.6) para diversos sistemas envolvendo distintas condições de fronteiras, assim como considerando a simultaneidade entre difusão mássica e quantidade de movimento, além da difusão mássica e transporte de energia e da difusão mássica e reação química, são encontradas no livro *The mathematics of diffusion*, do matemático inglês *John Crank* (1916-2006), cuja primeira edição foi publicada em 1956, e a segunda edição, em 1975. Crank (1975) menciona o termo difusão anômala para a difusão não fickiana. Por outro lado, houve, gradativamente, a acomodação da classificação de difusão anômala para modelos descritos por equações diferenciais fracionadas na forma (SUN et al., 2010)

$$\frac{\partial^{\alpha} C_A}{\partial t^{\alpha}} = K \frac{\partial^{2\beta} C_A}{\partial |z|^{2\beta}}, \; 0 < \alpha \le 1; \; 0 < \beta \le 1 \tag{1.7}$$

sendo K o coeficiente generalizado ou anômalo de difusão; α e β são os coeficientes fracionados de tempo e espaço. Caso $0 < \alpha/\beta < 1$, tem-se a subdifusão; para $\alpha/\beta > 1$, identifica-se a superdifusão; e para $\alpha = \beta = 1$ tem-se a difusão fickiana com $K = D_{AB}$. A Equação (1.7) é reconhecida como equação cinética fracionada de coeficiente anômalo constante, sendo que, em 1993, Samko e colaboradores propuseram o conceito de coeficiente anômalo variável (SUN et al., 2010).

1.5 DIFUSÃO EM SÓLIDOS CRISTALINOS

O trabalho inaugural de Fick, embora direcionado, empiricamente, para a difusão em gases e líquidos, tornou-se o núcleo para a explicação do mecanismo da difusão mássica em sólidos cristalinos (GAUR; MISHRA; GUPTA, 2014). O emprego da 2ª lei de Fick (difusão fickiana) para a difusão mássica em tal meio foi demonstrado em 1896 por Roberts-Austen, químico inglês e assistente de longa data de Thomas Graham. *Sir William Chandler Roberts-Austen* (1843-1902) realizou estudos sobre os efeitos de impurezas nas propriedades físicas de metais e ligas. Sua obra teve aplicações práticas e os seus estudos sobre o diagrama de fase ferro-carbono contribuíram para demonstrar claramente a cementação do ferro por carbono.

Ainda que o trabalho de Roberts-Austen venha a ser fundamental para a base do entendimento da difusão mássica em sólidos cristalinos, detectou-se uma lacuna na sua formulação, a qual se refere à falta de discussão sobre a dependência do coeficiente de difusão com a temperatura. Historicamente, a dependência da constante de velocidade de reação química e difusividades com a temperatura, hoje referidas como *equação de Arrhenius*, deve-se ao cientista sueco *Svante Arrhenius* (1859-1927), que a propôs, em 1889, para descrever a dependência da constante de velocidade de uma reação química com a temperatura em que ocorre, ou

$$k_D = k_0 \exp\left(-\frac{\Delta E}{RT}\right) \tag{1.8}$$

sendo k_D a constante da velocidade da reação; k_0, um fator pré-exponencial; ΔE, a energia de ativação (ou potencial); RT, a energia cinética molecular; R, a constante universal dos gases; e T, a temperatura. Já a dependência do coeficiente difusão atômica, D_a, com a temperatura, considerando-se o fator pré-exponencial, D_0, na forma da equação de Arrhenius, segundo

$$D_a = D_0 \exp\left(-\frac{\Delta E}{RT}\right) \quad (1.9)$$

ocorreu cerca de trinta anos depois, em 1922, devido aos trabalhos do russo *Saul Dushman* (1883-1954) e do norte-americano *Irving Langmuir* (1881-1957), que estudaram a difusão de tório em tungstênio. Langmuir considerou essa relação de cunho empírico sem, contudo, mencionar o trabalho de Arrhenius (MEHRER, 2007; MEHRER; STOLWIJK, 2009).

O físico russo *Yakov Ilich Frenkel* (1894-1952), em 1926, introduziu a ideia de difusão atômica em cristais através de defeitos locais (interstícios entre átomos que compõem a estrutura cristalina) e concluiu que a difusão em sólidos cristalinos ocorre devido a um conjunto de saltos atômicos elementares e interações dos átomos e defeitos na estrutura cristalina (GAUR; MISHRA; GUPTA, 2014). Frenkel sugeriu que a agitação térmica provoca transições de átomos de suas posições normais no retículo cristalino para posições intersticiais, deixando para trás vazios na estrutura cristalina. Esse tipo de mecanismo é denominado defeito de Frenkel (MEHRER, 2007). A contribuição essencial de Frenker foi reconhecer que o mecanismo atômico de difusão em determinada rede cristalina ocorre por meio de excitação térmica dos átomos, parcela RT na Equação (1.9), a ponto de realizar saltos energéticos para vencer a energia potencial ΔE, configurando o que se denominam estados ativados. A Equação (1.9), inclusive, é empregada para a obtenção de correlações experimentais para a predição do coeficiente de difusão em líquidos, em membranas e em certos sólidos porosos.

Em 1942, o norte-americano *Ernest Oliver Kirkendall* (1914-2005) e colaboradores descreveram um então novo mecanismo para a difusão atômica em sólidos cristalinos, hoje conhecido como efeito de Kirkendall, explicando a interdifusão entre cobre e zinco em um sistema cobre-latão. Os dados experimentais de Kirkendall apoiaram a teoria de que a difusão atômica na interface entre dois metais ocorre através de mecanismo de vacâncias na estrutura cristalina, devido à atividade térmica. O efeito de Kirkendall pode ser aplicado para a elucidação de mecanismos difusivos em nanomateriais e tem sido considerado estratégico para a síntese de nanomateriais porosos (EL MEL; NAKAMURA; BITTENCOURT, 2015).

1.6 DO MOVIMENTO BROWNIANO AO SURGIMENTO DA DIFUSÃO ESTOCÁSTICA

O botânico escocês *Robert Brown* (1773-1858) observou o movimento errático de pequenas partículas suspensas em líquido, cujo estudo foi publicado, em 1828, no artigo "A brief account of microscopical observations made in the months of June, July and August 1827 on the particles contained in the pollen of plants". Brown investigou grânulos de pólen da planta *Clarkia pulchella* (MEHRER, 2007), os quais apresentavam por volta de 5 micra a 6 micra de dimensão linear. Tendo em vista tal dimensão, excepcionalmente pequena para a época, Brown denominou tais grânulos como *molecules*, e disso vem outra contribuição sua para a ciência, com a criação do vocábulo *molécula*. A partir de suas observações, Brown escreveu: "Ao examinar a forma dessas partículas imersas em água, notei que várias delas movimentam-se de forma evidente, cujo movimento não advém nem das correntes do fluido e nem de sua evaporação gradual, mas pertencem à partícula em si". Esse movimento incessante, irregular, aleatório e inerente a partículas materiais minúsculas, hoje em dia, é denominado movimento browniano (MEHRER, 2007; MEHRER; STOLWIJK, 2009, p. 12).

O estudo do movimento errático de partículas materiais microscópicas foi retomado pelo cientista francês *Georges Gouy* (1854-1926), que avaliou o comportamento de diferentes partículas em vários fluidos e mostrou que esse movimento é menos intenso em fluidos mais viscosos, independentemente de forças externas. No entanto, até o início do século XX, não houve progresso significativo para a compreensão teórica do movimento browniano. A razão para tanto era que os principais estudos nesse período, como a teoria cinética dos gases, enfocaram as velocidades das partículas, considerando-as segundo a formulação clássica em que velocidade é a derivada do espaço no tempo. Por outro lado, o trajeto descrito por partículas investigadas por Brown e Goy apresentava-se de modo errático, descrevendo o que seria, hoje em dia, identificado como um fractal. Tal percurso se apresenta pouco diferenciável, implicando o comprometimento da obtenção de velocidade do modo habitual até então (MEHRER; STOLWIJK, 2009). Todavia, os trabalhos do físico e matemático alemão *Albert Einstein* (1879-1955) e do físico polonês *Marian Smoluchowski* (1872-1917) vieram a elucidar o movimento browniano e associá-lo à difusão de solutos diluídos em líquidos. Einstein, em 1905, compreendeu que a quantidade básica para a descrição do movimento das partículas em escala browniana não é a velocidade, mas o seu deslocamento quadrático médio, $<x^2>$. Einstein obteve uma relação entre o coeficiente de difusão de partículas suspensas em líquido e a viscosidade dinâmica deste a partir da equação de Stokes para a força viscosa (MEHRER; STOLWIJK, 2009) explicitando numericamente que, em seu movimento errático, as partículas são desaceleradas pela força de arraste advinda do meio líquido (NARASIMHAN, 1999), conforme

$$3\pi\eta_B d_A D_{AB} = k_B T \tag{1.10}$$

sendo o termo à esquerda da igualdade associado à força de arraste, com viscosidade dinâmica do meio, η_B, e d_A, o diâmetro característico da molécula do soluto. O termo à direita está relacionado à energia cinética, térmica, do meio, em que k_B é a constante de Boltzmann. A Equação (1.10) é conhecida como equação de Stokes-Einstein, destinada à predição do valor do coeficiente de difusão de certo soluto diluído em meio líquido. Conhecida também como teoria fluidodinâmica (ou hidrodinâmica) para descrever o mecanismo de difusão mássica em líquidos, o seu surgimento construiu uma ponte sobre o fosso entre mecânica e termodinâmica (MEHRER, 2007), ampliando a visão mecanicista para a interpretação do coeficiente de difusão. A proposição da Equação (1.10) foi, inclusive, avaliada por Walton (1960), para a possibilidade da predição do valor do coeficiente de difusão em fluidos supercríticos, com base na alteração da viscosidade desses fluidos em condições supercríticas.

O interesse de Smoluchowski por estatística molecular o levou, por volta de 1900, a considerar o movimento browniano, publicando seus resultados após 1906, motivado pelo trabalho de Einstein. Smoluchowski estudou o movimento browniano de partículas materiais sob a influência de força externa (MEHRER, 2007). A confirmação experimental da teoria de Einstein-Smoluchowski veio com os ensaios experimentais do cientista francês *Jean Baptiste Perrin* (1870-1942), que observou o movimento errático de grânulos de *1,4 micra*, conforme ilustra a Figura 1.5.

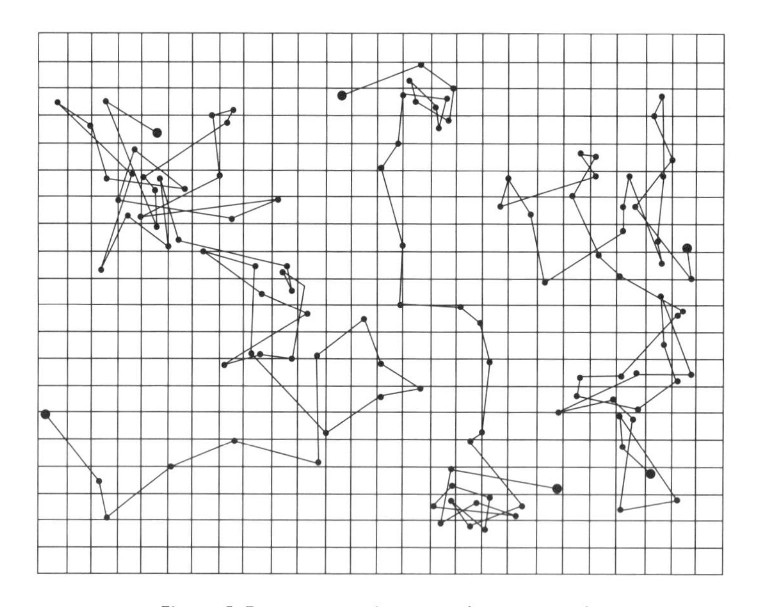

Figura 1.5 – Movimento browniano (PERRIN, 1910).

Em 1908, o também francês *Paul Langevin* (1872-1946) desenvolveu uma formulação alternativa para obter o valor do deslocamento quadrático médio, que está intimamente associado ao coeficiente de difusão. No lugar de resolver, como Einstein, uma equação diferencial, Langevin partiu do princípio de como as forças atuam em uma única partícula material. Nesse caso, tal partícula, de massa *m*, é posta em movimento devido à transferência de momento a ela imposta por moléculas de líquido que colidem com tal partícula. Esta, por sua vez, é retardada pela resistência viscosa oferecida pelo líquido. Assim, a força líquida sobre a partícula é igual à soma de uma força de arraste e de uma força estocástica $\xi(t)$ ou

$$m\frac{dv(t)}{dt} = -3\pi\eta_B d_A v(t) + \xi(t) \tag{1.11}$$

O matemático norte-americano *Norbert Wiener* (1894-1964), em 1923, formalizou rigorosamente o modelo matemático para a descrição do movimento browniano, razão pela qual o movimento browniano também é conhecido como processo de Wiener (CASTRO, 2013).

Talvez a abordagem estocástica para a descrição do fenômeno difusivo seja a que mais se aproxima do vocábulo latino para a difusão: espalhamento em várias direções, agora ampliado para espalhamento *aleatório* em várias direções, cujos resultados são probabilísticos e descritos, por exemplo, por funções de densidade de probabilidades, em que a variância, σ^2, associa-se ao deslocamento quadrático médio, $\langle x^2 \rangle$, do soluto *A* em determinado meio *B*, possibilitando a obtenção do valor do coeficiente binário de difusão como

$$\sigma^2 = \left\langle x^2 \right\rangle = 2D_{AB}t \qquad (1.12)$$

da qual é possível, por exemplo, relacionar-se com a Equação (1.10), caracterizando o que também se denomina difusão normal. Na situação em que $t = t^\alpha$, na Equação (1.12), tem-se o coeficiente anômalo de difusão, em que, caso $\alpha < 1$, o tipo de difusão é dito subdifusão e, caso $\alpha > 1$, tem-se a superdifusão.

1.7 DA TERMODINÂMICA DE PROCESSOS IRREVERSÍVEIS AO ADVENTO DA DIFUSÃO EM SISTEMAS MULTICOMPONENTES

A termodinâmica clássica teve início na primeira metade do século XIX, fundamentalmente como resultado de um esforço para aprimorar o rendimento de máquinas a vapor destinadas a transformar calor em trabalho mecânico (SEARS; SALINGER, 1978), sendo restrita a situações de equilíbrio e aplicando-se para processos reversíveis e para aqueles entre estados de equilíbrio (VAVRUCH, 2002). A termodinâmica clássica pode ser considerada uma teoria consolidada a partir da segunda metade do século XIX, com a definição de temperatura absoluta, em 1848, pelo irlandês *William Thomson* (1824-1907), conhecido como lorde Kelvin, e com as formulações da 2ª lei da termodinâmica por Thomson em 1851, e *Rudolf Clausius* (1822-1888), em 1854, que também introduziu o conceito de entropia em 1865 (LEBON; JOU, 2015).

Clausius foi o primeiro a identificar a entropia de um sistema, de cujo enunciado advém a 2ª lei da termodinâmica, da qual se postula que a entropia, *S*, de um sistema isolado ou permanece constante ou aumenta (LEBON; JOU, 2015),

$$dS \geq 0 \qquad (1.13)$$

Em 1875, o norte-americano *Josiah Willard Gibbs* (1839-1903) publicou o livro *On the equilibrium of heterogeneous substances*. Uma das contribuições de Gibbs, entre várias, foi a descrição do potencial químico enquanto energia parcial molar da energia livre (de Gibbs),

$$\left(\frac{\partial G}{\partial n_i}\right)_{P,T,n_j} = \mu_i, \text{ com } (j = 1... N; j \neq i) \quad (1.14)$$

em que G é a energia livre de Gibbs; n_i, o número de mols da espécie i; μ_i, o potencial químico da espécie i; j, qualquer outra espécie química diferente da i. Aqui, abre-se um parêntesis para destacar que o advento do conceito de potencial químico, como tendência de escape da matéria, foi decisivo para o estudo da difusão mássica, principalmente ao substituir a concentração enquanto força motriz à transferência de matéria.

A descoberta de Clausius para o balanço de entropia baseou-se no axioma *o calor não passa, por si próprio, de um corpo frio para outro aquecido* (MÜLLER; WEISS, 2012). O princípio do aumento de entropia, regido pela 2ª lei da termodinâmica, lança luz no estudo de processos irreversíveis (SEARS; SALINGER, 1978). A termodinâmica irreversível tem como pressuposto que a taxa de produção de entropia dá-se em processo irreversível. Verifica-se, dessa maneira, que a termodinâmica irreversível (ou de não equilíbrio) é identificada nas leis empíricas de Fourier para a condução de calor e na lei de Fick para a difusão mássica (VAVRUCH, 2002). Assim, o objetivo central das primeiras lentes à termodinâmica de não equilíbrio era construir fundamentos termodinâmicos às leis fenomenológicas estabelecidas por Fourier e Fick. Os trabalhos fundadores neste campo do conhecimento são creditados, principalmente, ao norueguês *Lars Onsager* (1903-1976) e ao russo *Ilya Prigogine* (1917-2003), que possibilitaram constituir a essência do que, atualmente, se denomina termodinâmica irreversível clássica (LEBON; JOU, 2015), desenvolvida para tratar processos em sistemas que apresentam pequenos desvios do estado de equilíbrio (WU, 1969).

A termodinâmica de processos irreversíveis emerge principalmente com os trabalhos de Onsager, com a formulação de uma relação geral de reciprocidade na interferência mútua de processos irreversíveis e simultâneos (CALLEN; GREENE, 1952). Onsager, Prêmio Nobel de Química de 1968, tinha interesses generalizados, que incluíam coloides, dielétricos, transições ordem-desordem, hidrodinâmica, termodinâmica e mecânica estatística. O Prêmio Nobel foi devido ao teorema da reciprocidade, que leva o seu nome. Esse teorema afirma que a matriz dos coeficientes fenomenológicos, que se relacionam aos fluxos, $\vec{J}_i$, e às forças generalizadas, $\vec{X}_i$, da teoria de transporte, é simétrica (ONSAGER, 1931).

$$\vec{J}_1 = L_{11}\vec{X}_1 + L_{12}\vec{X}_2 \quad (1.15)$$

$$\vec{J}_2 = L_{21}\vec{X}_1 + L_{22}\vec{X}_2 \quad (1.16)$$

Os termos não diagonais da matriz de Onsager incluem os fenômenos cruzados, tais como a influência do gradiente de potencial químico de uma espécie sobre o fluxo de outra ou o efeito do gradiente de temperatura sobre o fluxo de várias espécies químicas, que podem ser significativos para os fenômenos de difusão mássica (MEHRER, 2007). Tais fenômenos cruzados indicam, por exemplo, a influência do gradiente de temperatura no transporte de matéria, conhecido como efeito Soret, bem como a influência de gradiente de potencial químico no transporte de energia, conhecido como efeito Dufour.

A contribuição de Onsager demonstra o nítido efeito na transferência de determinado soluto dos gradientes de potencial químico de diversos componentes presentes em um meio em que ocorre o fenômeno difusivo mássico, caracterizando a difusão mássica de multicomponentes, traduzido na equação de Maxwell-Stefan

$$-D_{ij}\frac{x_i}{RT}\vec{\nabla}\mu_i = \sum_{j=1,\, j\neq i}^{N} \frac{x_i x_j\left(\vec{v}_i - \vec{v}_j\right)}{Đ_{ij}} \tag{1.17}$$

em que a força de arraste entre as espécies *i* e *j* é proporcional à diferença de suas velocidades absolutas, enquanto o efeito difusivo atua contrariamente ao efeito dessa força. De igual modo à abordagem einsteiniana, aqui se estabelece a relação entre mecânica e termodinâmica, mas considerando todos os efeitos de interação, inclusive físico-química, entre as espécies que compõem o meio difusivo e entre este e o soluto a ser considerado. Abordagens convencionais de difusão mássica em misturas multicomponentes baseiam-se na suposição de que o fluxo difusivo de cada componente é proporcional à sua própria força motriz. Tal enfoque é válido para casos especiais, tais como difusão binária, difusão de um soluto diluído em mistura multicomponente e quando os componentes presentes na mistura apresentam características similares. A partir das últimas décadas do século XX evidenciou-se que sistemas multicomponentes apresentam características de transporte completamente diferentes de um sistema binário (TAYLOR; KRISHNA, 1993). Ainda que os conceitos essenciais para a abordagem multicomponente datem de 1866, com Maxwell, e de 1871, com o austríaco *Josef Stefan* (1835-1893), foi com a publicação, em 1993, do livro *Multicomponent mass transfer*, do norte-americano *Ross Taylor* e do indiano *Rajamani Krishna*, que tal enfoque passou a ser divulgado com mais amplitude no meio científico, muito em particular nas aplicações tecnológicas envolvendo transferência de massa, tais como destilação, absorção e adsorção.

1.8 EXTENSÕES DA DIFUSÃO MÁSSICA

Há de se notar que, nessa breve introdução à história da difusão mássica, houve o direcionamento de sua apresentação para a difusão de solutos nos distintos estados da matéria, conforme a Figura 1.2, porém, a difusão mássica ocorre em outros meios, como aqueles em suportes poliméricos e sólidos porosos (veja a Figura 1.4b). Aqui, inclusive, cabe retomar a lembrança do trabalho de Nollet, de 1752, sobre o movimento seletivo de líquidos em uma membrana semipermeável, assim como o trabalho do francês *Joachim Henri Rene Dutrochet* (1776-1847), que, entre 1825 e 1827, realizou estudos sistemáticos sobre osmose, sendo que, no mesmo período, o físico e matemático francês *Siméon-Denis Poisson* (1781-1840) procurou a explicação para o fenômeno da osmose em termos da teoria capilar. Inclusive, nessa época, estudos sobre capilaridade despertaram a atenção de vários cientistas franceses, podendo-se citar *Jean Léonard Marie Poiseuille* (1797-1869), com trabalhos sobre o escoamento de água em capilares, e *Henry-Philibert Gaspard Darcy* (1803-1858), que, em 1856, fez ensaios sobre fluxo de água em leito fixo constituído de areia (filtração), de cuja expressão original, hoje conhecida como lei de Darcy, é possível escrever para a velocidade superficial do líquido, q, que atravessa tal leito (veja a Figura 1.4a),

$$q = -\frac{k}{\eta}\frac{dP}{dz} \tag{1.18}$$

sendo, aqui, k a permeabilidade; P, a pressão encontrada no sistema. Verifica-se, de pronto, a analogia entre a equação de Darcy e as equações de Fourier e da 1ª lei de Fick. A importância da Equação (1.18) está na sua extensão para a explicação do fenômeno difusivo em sólidos macroporosos, abrindo-se, dessa maneira, novos olhares e mecanismos para a difusão mássica nesse tipo de matriz, na dependência do diâmetro médio dos poros, comungando mecanismos de transporte de matéria, tais como a teoria cinética dos gases com o diâmetro dos poros, para resultar, por exemplo, na difusão de Knudsen.

A difusão mássica também aparece em fluidos supercríticos, caso em que existem teorias com base no movimento browniano e mesmo na teoria cinética dos gases. É válido citar a difusão em plasma, inaugurada em 1946 pelo físico norte-americano *David Joseph Bohm* (1917-1992), de cujo trabalho resultou a relação semiempírica (BITTENCOURT, 2004)

$$16eBD_{AB} = k_B T \tag{1.19}$$

em que e é a carga elementar e B, a força do campo magnético. Por analogia à Equação (1.10), verifica-se, na Equação (1.19), conhecida como equação de Bohm, a equivalência entre a força de indução magnética, em que o soluto (no caso, elétrons) está submetido, e a energia cinética do meio.

1.9 CONCLUSÃO

Conforme o apresentado neste capítulo e por inspeção do Quadro 1.1, a história e a própria ciência da difusão mássica estão fundamentadas em alguns pilares, destacando-se:

1. O estudo empírico de Graham sobre difusão em gases e, posteriormente, de sais em líquidos. Tais experimentos, principalmente em líquidos, inspiraram Fick na

proposição de equações, que hoje levam o seu nome, para a difusão mássica, identificando o coeficiente de difusão como coeficiente de proporcionalidade e independente da concentração. A importância de Fick é vital na medida em que estabelece, à semelhança de Fourier para a condução térmica, a abordagem fenomenológica do transporte de matéria por meio da relação de causa (diferença de concentração) e efeito (fluxo difusivo).

2. A contribuição de Clausius e Maxwell, ao se debruçarem teoricamente sobre a análise microscópica de colisões moleculares em gases, abrindo as portas para a proposição de expressões para a estimativa do valor do coeficiente de difusão, assim como proporcionando significado físico para tal coeficiente e, portanto, indo além de mera constante de proporcionalidade.

Quadro 1.1 – Cronologia de algumas contribuições significativas para a difusão mássica até o século XX (baseado em NARASIMHAN, 1999)

Cientista	Ano	Contribuição
Boyle	1684	Observação da difusão de zinco em uma moeda de cobre
Nollet	1752	Observação do fenômeno da osmose
Fourier	1822	Livro: *Theorie analytique de la chaleur*
Dutrochet	1827	Trabalhos experimentais sobre osmose
(a)Brown	1828	Observação do movimento errático de partículas microscópicas
Graham	1833	Estudos experimentais sobre difusão em gases
Poiseuille	1846	Estudos experimentais sobre escoamento de água em capilares
Graham	1850	Estudos experimentais sobre difusão em líquidos
(a)Lorde Kelvin	1851	Formulação da 2ª lei da termodinâmica
Fick	1855	Aplicação dos modelos de Fourier para a difusão mássica
Darcy	1856	Estudo do escoamento em meios porosos
(a)Clausius	1858	Introdução do conceito de caminho livre médio
(a)Maxwell	1859-1867	Utilização da teoria cinética dos gases em fenômenos de transporte
(a)Clausius	1865	Introdução do conceito de entropia
(a)Gibbs	1865	Livro: *On the equilibrium of heterogeneous substances*
Van't Hoff	1887	Desenvolvimento da teoria da pressão osmótica por analogia à lei dos gases
Nernst	1888	Interpretação da 1ª lei de Fick em termos de forças e resistências
(a)Arrenhius	1889	Dependência da constante de velocidade de reação química com a temperatura
Roberts-Austen	1896	Estudo experimental sobre difusão em sólidos cristalinos (metálicos)
Einstein	1905	Movimento browniano e equação para o coeficiente de difusão em líquidos
Langevin	1908	Introdução de equação diferencial estocástica para o movimento browniano

(continua)

Quadro 1.1 – Cronologia de algumas contribuições significativas para a difusão mássica até o século XX (baseado em NARASIMHAN, 1999) *(continuação)*

Cientista	Ano	Contribuição
[a]Langmuir e Dushman	1922	Extensão da equação de Arrhenius para o coeficiente de difusão em sólidos
[a]Frenkel	1926	Difusão mássica em sólidos metálicos através de defeitos locais
[a]Onsager	1931	Reciprocidade na interferência mútua de processos irreversíveis e simultâneos
[a]Kirkendall	1946	Interdifusão atômica na interface entre dois metais
[a]Bohm	1946	Estudo da difusão em plasma
[a]Crank	1956	Livro: *The mathematics of diffusion*
[a]Taylor e Krishna	1993	Livro: *Multicomponent mass transfer*

[a] inclusão da presente obra.

3. As observações experimentais de Robert Brown a respeito do movimento incessante e aleatório de partículas microscópicas, denominado posteriormente movimento browniano, cuja descrição teórica se deve, principalmente, a Albert Einstein, permitindo, além de estabelecer um mecanismo para a difusão em líquidos, lançar bases para futuras correlações para o coeficiente binário de difusão em líquidos. Cabe destacar a contribuição de Langevin, que, além de identificar a resistência viscosa oferecida pelo meio líquido à difusão de certo soluto, ou seja, uma visão determinística da força de arraste, propõe a existência de uma componente aleatória de força exercida sobre o soluto, estabelecendo os fundamentos para o que vem a ser difusão estocástica. A partir de então, a difusão mássica também pode ser conceituada como um fenômeno de dispersão molecular aleatória de matéria governada pela interação soluto-meio.
4. No final do século XIX, Roberts-Austen estendeu as leis de Fick para a difusão em sólidos cristalinos. Na década de 1920, Dushman e Langmuir propuseram uma expressão empírica para o coeficiente de difusão, dependente da temperatura, à semelhança daquela proposta por Arrhenius, para descrever a constante de velocidade de reações químicas. Essa equação mostra a dependência do coeficiente de difusão como função exponencial da temperatura, que, posteriormente, Frenkel associou a saltos energéticos de átomos na estrutura cristalina da matriz sólida, ocupando interstícios entre os átomos em tal estrutura. Além de Frenkel, pode-se reconhecer a contribuição de Kirkendall quanto à descrição da difusão de átomos em metais como, também, fruto de vacâncias na interface entre os materiais que, no futuro, seria importante para a obtenção de nanomateriais.
5. A importância da termodinâmica clássica a partir das formulações da 2ª lei da termodinâmica por lorde Kelvin e Clausius; da introdução do conceito de entropia por Clausius, de onde se postula o aumento da entropia de um sistema;

das diversas contribuições de Gibbs, entre as quais a descrição do potencial químico, que, tempo depois, teve papel central, como propriedade termodinâmica intensiva, ao substituir a concentração como força motriz à difusão mássica.

6. O advento, na década de 1930, da termodinâmica do não equilíbrio ou termodinâmica de processos irreversíveis, possibilitando empregar fundamentos termodinâmicos às leis fenomenológicas de condução de calor e de matéria. Destacam-se os trabalhos de Onsager, permitindo identificar de forma objetiva que não somente o gradiente de (agora) potencial químico é o responsável pelo transporte difusivo de determinado soluto; tal transporte pode advir de outras fontes, como, por exemplo, o gradiente de temperatura. Além disso, estabelece-se o efeito, na difusão de determinado soluto, de gradientes de potencial químico de distintas espécies presentes no meio difusivo.

7. Evidencia-se, no final do século XX, que o enfoque para o transporte de certo soluto em um meio de várias espécies deve ser repensado, principalmente para a obtenção do coeficiente de difusão, denominado, para tal situação, coeficiente de Maxwell-Steffan. Nesse caso, é necessária a citação da obra de Taylor e Krishna, *Multicomponent mass transfer*. Além disso, arvora-se no século XXI a ampliação, para o campo das engenharias, das abordagens via equações diferenciais fracionadas e enfoques probabilísticos para a descrição de fenômenos difusivos, considerando-se a difusão anômala.

Ao se percorrer a história da ciência da difusão mássica, notam-se diversas abordagens para descrevê-la, todavia culminando em um ator central: o coeficiente de difusão. Verifica-se que, ao buscar compreendê-lo, o fenômeno difusivo estará, necessariamente, compreendido. Dessa maneira, o coeficiente de difusão, D_{AB}, como o próprio fenômeno da difusão mássica, associa-se à interação soluto-meio, governada por características e propriedades tanto do soluto quanto do meio; entre diversos solutos entre si (no caso de difusão multicomponente). Tal interação está intimamente associada à mobilidade aleatória do soluto A no meio B, u_A, assim como a um percurso característico δ, que deve ser percorrido pelo soluto, tendo a resistência do meio a ser vencida. De modo geral, o coeficiente de difusão se apresenta segundo

$$D_{AB} \equiv u_A \delta \tag{1.20}$$

A natureza do coeficiente de difusão é molecular e aleatória (sob o ponto de vista browniano), traduzida na relação (1.20), pois depende das características do soluto, através de sua mobilidade intrínseca, e da característica do meio que oferece certo grau de resistência à movimentação do soluto e à própria interação soluto-meio que, por sua vez, afeta o percurso característico do soluto. Por exemplo, o percurso característico do oxigênio no ar está associado ao caminho livre médio do O_2; na água, está associado ao seu trânsito aleatório molecular no meio, segundo seu deslocamento quadrático médio; em sólido cristalino, esse percurso associa-se ao salto energético das moléculas de O_2 na estrutura cristalina. Ao se retomar a análise da Figura 1.3, verifica-se claramente o aumento do deslocamento do soluto à medida que o adensamento do meio é atenuado, implicando, conforme a Equação (1.20), em maior valor para o coeficiente de difusão.

CAPÍTULO 2
CONCEITOS E DEFINIÇÕES BÁSICAS DE DIFUSÃO MÁSSICA

O fenômeno da difusão mássica, da forma como apresentado no primeiro capítulo, refere-se ao espalhamento aleatório molecular do soluto em certo meio (estado da matéria) regido pela 2ª lei da termodinâmica. Nas situações comuns, explicita-se que determinada espécie *A*, concentrada em certa região de determinado meio *B*, migra para outra região menos concentrada, assinalando a interação soluto-meio, cuja mobilidade e trajetória do soluto *A* são governadas por suas características e propriedades, bem como daquelas do meio e daquelas decorrentes de tal interação. A Figura 2.1 traduz a diluição dos matizes da cor cinza à medida que se encaminha o olhar na direção *z*, no sentido da esquerda para a direita. Imaginando-se que a cor cinza está mais concentrada em $z = 0$, esta diminui de concentração ao longo de *z*.

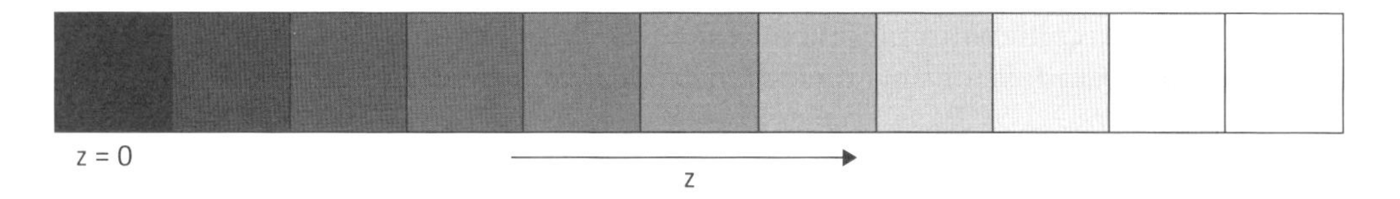

Figura 2.1 – Diluição da cor cinza na direção *z*.

2.1 CONDIÇÃO TERMODINÂMICA PARA A DIFUSÃO MÁSSICA

Identificados os participantes da difusão mássica (ou molar), soluto, meio, soluto-meio, torna-se imprescindível estabelecer como tal fenômeno difusivo ocorre. Para tanto, recorre-se à termodinâmica clássica, que fornece a conceituação de sistema por meio de sua equação fundamental (CALLEN, 1985)

$$U = U\left(S, V, n_1, \ldots, n_i, \ldots, n_A, \ldots, n_N\right) \tag{2.1}$$

na qual as grandezas extensivas entropia (S), volume (V) e número de mols da espécie i (n_i) estão interligadas na relação funcional da energia interna (U). O sistema (2.1) está sujeito a estímulos, interferências (CREMASCO, 2015), de forma que, ao ser estimulado, ele o será nas grandezas extensivas, objetos que o compõem, portanto, nos parâmetros extensivos S, V, n_i, ...,n_N. Estes, por sua vez, responderão diferenciados intensivamente como (CALLEN, 1985; PRAUSNITZ; LICHTENTHALER; AZEVEDO, 1999)

$$\left(\frac{\partial U}{\partial S}\right)_{V, n_1, \ldots, n_N} = T; -\left(\frac{\partial U}{\partial V}\right)_{S, n_1, \ldots, n_N} = P; \left(\frac{\partial U}{\partial n_i}\right)_{S, V, n_{j \neq i}} = \mu_i, \text{ com } (j=1\ldots N; j \neq i) \tag{2.2}$$

nas quais se identificam os parâmetros intensivos T, temperatura; P, pressão termodinâmica; e μ_i, potencial químico da espécie i. A Equação (2.1), ao ser diferenciada, é retomada como (PRAUSNITZ; LICHTENTHALER; AZEVEDO, 1999)

$$dU = TdS - PdV + \mu_1 dn_1 + \ldots + \mu_i dn_i + \ldots + \mu_A dn_A \ldots + \mu_N dn_N \tag{2.3}$$

ou, em termos de entropia,

$$dS = \frac{1}{T}\left(dU + PdV - \mu_1 dn_1 - \ldots - \mu_i dn_i - \ldots - \mu_A dn_A \ldots - \mu_N dn_N\right) \tag{2.4}$$

A Equação (2.4) é importante para verificar a possibilidade de o sistema estar ou não em equilíbrio termodinâmico. Admite-se, para tanto, a existência de um sistema fechado, supondo-o representado na Figura 2.1, porém constituído de dois subsistemas *I* e *II*, ambos contendo a mesma mistura gasosa de *n* espécies químicas, conforme a Figura 2.2, separados por uma membrana rígida, isotérmica, de espessura Δz.

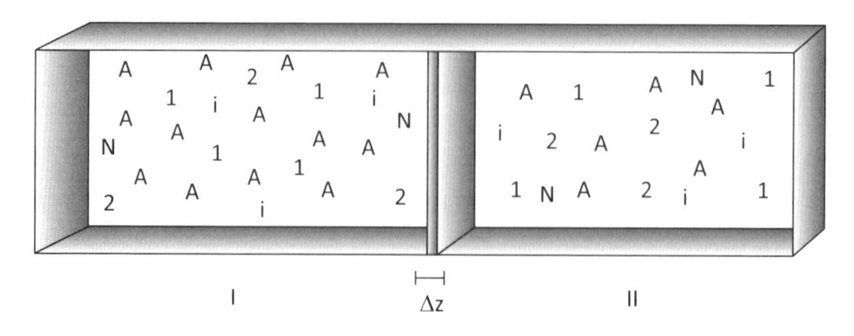

Figura 2.2 – Sistema isolado contendo dois subsistemas *I* e *II*, que são compostos das espécies químicas *1, 2, ..., i ..., A, ...,N* (CREMASCO, 2015).

Na Figura 2.2, o soluto é identificado à espécie química *A* (população da espécie química *A*), enquanto o meio está associado, além da espécie *A*, às populações das espécies *1, 2, ..., i, ..., N*. Supõe-se, também, que os subsistemas *I* e *II* se constituam cada qual em sistemas isolados em que não há trocas de energia nem de matéria para o meio externo. Devido a isso, a variação de entropia é igual a sua produção (ou consumo) (CALLEN, 1985)

$$S_p = dS^I + dS^{II} \tag{2.5}$$

em que $S_p = dS$ refere-se à produção de entropia no interior do sistema considerado e os sobrescritos *I* e *II* dizem respeito aos subsistemas *I* e *II*. Supõe-se que a membrana que separa tais subsistemas é permeável apenas à espécie química *A* e impermeável às demais, de tal modo que a Equação (2.4) é retomada, considerando-se a Equação (2.5), como

$$S_p = \left(\frac{1}{T^I} - \frac{1}{T^{II}}\right) dU^I - \left(\frac{\mu_A^I}{T^I} - \frac{\mu_A^{II}}{T^{II}}\right) dn_A^I \tag{2.6}$$

Ao se admitir que o sistema considerado se mantenha em temperatura constante, $T^I = T^{II} = T$, a Equação (2.6) é retomada como

$$S_p = \frac{1}{T}\left[\left(dU^I + dU^{II}\right) - \left(\mu_A^I dn_A^I + \mu_A^{II} dn_A^{II}\right)\right] \tag{2.7}$$

Como se trata de sistema isolado, a Equação (2.7) é simplificada tal como segue

$$S_p = -\frac{1}{T}\left(\mu_A^I - \mu_A^{II}\right) dn_A^I \tag{2.8}$$

Haverá a homogeneização da espécie *A* por todo o volume do sistema se, e somente se (CREMASCO, 2015),

$$S_p = dS = 0 \tag{2.9}$$

A Equação (2.9) caracteriza o equilíbrio termodinâmico caso

$$\mu_A^I = \mu_A^{II} \quad \text{ou} \quad \Delta\mu_A = 0 \tag{2.10}$$

ou seja, é como se retomasse a Figura 2.1 na forma da Figura 2.3, em que não se detecta variação da cor cinza ao longo de *z*.

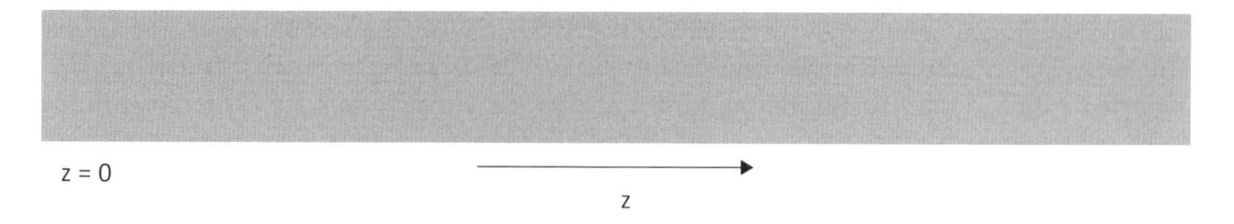

Figura 2.3 – Não diluição da cor cinza na direção *z* segundo a Equação (2.10).

As igualdades (2.9) e (2.10) são a base para o surgimento do fenômeno de transporte de matéria, pois possibilita a existência da diferença como (CREMASCO, 2015)

$$\Delta\mu_A \neq 0 \tag{2.11}$$

Tal diferença mostra que distintos teores do potencial químico da espécie química *A* provocam a situação de não equilíbrio (Figura 2.1).

$$S_p = dS \neq 0 \tag{2.12}$$

As condições de equilíbrio termodinâmico e de seu não equilíbrio são, portanto, regidas pela 2ª lei da termodinâmica,

$$dS \geq 0 \tag{2.13}$$

A desigualdade contida em (2.13) só existe devido à diferença (2.11) (veja os distintos matizes da cor cinza da Figura 2.1). Essa diferença indica que o potencial químico da espécie química *A* provoca a tendência de a matéria migrar de uma região de alto valor para uma de menor valor (grau) desse potencial. É importante ressaltar que a diferença de potencial químico é a força motriz básica da difusão mássica e reflete a tendência de escape da matéria (CREMASCO, 2015).

2.2 POTENCIAL QUÍMICO

Ainda que o potencial químico traduza a essência da difusão mássica enquanto força motriz, torna-se necessário buscar uma propriedade equivalente de natureza prática. Para tanto, pode-se recorrer à energia livre de Gibbs, *G*, definida como (SEARS; SALINGER, 1978; PRAUSNITZ; LICHTENTHALER; AZEVEDO, 1999)

$$G = H - TS \tag{2.14}$$

em que a entalpia, H, é

$$H = U + PV \tag{2.15}$$

Pode-se substituir a expressão da entalpia naquela da energia livre de Gibbs, obtendo-se

$$G = U + PV - TS \tag{2.16}$$

Diferenciando-se a Equação (2.16), tem-se

$$dG = dU + d(PV) - d(TS)$$

ou

$$dG = dU + PdV + VdP - TdS - SdT \tag{2.17}$$

Substituindo-se a Equação (2.3) na Equação (2.17),

$$dG = TdS - PdV + \mu_1 dn_1 + \ldots + \mu_i dn_i + \ldots + \mu_A dn_A \ldots + \mu_N dn_N + PdV + VdP - TdS - SdT$$

Simplificando-a, obtém-se a energia livre de Gibbs, considerando-se a contribuição do potencial químico para cada espécie

$$dG = VdP - SdT + \mu_1 dn_1 + \ldots + \mu_i dn_i + \ldots + \mu_A dn_A \ldots + \mu_N dn_N \tag{2.18}$$

Desse modo, o conceito de sistema termodinâmico, em termos da energia livre de Gibbs, é escrito, tendo como base a Equação (2.1),

$$G = G(P, T, n_1, \ldots, n_i, \ldots, n_A, \ldots, n_N) \tag{2.19}$$

Verifica-se que o potencial químico também se deriva da energia livre de Gibbs, segundo

$$\left(\frac{\partial G}{\partial n_i}\right)_{P,T,n_{j \neq i}} = \mu_i, \text{ com } (j = 1 \ldots N;\ j \neq i) \tag{2.20}$$

de onde se escreve que o potencial químico da espécie i, μ_i, é a energia parcial molar da energia livre de Gibbs.

2.3 AS RELAÇÕES DE ONSAGER E A DIFUSÃO MÁSSICA

Observa-se, por inspeção da Equação (2.8), que a difusão mássica é condicionada à produção de entropia na medida em que $\Delta\mu_i \neq 0$. Essa afirmativa é válida, também, para o transporte de energia, $\Delta T \neq 0$. Ao supor que as variações de tais grandezas intensivas ocorram no tempo, tem-se a produção de entropia por unidade de tempo, σ (ONSAGER, 1931),

$$\sigma = \frac{1}{T}\left(\vec{X}_1\vec{J}_1 + \vec{X}_2\vec{J}_2\right) \tag{2.21}$$

em que, considerando-se a Equação (2.7), $\vec{X}_1$ e $\vec{J}_1$ estão associados à força motriz para a transferência de matéria e o seu respectivo fluxo, enquanto $\vec{X}_2$ e $\vec{J}_2$ estão associados, respectivamente, à força motriz para a transferência de energia e o seu respectivo fluxo. Essa formulação pode ser estendida para qualquer outro tipo de potencial de transporte, possibilitando escrever, de modo generalizado, no domínio próximo do equilíbrio em que as forças termodinâmicas são fracas, a relação linear para a produção de entropia por unidade de tempo (PRIGOGINE, 1977; RUTH, 2005)

$$T\sigma = \sum_i \vec{J}_i\vec{X}_i \tag{2.22}$$

na qual $\vec{J}_i$ é um fluxo generalizado que ocorre em todas as direções; $\vec{X}_i$ é a respectiva força motriz termodinâmica generalizada. O fluxo $\vec{J}_i$ é obtido, no domínio próximo do equilíbrio, segundo (ONSAGER, 1931)

$$\vec{J}_i = \sum_j L_{ij}\vec{X}_j \tag{2.23}$$

A Equação (2.23) é reconhecida como relação fenomenológica de Onsager, em que os parâmetros L_{ij} são denominados coeficientes fenomenológicos. Essa equação traduz a presença da influência de diversas forças motrizes j em determinado fluxo i. Admitindo-se a existência somente dos fenômenos de transporte de matéria (fenômeno *1*) e de transporte de energia (fenômeno *2*), a simultaneidade entre eles decorre da Equação (2.23), de acordo com (ONSAGER, 1931)

$$\vec{J}_1 = L_{11}\vec{X}_1 + L_{12}\vec{X}_2 \tag{2.24}$$

$$\vec{J}_2 = L_{21}\vec{X}_1 + L_{22}\vec{X}_2 \tag{2.25}$$

Em se tratando de transferências de matéria e de energia, as forças motrizes $\vec{X}_1$ e $\vec{X}_2$ estão associadas aos gradientes de potencial químico do soluto A e da temperatura do meio, T, podendo-se, desta feita, retomar as Equações (2.24) e (2.25) como

$$\vec{J}_1 = -L_{11}\vec{\nabla}\mu_A - L_{12}\vec{\nabla}T \tag{2.26}$$

$$\vec{J}_2 = -L_{21}\vec{\nabla}\mu_A - L_{22}\vec{\nabla}T \tag{2.27}$$

Os coeficientes L_{11} e L_{22} são os respectivos coeficientes fenomenológicos característicos, enquanto L_{12} e L_{21} são denominados coeficientes fenomenológicos cruzados. Os sinais negativos nessas equações são imposições da 2ª lei da termodinâmica. É necessário ressaltar que os coeficientes L_{ij} indicam a interferência mútua entre os fenômenos de transporte e são denominados coeficientes cruzados (ONSAGER, 1931) e, usualmente, $L_{ij} = L_{ji}$. Dessa maneira, o fluxo $\vec{J}_i$ é consequência de seu gradiente comum, $\vec{X}_i$ para $i = j$, bem como daquele gradiente $\vec{X}_i$ para $i \neq j$, que também é provocado pelo gradiente comum ou característico (CREMASCO, 2015). O fluxo difusivo molar do soluto A para a situação em que há transporte de energia em nível molecular é, portanto, causado pelo gradiente de potencial químico de A, assim como pelo gradiente de temperatura do meio, sendo este fruto do gradiente de potencial químico de A. O fluxo difusivo desse soluto, decorrente do gradiente de temperatura do meio, em tal circunstância, é conhecido como efeito Soret, e o fluxo $L_{12}\vec{\nabla}T$ denomina-se difusão térmica. Na situação em que o fluxo de energia é devido ao gradiente de temperatura do meio, assim como ao de potencial químico da espécie A, em que este é uma consequência daquele, reconhece-se o efeito Dufour, que estabelece a dependência do gradiente de potencial químico do soluto ao de temperatura do meio. Desse efeito, aparece uma parcela do fluxo de energia em virtude do gradiente de potencial químico, denominada termodifusão. Tanto a difusão térmica quanto a termodifusão são fenômenos cruzados, associados à região de maior potencial químico e/ou de energia. As moléculas de determinada espécie química tenderão a buscar uma situação de maior conforto energético; escapando, portanto, das regiões mais concentradas (de matéria e/ou de energia), dependendo, todavia, dos respectivos gradientes ordinários. Para efeito de aproximação, tanto a difusão térmica quanto a termodifusão são desprezíveis diante dos respectivos gradientes característicos, resultando das Equações (2.26) e (2.27) as seguintes definições:

$$\vec{J}_1 = -L_{11}\vec{\nabla}\mu_A \tag{2.28}$$

$$\vec{J}_2 = -L_{22}\vec{\nabla}T \tag{2.29}$$

Ao se identificar, na Equação (2.29), $L_{22} = k$ (condutividade térmica), tem-se a lei de Fourier para a condução térmica. Contudo, é de interesse específico que o sistema em análise venha a ser isotérmico, de modo a ser a Equação (2.28), para o soluto A em fluxo unidirecional em z,

$$J_{A,z} = -L_{11}\frac{d\mu_A}{dz} \tag{2.30}$$

reconhecida como a 1ª lei de Fick para a difusão mássica, tendo o gradiente de potencial químico enquanto força motriz para o transporte do soluto *A*.

2.4 FORÇA MOTRIZ PRÁTICA PARA A DIFUSÃO MÁSSICA

Na intenção de expressar o potencial químico de forma generalizada, tanto para misturas gasosas quanto para soluções líquidas, em termos de propriedades mensuráveis da fase considerada, como temperatura, pressão e, principalmente, composição, o potencial químico pode ser explicitado por meio da fugacidade na forma (PRAUSNITZ; LICHTENTHALER; AZEVEDO, 1999)

$$\mu_A = \mu_A^0 + RT\ell n\left(\frac{\hat{f}_A}{f_A^0}\right) \tag{2.31}$$

O parâmetro *R* refere-se à constante universal dos gases, cujos valores se encontram na Tabela 2.1; *T*, a temperatura absoluta; o sobrescrito "0" diz respeito ao estado padrão ou de referência; $\hat{f}_A$ e f_A^0 são as fugacidades do soluto *A* no meio e no estado padrão e a relação $\hat{f}_A/f_A^0$ é reconhecida como atividade da espécie *A*,

$$a_A = \frac{\hat{f}_A}{f_A^0} \tag{2.32}$$

Tabela 2.1 – Valores para a constante universal dos gases, *R* (PRAUSNITZ; LICHTENTHALER; AZEVEDO, 1999)

Valores de R	[a]Unidades
83,145	$bar.cm^3/(mol.K)$
8,3145	J/(mol.K)
10,740	$psia.ft^3/(lbmol.K)$
1,986	btu/(lbmol.K)
82,058	$atm.cm^3/(mol.K)$

[a]a unidade *mol* refere-se a *grama-mol*.

2.4.1 FORÇA MOTRIZ CARACTERÍSTICA PARA A DIFUSÃO MÁSSICA EM MEIO GASOSO

Em se tratando de mistura gasosa real, o coeficiente de atividade pode ser descrito como

$$\frac{a_A}{y_A} = \frac{\hat{f}_A}{y_A f_A^0} = \frac{\hat{\varphi}_A}{\varphi_A^0} \tag{2.33}$$

sendo o coeficiente de fugacidade, $\hat{\varphi}_A$, definido do seguinte modo (SMITH; VAN NESS, 1980; PRAUSNITZ; LICHTENTHALER; AZEVEDO, 1999)

$$\hat{\varphi}_A = \frac{\hat{f}_A}{y_A P_{sist.}} \tag{2.34}$$

em que φ_A^0 é o coeficiente de fugacidade de referência, que pode ser tomado para $P \to 0$ e, portanto, para sistemas ideais em que $\varphi_A^0 = 1$. A Equação (2.31), considerando-se a Equação (2.33), é retomada segundo

$$\mu_A = \mu_A^0 + RT\ell n\left(\hat{\varphi}_A y_A\right) \tag{2.35}$$

que, diferenciada, resulta em

$$d\mu_A = RT\left(d\ell n\hat{\varphi}_A + d\ell n y_A\right)$$

ou

$$d\mu_A = \frac{RT}{y_A}\left(1 + y_A \frac{d\ell n\hat{\varphi}_A}{dy_A}\right)dy_A \tag{2.36}$$

Identificando-se o termo entre colchetes ao fator termodinâmico para gases (vapores), Γ^V (RASPO et al., 2008; MAKRODIMITRI; UNRUH; ECONOMOU, 2011)

$$\Gamma^V = 1 + y_A \frac{d\ell n\hat{\varphi}_A}{dy_A} \tag{2.37}$$

a Equação (2.36) é posta na forma

$$d\mu_A = \frac{RT}{y_A}\Gamma^v dy_A \tag{2.38}$$

Substituindo-se esse resultado na Equação (2.30),

$$J_{A,z} = -D_{AB}\frac{P}{RT}\Gamma^v \frac{dy_A}{dz} \tag{2.39}$$

em que se define

$$D_{AB}\frac{P}{RT}\equiv L_{11}\frac{RT}{y_A} \tag{2.40}$$

D_{AB} representa o coeficiente binário de difusão do soluto A no meio B, sendo a Equação (2.39) denominada 1ª lei de Fick para a difusão mássica, cuja força motriz é a fração molar do soluto, y_A. Para gases ideais, $\Gamma^V = 1$, a Equação (2.39) é retomada como

$$J_{A,z}=-D_{AB}\frac{P}{RT}\frac{dy_A}{dz} \tag{2.41}$$

ou, devido a P ser constante,

$$J_{A,z}=-\frac{D_{AB}}{RT}\frac{dp_A}{dz} \tag{2.42}$$

que é a 1ª lei de Fick para a difusão mássica, cuja força motriz, neste caso, é a pressão parcial do soluto, p_A, definido do modo como segue

$$p_A=y_A P \tag{2.43}$$

Exemplo 2.1

Obtenha uma expressão para o fator termodinâmico para gases reais, Γ^V, sabendo que a relação entre o coeficiente de fugacidade do soluto A e o segundo coeficiente do virial para mistura binária gasosa real, B, válida para baixas pressões, dá-se na forma (SMITH; VAN NESS, 1980)

$$\ell n\hat{\varphi}_A=\frac{P}{RT}\left[\frac{\partial(nB)}{\partial n_A}\right]\Bigg|_{T,\,P,\,n_B} \tag{2.44}$$

com

$$B=y_A B_{AA}+y_B B_{BB}+y_A y_B \delta_{AB} \tag{2.45}$$

em que

$$\delta_{AB}=2B_{AB}-B_{AA}-B_{BB} \tag{2.46}$$

Considere que a relação *PB/RT* (= *Q*), para *P* e *T* constantes, possa ser tratada como um adimensional da energia livre de Gibbs de excesso, de modo que o logaritmo do coeficiente de fugacidade advenha de (TAYLOR; KRISHNA, 1993)

$$\ell n\hat{\varphi}_A = Q + Q_A - y_A Q_A - y_B Q_B \tag{2.47}$$

com

$$Q_A = \frac{\partial Q}{\partial y_A}\Big|_{y_B} \tag{2.48}$$

e

$$Q_B = \frac{\partial Q}{\partial y_B}\Big|_{y_A} \tag{2.49}$$

Já a derivada presente na Equação (2.37) é definida como

$$\frac{d\ell n\hat{\varphi}_A}{dy_A}\Big|_\Sigma \tag{2.50}$$

em que o símbolo Σ indica a diferenciação sujeita à restrição para mistura binária $y_A + y_B = 1$ (TAYLOR; KRISHNA, 1993).

Solução: retomando-se a Equação (2.37) com base na definição (2.50),

$$\Gamma^V = 1 + y_A \frac{d\ell n\hat{\varphi}_A}{dy_A}\Big|_\Sigma \tag{1}$$

pode-se identificar, na Equação (2.45),

$$Q = \left(y_A B_{AA} + y_B B_{BB} + y_A y_B \delta_{AB}\right)\frac{P}{RT} \tag{2}$$

resultando em

$$Q_A = \frac{\partial Q}{\partial y_A}\Big|_{y_B} = \left(B_{AA} + y_B \delta_{AB}\right)\frac{P}{RT} \tag{2.51}$$

e

$$Q_B = \frac{\partial Q}{\partial y_B}\Big|_{y_A} = \left(B_{BB} + y_A \delta_{AB}\right)\frac{P}{RT} \tag{2.52}$$

Tendo em vista que $y_A + y_B = 1$, substitui-se esta relação em conjunto com os resultados (2), (2.51) e (2.52) na Equação (2.47), obtendo-se (SMITH; VAN NESS, 1980)

$$\ell n\hat{\varphi}_A = \left(B_{AA} + y_B^2 \delta_{AB}\right)\frac{P}{RT} \tag{3}$$

Considerando-se a restrição $y_A + y_B = 1$, tem-se

$$\frac{d\ell n\hat{\varphi}_A}{dy_A}\Big|_{\Sigma} = -\frac{d\ell n\hat{\varphi}_A}{dy_B}\Big|_{\Sigma} \tag{4}$$

chegando-se em

$$\frac{d\ell n\hat{\varphi}_A}{dy_A}\Big|_{\Sigma} = -2\, y_B\, \delta_{AB}\frac{P}{RT} \tag{2.53}$$

A expressão para o fator termodinâmico Γ^V é obtida ao substituir a Equação (2.53) na Equação (1),

$$\Gamma^V = 1 - 2 y_A y_B \delta_{AB}\frac{P}{RT} \tag{2.54}$$

2.4.2 FORÇA MOTRIZ CARACTERÍSTICA PARA A DIFUSÃO MÁSSICA EM MEIO LÍQUIDO

Ao se considerar solução líquida, a relação $\hat{f}_A / f_A^0$ é identificada à atividade, a_A, segundo (SMITH; VAN NESS, 1980)

$$\frac{\hat{f}_A}{f_A^0} = a_A = \gamma_A\, x_A \tag{2.55}$$

de maneira que a Equação (2.31) seja retomada como

$$\mu_A = \mu_A^0 + RT\ell n(\gamma_A x_A) \tag{2.56}$$

na qual γ_A é o coeficiente de atividade, e x_A, a fração molar da espécie A na solução considerada. Diferenciando-se a Equação (2.56) e rearranjando-se o resultado obtido,

$$d\mu_A = \frac{RT}{x_A}\left(1 + x_A \frac{d\ell n\gamma_A}{dx_A}\right)dx_A \tag{2.57}$$

Identificando-se o termo entre parêntesis ao fator termodinâmico para fase líquida, Γ,

$$\Gamma = 1 + x_A \frac{d\ell n\gamma_A}{dx_A} \tag{2.58}$$

tem-se da Equação (2.57)

$$d\mu_A = \frac{RT}{x_A}\Gamma dx_A \tag{2.59}$$

Substituindo-se a Equação (2.59) na Equação (2.30), obtém-se

$$J_{A,z} = -CD_{AB}\Gamma\frac{dx_A}{dz} \tag{2.60}$$

em que

$$CD_{AB} \equiv L_{11}\frac{RT}{x_A} \tag{2.61}$$

sendo C a concentração molar total do sistema. A Equação (2.61) é denominada 1ª lei de Fick para a difusão mássica em meio líquido, cuja força motriz é a fração molar do soluto, x_A. Para soluções ideais e as diluídas ($\gamma_A = 1$ *ou constante*; $\Gamma = 1$),

$$J_{A,z} = -CD_{AB}\frac{dx_A}{dz} \tag{2.62}$$

e diluídas ($x_A \to 0$)

$$J_{A,z} = -D_{AB} \frac{dC_A}{dz} \tag{2.63}$$

que é a 1ª lei de Fick para a difusão mássica, cuja força motriz é a concentração molar do soluto.

Exemplo 2.2

Considerando-se a relação entre o coeficiente de atividade do soluto *A* em solução líquida com a espécie *B* e as respectivas frações molares por meio da equação de Van Laar (SMITH; VAN NESS, 1980):

$$\ell n\gamma_A = \frac{A_{AB}\left(x_B A_{BA}\right)^2}{\left(x_A A_{AB} + x_B A_{BA}\right)^3} \tag{2.64}$$

obtenha uma expressão para o fator termodinâmico *Γ*.

Solução: retomando-se a Equação (2.64),

$$\ell n\gamma_A = \frac{A_{AB}\left(x_B A_{BA}\right)^2}{\left(x_A A_{AB} + x_B A_{BA}\right)^3} \tag{1}$$

Para tanto, será utilizada a diferenciação na forma da Equação (2.50):

$$\left.\frac{d\ell n\gamma_A}{dy_A}\right|_{\Sigma} \tag{2.65}$$

Dessa maneira, diferencia-se a Equação (1), admitindo-se a restrição a ela imposta, em função da fração molar do soluto e substituindo-se o resultado obtido na Equação (2.58), obtém-se a expressão para o fator termodinâmico, para líquidos, a partir da equação de Van Laar, segundo (TAYLOR; KRISHNA, 1993)

$$\Gamma = 1 - 2x_A x_B \frac{\left(A_{AB} A_{BA}\right)^2}{\left(x_A A_{AB} + x_B A_{BA}\right)^3} \tag{2.66}$$

2.5 1ª LEI DE FICK NA FORMA VETORIAL

A Equação (2.63) representa, por extensão e comprovação empírica (veja o Capítulo 1 deste livro), a sua aplicação no estudo da difusão mássica do soluto *A* em qualquer meio *B*, seja ele gasoso, líquido ou sólido. Tal equação pode ser escrita em base mássica, concentração fração mássica ou fração mássica, resultando em fluxos difusivos mássicos como

$$j_{A,z} = -D_{AB}\frac{d\rho_A}{dz} \tag{2.67}$$

$$j_{A,z} = -\rho D_{AB}\frac{dw_A}{dz} \tag{2.68}$$

É necessário mencionar que a 1ª lei de Fick pode aparecer em sua forma vetorial, em que as expressões para os fluxos difusivos são aquelas apresentadas na Tabela 2.2. Mais detalhes e extensão para mistura de multicomponentes encontram-se no Capítulo 10.

Tabela 2.2 – 1º lei de Fick na forma vetorial para mistura ou solução binária

Base	Fluxo difusivo em termos da 1ª lei de Fick		Meio (usualmente)
Molar	$\vec{J}_A = -D_{AB}\frac{P}{RT}\Gamma^v\vec{\nabla}y_A$	(2.69)	Gasoso, não ideal
Molar	$\vec{J}_A = -D_{AB}\frac{P}{RT}\vec{\nabla}y_A$	(2.70)	Gasoso, ideal
Molar	$\vec{J}_A = -\frac{D_{AB}}{RT}\vec{\nabla}p_A$	(2.71)	Gasoso, ideal
Molar	$\vec{J}_A = -CD_{AB}\Gamma\vec{\nabla}x_A$	(2.72)	Líquido, concentrado, não ideal
Molar	$\vec{J}_A = -CD_{AB}\vec{\nabla}x_A$	(2.73)	Líquido, concentrado, ideal
Molar	$\vec{J}_A = -D_{AB}\vec{\nabla}C_A$	(2.74)	Gasoso, líquido, sólido
Mássica	$\vec{j}_A = -\rho D_{AB}\vec{\nabla}w_A$	(2.75)	Líquido, sólido
Mássica	$\vec{j}_A = -D_{AB}\vec{\nabla}\rho_A$	(2.76)	Sólido

2.6 DEFINIÇÕES DE CONCENTRAÇÃO PARA MISTURA BINÁRIA

Ao se identificar os atores da difusão mássica binária, é fundamental explicitá-los em termos de concentração contida em determinado volume de controle, conforme ilustra a Figura 2.4.

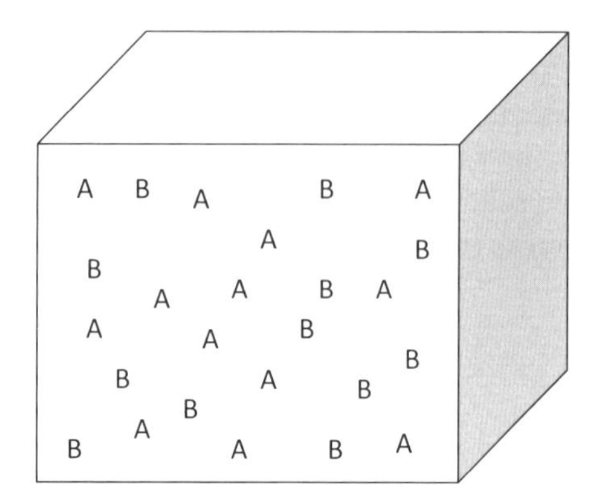

Figura 2.4 – Elemento de volume que contém distribuição de matéria (adaptada de CREMASCO, 2015).

Este volume de controle é constituído pelas espécies *A* e *B*, relativo ao fenômeno difusivo, cuja concentração de determinada espécie química *i* (*A* ou *B*) refere-se à sua quantidade em base mássica ou molar por unidade de volume do meio. No caso de este meio vir a ser líquido, tem-se "volume da solução"; sendo gás (ou vapor), tem-se "volume da mistura". O caso multicomponente será tratado no Capítulo 10. Ressalte-se que as moléculas presentes no elemento de volume ilustrado na Figura 2.4 perdem suas características individuais, assumindo as propriedades médias da população considerada. Assim sendo, a Tabela 2.3 apresenta as definições e relações básicas para uma mistura ou solução binária relativas aos constituintes *A* e *B*.

Tabela 2.3 – Definições e relações básicas para a mistura ou solução binária

Nomenclatura	Solução ou mistura multicomponente	
Concentração mássica da solução ou da mistura	$\rho = \rho_A + \rho_B$	(2.77)
Concentração mássica da espécie i = A ou B	ρ_i, massa da espécie química i por unidade de volume da solução (ou da mistura).	
Fração mássica da espécie i = A ou B	$w_i = \dfrac{\rho_i}{\rho}$	(2.78)
Somatório das frações mássicas	$w_A + w_B = 1$	(2.79)
Massa molar da mistura ou da solução em base mássica	$\dfrac{1}{M} = \dfrac{w_A}{M_A} + \dfrac{w_B}{M_B}$	(2.80)
Concentração molar da solução ou da mistura	$C = C_A + C_B$	(2.81)
Concentração molar da espécie i = A ou B	C_i, mols da espécie química i por unidade de volume da solução (ou da mistura).	

(continua)

Tabela 2.3 – Definições e relações básicas para a mistura ou solução binária *(continuação)*

Nomenclatura	Solução ou mistura multicomponente
Fração molar da espécie i = A ou B	$y_i = \frac{C_i}{C}$ (gases e vapores) (2.82) $x_i = \frac{C_i}{C}$ (líquidos) (2.83)
Somatório das frações molares	$y_A + y_B = 1$ (gases e vapores) (2.84) $x_A + x_B = 1$ (líquidos) (2.85)
Massa molar da mistura ou da solução em base molar	$M = y_A M_A + y_B M_B$ (gases e vapores) (2.86) $M = x_A M_A + x_B M_B$ (líquidos) (2.87)
Relação entre as concentrações mássica e molar	$C = \frac{\rho}{M}$ (2.88)

Exemplo 2.3

Nos seus (cerca de) 5 bilhões de anos, a atmosfera terrestre sofreu modificações radicais até a sua composição atual, sendo que *80%* de sua massa se encontram em uma altitude em torno de *10 km*, na região conhecida como troposfera, insignificante quando comparado ao raio do planeta, que é de *6.370 km* (RAMOS; LEITÃO, 1991). Caso não houvesse a atmosfera, a existência do ser humano e do meio ambiente conforme o concebemos seria castigada por raios cósmicos, luz ultravioleta. Seríamos abrasados durante o dia e congelados durante a noite. E ar é o nome que se dá à atmosfera, aprisionado ao planeta pela força gravitacional, fornecendo-nos o oxigênio necessário para que possamos respirar, e é dela que as plantas retiram o nitrogênio e o dióxido de carbono para produzir nutrientes que nos servem de alimento e a tantos outros organismos. Esse ponto de azul cativante no espaço assim o é devido à atmosfera. Dada a importância de sua preservação e assumindo que o seu volume é igual a $4,324 \times 10^{24}\ m^3$, bem como a considerando como mistura binária constituída pelas espécies presentes na Tabela 1, pede-se os valores de:

a) concentração mássica do ar seco;

b) massa molar do ar seco;

c) fração molar de cada espécie química que compõe o ar.

Tabela 1 – Moléculas presentes na troposfera – ar seco[a]

Componentes	Fórmula molecular	M (g/mol)	Massa (g)
nitrogênio	N_2	28,0134	$3,934 \times 10^{21}$
oxigênio	O_2	31,9988	$1,185 \times 10^{21}$

[a]valores aproximados.

Solução:

a) *Concentração mássica do ar seco.* Da definição de concentração mássica

$$\rho = \frac{m_{total}}{V_{mistura}} \quad (1)$$

pode-se escrever

$$\rho = \frac{1}{V_{mistura}} \sum_{i=1}^{n} m_i \quad (2)$$

A Tabela 1 fornece a massa de cada constituinte do ar seco, sendo, portanto, possível fazer

$$\sum_{i=1}^{n} m_i = 3{,}934 \times 10^{21} + 1{,}185 \times 10^{21} = 5{,}119 \times 10^{21}\ g \quad (3)$$

Como $V_{mistura} = 4{,}324 \times 10^{24}\ m^3$, substitui-se esse valor junto com o resultado (3) na Equação (1):

$$\rho = \frac{5{,}119 \times 10^{21}}{4{,}324 \times 10^{24}} = 1{,}184 \times 10^{-3}\ g/cm^3 \quad (4)$$

b) *Massa molar do ar seco.* O valor da massa molar do ar seco, em base mássica, advém da Equação (2.80), que é resgatada na forma

$$\frac{1}{M} = \frac{w_A}{M_A} + \frac{w_B}{M_B} \quad (5)$$

Nota-se a necessidade de se obter o valor da fração mássica do constituinte *i* (*A* ou *B*) que advém da Equação (2.78),

$$w_i = \frac{\rho_i}{\rho} \quad (6)$$

A partir das definições de concentração mássica do constituinte i e da mistura, $\rho_i = m_i/V_{mistura}$ e $\rho = m_{mistura}/V_{mistura}$, tem-se, da Equação (6),

$$w_i = \frac{m_i}{m_{mistura}} \tag{7}$$

Sabendo que o valor da massa da mistura, $m_{mistura}$, é igual a $5{,}119 \times 10^{21}$ g e que o valor da massa de cada constituinte está apresentado na Tabela 1, torna-se possível obter os valores da fração mássica de cada constituinte do ar seco, obtendo-se ($A = N_2$; $B = O_2$)

$$w_A = \frac{3{,}934 \times 10^{21}}{5{,}119 \times 10^{21}} = 0{,}7685 \tag{8}$$

sendo que, para a obtenção de w_B, utiliza-se a Equação (2.79) como

$$w_B = 1 - w_A = 1 - 0{,}7685 = 0{,}2315 \tag{9}$$

De posse dos valores das massas molares dos constituintes apresentados na Tabela 1 e das respectivas frações molares tem-se, considerando-se a Equação (5),

$$\frac{1}{M} = \frac{0{,}7685}{28{,}0134} + \frac{0{,}2315}{31{,}9988} = 3{,}467 \times 10^{-2} \text{ mol/g}$$

ou

$$M = 28{,}843 \text{ g/mol} \tag{10}$$

c) *Fração molar de cada espécie química que compõe o ar.* Os valores para este parâmetro são obtidos a partir da Equação (2.82), aqui retomada para cada constituinte i segundo

$$y_i = \frac{C_i}{C} \tag{11}$$

Para a obtenção do valor da fração molar do constituinte *i*, substituem-se as Equações (2.82) e (2.88) na Equação (11), resultando

$$w_i = \frac{C_i M_i}{CM} \tag{12}$$

Identificando-se a Equação (11), para a espécie *i*, na Equação (12) e rearranjando-se o resultado obtido,

$$y_i = w_i \frac{M}{M_i} \tag{13}$$

podendo-se escrever para $A = N_2$

$$y_A = w_A \frac{M}{M_A} = (0,7685)\frac{(28,843)}{(28,0134)} = 0,791 \tag{14}$$

e, da Equação (2.86),

$$y_B = 1 - y_A = 1 - 0,791 = 0,209 \tag{15}$$

CAPÍTULO 3

DIFUSÃO MÁSSICA EM GASES

3.1 GASES

Gás é o estado de agregação da matéria no qual as forças de coesão entre os constituintes que a compõem são tênues. Tal estado é, usualmente, identificado ao conjunto de moléculas que preenche totalmente o volume de determinado recipiente no qual está contido. Assim, a temperatura está associada à energia cinética das moléculas (inerente ao seu movimento); a própria definição de volume decorre de tal ocupação do espaço tridimensional considerado, enquanto a pressão advém das colisões moleculares com as paredes do referido recipiente. A descrição fundamental do movimento desse estado da matéria e que possibilitou as definições de temperatura, volume e pressão decorre da teoria cinética dos gases, que apresenta como hipóteses fundamentais: um gás ideal puro é constituído de número elevado de moléculas pequenas, esféricas, de igual diâmetro e massa molar; as moléculas estão em movimento contínuo e aleatório, deslocando-se em todas as direções em trajetórias retilíneas, à mesma velocidade média molecular; as moléculas apresentam movimento independente, havendo, todavia, contato entre elas devido a colisões elásticas. Há de se notar que se assume que o soluto é certa molécula A, enquanto o meio em que se movimenta também é constituído dessa molécula, dotada de velocidade média molecular igual a

$$\Omega = \left(\frac{8RT}{\pi M_A} \right)^{1/2} \tag{3.1}$$

sendo R a constante universal dos gases, $R = 8{,}3144 \times 10^7$ $(dyn.cm/mol.K)$; T, a temperatura do gás em Kelvin (K); e M_A, a massa molar da espécie em análise (g/mol). Ao se considerar a Figura 2.1, supõe-se que a concentração molar de A é maior em $z = 0$ e dilui-se na medida em que se avança, no sentido positivo, nessa direção. Tal diluição, na teoria cinética dos gases, ocorre se, e somente se, houver colisão com outra molécula, após percorrer uma distância característica, denominada caminho livre médio, a qual se refere ao percurso característico $\delta = \lambda$, e entendida como a distância média entre duas moléculas na iminência da colisão, cuja definição é (MACEDO, 1978)

$$\lambda = \frac{RT}{N_0 \sqrt{2} \pi d^2 P} \tag{3.2}$$

sendo N_0 o número de Avogadro igual a $6{,}023 \times 10^{23}$ *moléculas/mol*; P em dyn/cm^2; e d (em cm), a distância entre os centros de duas moléculas supostas rígidas e esféricas (ou seja, o seu próprio diâmetro molecular), Figura 3.1, resultando o valor para λ em cm.

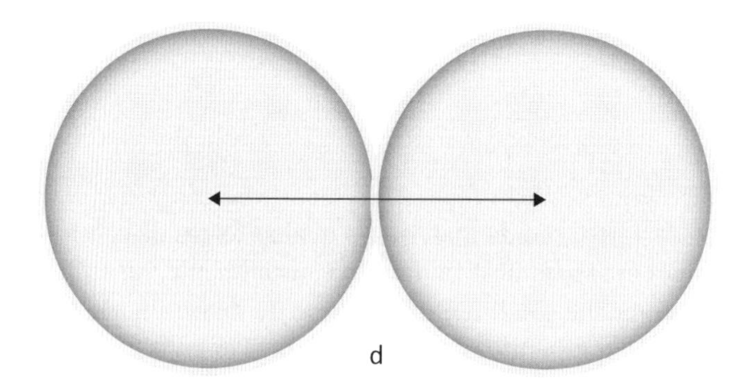

Figura 3.1 – Distância entre duas moléculas.

3.2 OBTENÇÃO DA 1ª LEI DE FICK: TEORIA CINÉTICA DOS GASES SIMPLIFICADA

Na intenção de se obter o fluxo difusivo molar da espécie A em um meio constituído da própria molécula, a sua diluição ocorre em todos os sentidos e direções, de modo a ocupar o espaço tridimensional, conforme ilustra a Figura 3.2. Nessa figura, C_{A_I} é a concentração molar de A no plano I; $C_{A_{II}}$, a concentração molar de A no plano II; e $C_{A_{III}}$, a concentração molar de A no plano III. A distância λ representa o caminho livre médio. Essa imagem é retomada na Figura 3.3, em que o parâmetro C_A^* refere-se à concentração da matéria a ser obtida no plano III ou perdida no plano I para que o sistema entre em equilíbrio termodinâmico (neste caso, $C_A^* = 0$). Tem-se que o fluxo molar líquido do soluto na direção z, $J_{A,z}$, é obtido do fluxo que entra no plano I menos o fluxo que abandona o plano III:

$$J_{A,z} = J_{A_I,z} - J_{A_{III},z} \tag{3.3}$$

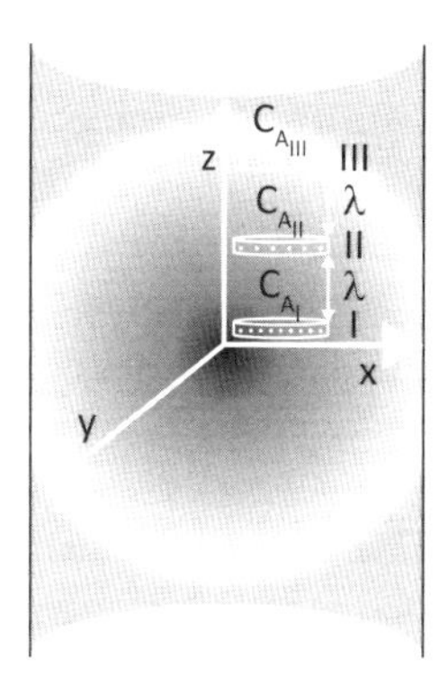

Figura 3.2 – Diluição da espécie *A*, a qual é verificada pela diluição da cor cinza à medida que se distancia do centro da figura, bem como da diminuição do número de esferas na direção *z* a partir do centro da figura.

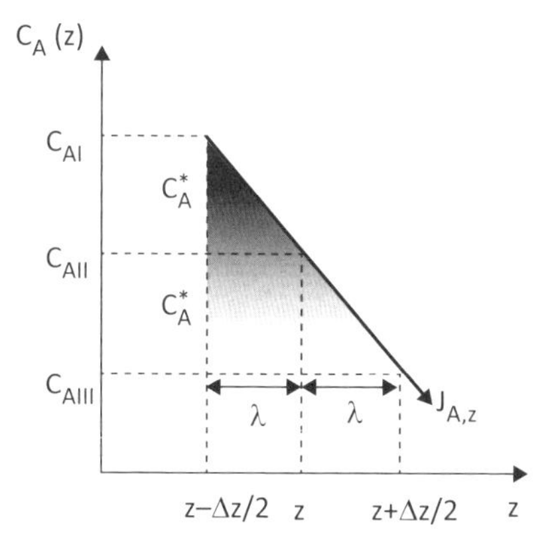

Figura 3.3 – Diluição da espécie *A*, no plano, a qual é verificada pela diluição da cor cinza à medida que se distancia do topo da figura.

Uma vez que se define fluxo como o produto entre velocidade, $u_{A,z}$, e concentração, o fluxo em questão para o plano $i = I, II$ ou III é

$$J_{A_i,z} = u_{A,z} C_{A_i} \tag{3.4}$$

Tendo em vista que a espécie flui em todos os sentidos e direções (ou seja, seis direções), tem-se na direção positiva em z

$$u_{A,z} = \frac{1}{6}\Omega \tag{3.5}$$

que, substituída na Equação (3.4), fornece

$$J_{A_i,z} = \frac{1}{6}\Omega C_{A_i} \tag{3.6}$$

As concentrações molares de A nos planos $i = I$ e $i = III$ são, respectivamente,

$$C_{A_I} = C_{A_{II}} + C_A^* \tag{3.7}$$

$$C_{A_{III}} = C_{A_{II}} - C_A^* \tag{3.8}$$

Utilizando-se as Equações (3.7) e (3.8) na Equação (3.6) para $i = I$ e $i = III$, e substituindo-se o resultado obtido na Equação (3.3), obtém-se

$$J_{A,z} = \frac{1}{3}\Omega C_A^* \tag{3.9}$$

Não se conhece a concentração de equilíbrio C_A^*, contudo, pode-se obtê-la ao retomar a Figura 3.2, observando-se a seguinte relação:

$$\ell im_{\Delta z \to 0} \frac{C_{A_I} - C_{A_{III}}}{\left(z - \Delta z/2\right) - \left(z + \Delta z/2\right)} = -\frac{dC_A}{dz} \text{ ou } -\frac{dC_A}{dz} \cong \frac{C_A^*}{\lambda} \tag{3.10}$$

A aproximação $\cong$ será uma igualdade se, e somente se, a função $C_A(z)$ vir a ser linear no intervalo Δz considerado. Admitindo-se a linearidade para a função em estudo,

$$C_A^* = -\lambda \frac{dC_A}{dz} \tag{3.11}$$

Assim sendo, substitui-se o resultado (3.11) na Equação (3.9), obtendo-se

$$J_{A,z} = -\frac{1}{3}\Omega\lambda \frac{dC_A}{dz} \tag{3.12}$$

que é a equação representativa da 1ª lei de Fick, de onde se identifica o coeficiente de autodifusão da molécula A como

$$D_{AA} = \frac{1}{3}\Omega\lambda \tag{3.13}$$

No caso de mistura binária, em que o meio é constituído da mistura gasosa dos constituintes A e B, tem-se o coeficiente de difusão,

$$D_{AB} = \frac{1}{3}\Omega_{AB}\lambda_{AB} \tag{3.14}$$

em que a velocidade média molecular da mistura é dada por (MACEDO, 1978)

$$\Omega_{AB} = 2\left[\frac{RT}{\pi}\left(\frac{1}{M_A} + \frac{1}{M_B}\right)\right]^{1/2} \tag{3.15}$$

e o caminho livre médio entre as moléculas *A* e *B* por

$$\lambda_{AB} = \frac{RT}{N_0\sqrt{2}\pi d_{AB}^2 P} \tag{3.16}$$

sendo d_{AB} o diâmetro médio entre as moléculas *A* e *B*,

$$d_{AB} = \frac{1}{2}\left(d_A + d_B\right) \tag{3.17}$$

Ao considerar as Equações (3.15) e (3.17) na Equação (3.14), tem-se como resultado

$$D_{AB} = \frac{2}{3\sqrt{2}N_0 P d_{AB}^2}\left(\frac{RT}{\pi}\right)^{3/2}\left[\frac{1}{M_A} + \frac{1}{M_B}\right]^{1/2} \tag{3.18}$$

Substituindo-se $N_0 = 6{,}023 \times 10^{23}$ *moléculas/mol*, $R = 8{,}3144 \times 10^7$ *(dyn.cm/mol.K)* na Equação (3.18), assim como adequando o resultado em termos da pressão em *atm*, diâmetro em *Å* e temperatura em Kelvin (*K*), tem-se

$$D_{AB} = 1{,}053 \times 10^{-3}\,\frac{T^{3/2}}{P d_{AB}^2}\left(\frac{RT}{\pi}\right)^{3/2}\left[\frac{1}{M_A} + \frac{1}{M_B}\right]^{1/2} \tag{3.19}$$

A Equação (3.19) traduz a primeira contribuição da teoria cinética dos gases para a obtenção do valor do coeficiente binário de difusão em gases. Supondo que o diâmetro presente nessa equação é o molecular, pode-se apresentar a Tabela 3.1, na qual constam valores para o coeficiente binário de difusão de algumas espécies químicas em ar a *0 °C* e *1 atm*.

Tabela 3.1 – Valores estimados para o D_{AB} de algumas moléculas em ar

Espécies químicas	Fórmula molecular	M (g/mol)	[b]D_{AB} (exp.) (cm^2/s)	d (Å)	D_{AB} (cal.) (cm^2/s)	[c]Desvio (%)
[a]ar	-	28,843	-	1,28	-	-
oxigênio	O_2	31,9988	0,175	1,20	0,793	353,2

(continua)

Tabela 3.1 – Valores estimados para o D_{AB} de algumas moléculas em ar *(continuação)*

Espécies químicas	Fórmula molecular	M (g/mol)	[b]D_{AB} (exp.) (cm^2/s)	d (Å)	D_{AB} (cal.) (cm^2/s)	[c]Desvio (%)
dióxido de carbono	CO_2	4,00995	0,136	1,90	0,450	231,0
amônia	NH_3	17,0306	0,198	1,40	0,808	308,3
dióxido de enxofre	SO_2	64,063	0,122	2,20	0,352	188,3

[a] valor aproximado; [b] CREMASCO (2015); [c] Desvio $= \left[\left(D_{AB_{cal.}} - D_{AB_{exp.}}\right)/D_{AB_{exp.}}\right] \times 100\%$.

3.3 ESTIMATIVA DO VALOR DO COEFICIENTE DE DIFUSÃO EM GASES: MOLÉCULAS APOLARES E POLARES

Os altos valores encontrados para o desvio relativo presentes na Tabela 3.1 estão intimamente relacionados ao fato de se considerar a abordagem newtoniana em escala molecular, em que se considera que as moléculas são esferas rígidas e que, para haver colisão entre elas, estas devem fazer o contato entre si, conforme ilustrou a Figura 3.1. Entretanto, é importante a lembrança de que as moléculas possuem cargas elétricas, que acarretam forças atrativa e repulsiva, as quais governam o fenômeno das colisões moleculares (CREMASCO, 2015), conforme ilustra a Figura 3.4.

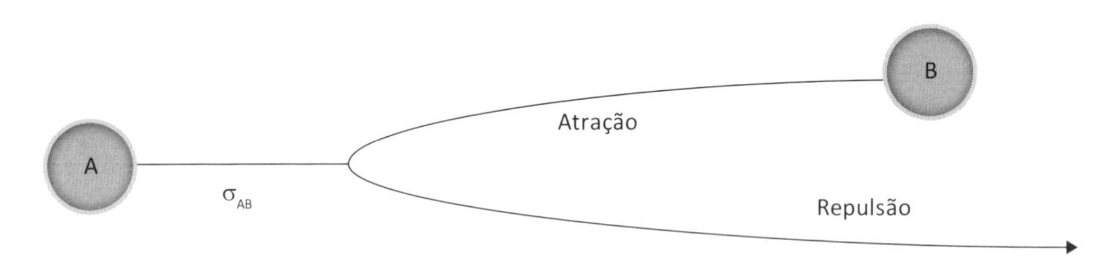

Figura 3.4 – Colisão entre duas moléculas considerando-se a atração e a repulsão entre elas.

Supõe-se, na Figura 3.4, uma molécula parada (molécula *A*) e outra (molécula *B*) em direção ao seu encontro, até a distância-limite, σ_{AB}, conhecida como diâmetro de colisão, em que é repelida pela primeira, cujo valor, para ambas as moléculas apolares, é obtido de

$$\sigma_{AB} = \frac{1}{2}\left(\sigma_A + \sigma_B\right) \tag{3.20}$$

sendo o valor para o diâmetro da espécie *i* (*A* ou *B*) advindo de (HIRSCHFELDER; BIRD; SPOTZ, 1949)

$$\sigma_i = 1{,}18 V_{b_i}^{1/3} \tag{3.21}$$

cujo valor resulta em *Å*; V_b é o volume molar da espécie *i* à temperatura normal de ebulição em cm^3/mol. Em se tratando de moléculas polares, é de se esperar comportamento distinto em relação ao fenômeno de atração-repulsão quando comparado com moléculas apolares, principalmente com a presença de forças dipolo-dipolo (no caso de ambas as moléculas serem polares) e dipolo-dipolo induzido (uma molécula apolar e a outra polar). A alteração na descrição do coeficiente de difusão, devido ao campo elétrico, também é regida pela não esfericidade da molécula (polar) sujeita por tal campo e depende da frequência de colisão (BORMAN; NIKOLAEV; NIKOLAEV, 1966). Brokaw (1969) sugeriu a seguinte correção para a estimativa do valor do diâmetro da molécula polar *i*:

$$\sigma_i = \left[\frac{1,585 V_{b_i}}{\left(1+1,3\xi_i^2\right)}\right]^{1/3} \tag{3.22}$$

com

$$\xi_i = \frac{1,94\times10^3 \mu_i^2}{V_{b_i} T_{b_i}} \tag{3.23}$$

em que o momento dipolar da molécula *i*, μ_i, é dado em Debye, sendo T_b a temperatura normal no ponto de ebulição da espécie considerada, em Kelvin. O diâmetro de colisão entre as moléculas polares advém de

$$\sigma_{AB} = \sqrt{\sigma_A \sigma_B} \tag{3.24}$$

A Equação (3.19) é retomada em termos do diâmetro de colisão para moléculas apolares e polares:

$$D_{AB} = 1,053\times10^{-3} \frac{T^{3/2}}{P\sigma_{AB}^2}\left(\frac{RT}{\pi}\right)^{3/2}\left[\frac{1}{M_A}+\frac{1}{M_B}\right]^{1/2} \tag{3.25}$$

De posse das grandezas necessárias a serem empregadas nas Equações (3.21) a (3.24), apresentadas na Tabela 3.2, torna-se possível reavaliar a predição dos valores dos coeficientes de difusão para os sistemas contidos na Tabela 3.1, cujos novos resultados estão na Tabela 3.2.

Tabela 3.2 – Valores estimados para D_{AB} de algumas moléculas em ar pela Equação (3.25)

Espécies químicas	M (g/mol)	[a]V_b (cm^3/mol)	[a]T_b (T)	[a]μ (Debye)	D_{AB} (exp.) (cm^2/s)	σ_{AB} (Å)	D_{AB} (cal.) (cm^2/s)	[d]Desvio (%)
ar	28,843	–	–	0	–	3,711[a]	–	
O_2	31,9988	25,6		0	0,175	3,478[b]	0,0944	-46,06
CO_2	4,00995	34,2	90,2	0	0,136	3,830[b]	0,0800	-41,15
NH_3	17,0306	25,0	194,3	1,5	0,198	3,259[c]	0,1195	-36,64
SO_2	64,063	43,8	239,7	1,6	0,122	3,767[ca]	0,0762	-37,55

[a] REID; PRAUSNITZ; SHERWOOD, 1977; [b] molécula apolar (Equação 3.21); [c] molécula polar (Equação 3.22);
[d] Desvio $= \left[\left(D_{AB_{cal.}} - D_{AB_{exp.}}\right) / D_{AB_{exp.}}\right] \times 100\%$.

Verifica-se, por inspeção simultânea das Tabelas 3.1 e 3.2, a redução considerável do desvio relativo. Todavia, a Equação (3.25) ainda prediz valores bastante distintos daqueles experimentais, provocando a proposição de correlações empíricas segundo

$$D_{AB} = \beta \times 10^{-3} \frac{T^{3/2}}{P\sigma_{AB}^2 \Omega_D} \left(\frac{RT}{\pi}\right)^{3/2} \left[\frac{1}{M_A} + \frac{1}{M_B}\right]^{1/2} \quad (3.26)$$

A constante β pode vir da contribuição de Hirschfelder, Bird e Spotz (1949) e daquela encontrada no trabalho de Wilke e Lee (1955), sendo dadas por

$$\beta = 1,858 \quad (3.27)$$

e

$$\beta = 2,17 - \frac{1}{2}\left[\frac{1}{M_A} + \frac{1}{M_B}\right]^{1/2} \quad (3.28)$$

A integral de colisão, Ω_D, presente na Equação (3.26), está associada às possíveis trajetórias das moléculas colidentes (MONCHICK; MASON, 1962), refletida na energia máxima de atração entre as moléculas A e B, que depende da temperatura do sistema e do efeito da polaridade de tais moléculas. Os valores desse parâmetro podem ser obtidos por correlações, como a de Neufeld, Janzen e Aziz (1972) para moléculas apolares:

$$\Omega_D = \frac{A}{T^{*B}} + \frac{C}{\exp\left(DT^*\right)} + \frac{E}{\exp\left(FT^*\right)} + \frac{G}{\exp\left(HT^*\right)} \quad (3.29)$$

em que as constantes estão presentes na Tabela 3.3.

Tabela 3.3 – Constantes para a correlação de Neufeld, Janzen e Aziz (1972)

A = 1,06036	C = 0,1930	E = 1,03587	G = 1,76474
B = 0,15610	D = 0,47635	F = 1,52996	H = 3,89411

A temperatura reduzida é definida por

$$T^* = \frac{k_B T}{\varepsilon_{AB}} \tag{3.30}$$

a qual reflete a relação entre a energia cinética molecular, $k_B T$, e a energia máxima de atração entre as moléculas *A* e *B*, ε_{AB}, esta oriunda de

$$\frac{\varepsilon_{AB}}{k_B} = \sqrt{\left(\frac{\varepsilon_A}{k_B}\right)\left(\frac{\varepsilon_B}{k_B}\right)} \tag{3.31}$$

com a energia máxima de atração da molécula apolar *i* (*A* ou *B*) oriunda de (HIRSCHFELDER; BIRD; SPOTZ, 1949)

$$\frac{\varepsilon_i}{k_B} = 1{,}15 T_{b_i} \tag{3.32}$$

Para moléculas polares ($i = A$ ou B), tem-se a correlação de Brokaw (1969) para a energia máxima de atração:

$$\frac{\varepsilon_i}{k_B} = 1{,}18\left(1 + 1{,}3\xi_i^2\right) T_{b_i} \tag{3.33}$$

enquanto, para a mistura de gases polares (moléculas *A* e *B* polares), há a correlação de Brokaw (1969) para a integral de colisão na forma

$$\Omega_D^* = \Omega_D + \left(0{,}196 \frac{\xi_{AB}^2}{T^*}\right) \tag{3.34}$$

com o valor de Ω_D calculado por intermédio da Equação (3.29) e o termo relacionado à polaridade definido segundo

$$\xi_{AB} = \left(\xi_A \xi_B\right)^{1/2} \tag{3.35}$$

Utilizando-se a correlação de Neufeld, Janzen e Aziz (1972) para as condições apresentadas para a elaboração das Tabelas 3.1 e 3.2, foram obtidos os seguintes valores para a integral de colisão: $\Omega_D = 0{,}9513$ para *ar*-O_2; $\Omega_D = 1{,}0407$ para *ar*-CO_2; $\Omega_D = 1{,}2734$ para *ar*-NH_3; e $\Omega_D = 1{,}460$ para *ar*-SO_2. Com tais valores e de posse dos valores das constantes obtidos das Equações (3.27) e (3.28), torna-se possível apresentar a Tabela 3.4.

Tabela 3.4 – Valores estimados para o D_{AB} de algumas moléculas em ar

Espécies químicas	D_{AB} (calc.) (cm^2/s) Equação (3.27)	[a]Desvio (%)	D_{AB} (calc.) (cm^2/s) Equação (3.28)	[a]Desvio (%)
ar	–	–	–	–
O_2	0,175	0,05	0,192	9,93
CO_2	0,136	-0,22	0,150	10,10
NH_3	0,166	-16,35	0,180	-9,81
SO_2	0,117	-3,85	0,139	6,49

(a) Desvio $= \left[\left(D_{AB_{cal.}} - D_{AB_{exp.}}\right) / D_{AB_{exp.}}\right] \times 100\%$

3.4 MODELO DE FULLER-SCHETTER-GIDDINGS

A Equação (3.26), ainda que conduza a resultados satisfatórios para a estimativa de valores de D_{AB}, apresenta a necessidade de se estimar o valor da integral de colisão, assim como de se considerar a polaridade das moléculas. Uma alternativa atraente é a utilização da correlação proposta por Fuller, Schetter e Giddings (1966), que guarda semelhança com aquela oriunda da teoria da cinética dos gases corrigindo-se, todavia, o expoente da temperatura,

$$D_{AB} = 1{,}053 \times 10^{-3} \frac{T^{1,75}}{Pd_{AB}^2} \left[\frac{1}{M_A} + \frac{1}{M_B}\right]^{1/2} \tag{3.36}$$

na qual T está em K e P em atm. O diâmetro de difusão, d_{AB}, em $Å$, é definido por

$$d_{AB} = \left(\sum v\right)_A^{1/3} + \left(\sum v\right)_B^{1/3} \tag{3.37}$$

A grandeza $\left(\sum v\right)_i$, para $i = A$ ou B, refere-se ao volume associado à difusão da molécula i cujo valor, para algumas moléculas simples, está apresentado na Tabela 3.5. Para moléculas complexas, o procedimento para a determinação do volume difusional de Fuller, Schetter e Giddings (1966) dá-se pela técnica de contribuição de grupos, que estão contidos na Tabela 3.6. O sinal (–) indica que se deve diminuir o valor indicado após a soma das contribuições de cada átomo, proporcionais a sua presença, na fórmula estrutural do composto desejado (CREMASCO, 2015). O desempenho da Equação (3.36) pode ser acompanhado por inspeção da Tabela 3.7.

Tabela 3.5 – Volumes moleculares de difusão (POLING; PRAUSNITZ; O'CONNELL, 2004)

Moléculas	$(\sum v)$	Moléculas	$(\sum v)$
He	2,67	CO	18,0
Ne	5,98	CO_2	26,9
Ar	16,2	N_2O	35,9
Kr	24,5	NH_3	20,7
Xe	32,7	H_2O	13,1
H_2	6,12	SF_6	71,7
D_2	6,84	Cl_2	38,4
N_2	18,5	Br_2	69,0
O_2	16,3	SO_2	41,8
ar	19,7		

Tabela 3.6 – Incrementos nos volumes atômicos e estrutural de difusão (POLING; PRAUSNITZ; O'CONNELL, 2004)

Moléculas	v	Moléculas	v	Moléculas	v
C	15,9	F	14,7	S	22,9
H	2,31	Cλ	21,0	anel aromático	-18,3
O	6,11	Br	21,9	anel heterocíclico	-18,3
N	4,54	I	29,8		

Tabela 3.7 – Valores estimados para D_{AB} de algumas moléculas em ar pela Equação (3.36)

Espécies químicas	Fórmula molecular	D_{AB} (exp.) (cm^2/s)	$(\sum v)$ (cm^3/mol)	D_{AB} (cal.) (cm^2/s)	[a]Desvio (%)
ar	-	-	19,7	-	-
oxigênio	O_2	0,175	16,3	0,181	3,31
dióxido de carbono	CO_2	0,136	26,9	0,143	4,78
amônia	NH_3	0,198	20,7	0,199	0,45
dióxido de enxofre	SO_2	0,122	41,8	0,114	-6,82

[a] Desvio $= \left[\left(D_{AB_{cal.}} - D_{AB_{exp.}}\right) / D_{AB_{exp.}}\right] \times 100\%$

Além do desempenho convincente da Equação (3.36), esta pode ser empregada para a estimativa do valor do coeficiente de difusão em uma condição desconhecida (T_2,P_2) a partir de um D_{AB} conhecido na condição (T_1,P_1),

$$\frac{D_{AB}\big|_{T_2,P_2}}{D_{AB}\big|_{T_1,P_1}} = \left(\frac{P_1}{P_2}\right)\left(\frac{T_2}{T_1}\right)^{1,75} \tag{3.38}$$

Exemplo 3.1

A água possui a propriedade única de ser a espécie química contida no planeta a se apresentar naturalmente nos três estados característicos da matéria, conforme já ilustrado na Figura 1.2. Tais estados são essenciais para o ciclo da vida, incluindo a dinâmica do clima. Neste caso, a evaporação é um dos principais processos envolvidos no balanço hídrico e de calor em lagos e reservatórios, sendo responsável por transferir grandes quantidades de água e de energia para a atmosfera. Assim, mensurar a taxa de evaporação é crucial, por exemplo, para gerenciamento e operação de reservatórios destinados à geração de energia elétrica, irrigação e abastecimento de água (CURTARELLI et al., 2013). Pode-se olhar, também, a evaporação ou vaporização da água em termos de transferência de massa, em que o vapor de água movimenta-se, por exemplo, no ar. Nesse caso, há claramente a presença do fenômeno de difusão mássica decorrente da interação molecular entre o vapor e o meio em que se difunde. Dada a importância do fenômeno difusivo em questão, obtenha o valor do coeficiente de difusão do vapor de água (espécie *A*) em ar seco (espécie *B*), por meio da equação de Fuller, Schetter e Giddings (1966), para (a) $T = 15\ ^oC$ e $P = 0,95\ atm$; (b) $T = 25\ ^oC$ e $P = 1\ atm$. O valor da massa molar do vapor de água é igual a *18,015 g/mol*. Assume-se o valor da massa molar do ar igual a $M_B = 28,843\ g/mol$. Compare o resultado do item (b) com aquele experimental, que é $0,26\ cm^2/s$ (REID; PRAUSNITZ; SHERWOOD, 1977).

Solução: trata-se de um problema da difusão de um soluto *A* no meio *B*, cujo valor do coeficiente de difusão é calculado por meio da Equação (3.36),

$$D_{AB} = 1,053\times10^{-3}\,\frac{T^{1,75}}{Pd_{AB}^2}\left[\frac{1}{M_A}+\frac{1}{M_B}\right]^{1/2} \tag{1}$$

com

$$d_{AB} = \left(\sum v\right)_A^{1/3} + \left(\sum v\right)_B^{1/3} \tag{2}$$

Tanto o vapor de água quanto o ar seco são considerados, pelo modelo de Fuller, Schetter e Giddings (1966), como moléculas simples. Dessa maneira, tem-se da Tabela 3.5:

$$\left(\sum v\right)_{H_2O} = 13{,}1\ cm^3/mol \tag{3}$$

$$\left(\sum v\right)_{ar} = 19{,}7\ cm^3/mol \tag{4}$$

O valor do diâmetro de difusão, portanto, é obtido por meio da substituição dos resultados (3) e (4) na Equação (2):

$$d_{AB} = (13{,}1)^{1/3} + (19{,}7)^{1/3} = 5{,}06\ \mathring{A} \tag{5}$$

Tendo em vista que os valores da massa molar das espécies envolvidas na difusão mássica encontram-se no enunciado, assim como para a primeira situação a temperatura e a pressão do sistema são *15 ºC* e *0,95 atm*, e recordando-se que a temperatura utilizada na Equação (1) deve ser em Kelvin ($T = 15 + 273{,}15 = 288{,}15\ K$). Visto que $M_A = 18{,}015\ g/mol$ e $M_B = 28{,}843\ g/mol$, pode-se retomar a Equação (1), considerando-se o resultado (5),

$$D_{AB} = \left(1{,}053 \times 10^{-3}\right) \frac{(288{,}15)^{1,75}}{(0{,}95)(5{,}06)^2} \left[\frac{1}{18{,}015} + \frac{1}{28{,}843}\right]^{1/2} = 0{,}262\ cm^2/s \tag{6}$$

Intenta-se, também, a estimativa do valor do coeficiente de difusão do vapor de água no ar seco *25 ºC* e *1,0 atm*. Lembrando-se que a temperatura utilizada na Equação (3.38) deve ser em Kelvin ($T = 25 + 273{,}15 = 298{,}15\ K$). Para tanto, utiliza-se a equação

$$\frac{D_{AB}|_{T_2,P_2}}{D_{AB}|_{T_1,P_1}} = \left(\frac{P_1}{P_2}\right)\left(\frac{T_2}{T_1}\right)^{1,75} \tag{7}$$

Substituindo-se na Equação (7) os valores conhecidos,

$$\frac{D_{AB}|_{298,15K,1atm}}{0{,}262} = \left(\frac{0{,}95}{1}\right)\left(\frac{298{,}15}{288{,}15}\right)^{1,75}$$

ou

$$D_{AB} = 0{,}264\ cm^2/s \tag{8}$$

o que leva ao desvio relativo, em relação ao valor experimental, de

$$\text{Desvio} = \left(\frac{D_{AB_{cal.}} - D_{AB_{exp.}}}{D_{AB_{exp.}}} \right) \times 100\% = \left(\frac{0,264 - 0,26}{0,26} \right) \times 100\% = 1,54\%$$

3.5 EFEITO DA NÃO IDEALIDADE TERMODINÂMICA NO COEFICIENTE BINÁRIO DE DIFUSÃO EM GASES

O efeito da não idealidade termodinâmica de gases está explícito na Equação (2.69), que é retomada com fluxo unidirecional do modo como segue:

$$J_{A,z} = -D_{AB}^{V} \frac{P}{RT} \frac{dy}{dz} \tag{3.39}$$

em que

$$D_{AB}^{V} = D_{AB} \Gamma^{V} \tag{3.40}$$

o qual é conhecido, também, como coeficiente de difusão termodinâmico. Na situação de idealidade $\Gamma^V = 1$. Isso, empiricamente, é válido para pressões moderadas, porém, teoricamente, está sempre presente, e seu valor para o fator termodinâmico pode ser estimado pela Equação (2.54). Além disso, a estimativa do valor coeficiente binário de difusão em condição desconhecida (T_2,P_2) a partir de um D_{AB} conhecido na condição (T_1,P_1), Equação (3.38), é agora corrigida considerando-se a Equação (3.40) na forma

$$\frac{D_{AB}^{V}\big|_{T_2,P_2}}{D_{AB}^{V}\big|_{T_1,P_1}} = \left(\frac{P_1}{P_2} \right) \left(\frac{T_2}{T_1} \right)^{1,75} \left(\frac{\Gamma_2^V}{\Gamma_1^V} \right) \tag{3.41}$$

Exemplo 3.2

O biogás é uma mistura gasosa combustível, produzida por meio da digestão anaeróbia, ou seja, pela biodegradação de matéria orgânica pela ação de bactérias, na ausência de oxigênio. O processo ocorre naturalmente em pântanos, lagos e rios, sendo parte importante do ciclo bio/geoquímico do carbono. O biogás pode ser obtido a partir de diversos resíduos orgânicos, como esterco de animais, lodo de esgoto, lixo doméstico, resíduos agrícolas, efluentes industriais e plantas aquáticas. Quando é realizada em biodigestores, o biogás pode ser usado como combustível, com elevado poder calorífico, não produzindo gases tóxicos durante a queima (CREMASCO,

2014). É importante ressaltar que a utilização do biogás, como combustível, é possível devido à presença do gás metano em sua composição, e o restante da mistura gasosa é composto de dióxido de carbono, hidrogênio, oxigênio, além de traços de amônia, gás sulfídrico, monóxido de carbono, entre outras moléculas, sendo que o teor de metano é aquele que define o conteúdo energético do biogás. Assumindo que a mistura gasosa é rica em metano (composto *A*, *97%* em mols), cujo restante é basicamente CO_2, obtenha o valor do coeficiente de difusão do CO_2 em metano a $T = 40\ ^oC$ e $P = 1\ atm$. O valor da massa molar do CO_2 é igual a *44,01 g/mol*, enquanto o do CH_4 é *16,04 g/mol*. Compare o resultado obtido com aquele experimental, que é $0,153\ cm^2/s$ a $0\ ^oC$ (REID; PRAUSNITZ; SHERWOOD, 1977). Assume-se mistura não ideal, em que os coeficientes associados à segunda constante do viral são (PRAUSNITZ; LICHTENTHALER; AZEVEDO, 1999)

$$B_{AA} = 42,5 - \frac{16,75 \times 10^3}{T} - \frac{25,05 \times 10^5}{T^2} \tag{3.42}$$

$$B_{BB} = 40,4 - \frac{25,39 \times 10^3}{T} - \frac{68,70 \times 10^5}{T^2} \tag{3.43}$$

$$B_{AB} = 41,4 - \frac{19,50 \times 10^3}{T} - \frac{37,30 \times 10^5}{T^2} \tag{3.44}$$

com a temperatura em Kelvin e os resultados da constante do virial em cm^3/mol.

Solução: trata-se da obtenção do valor do coeficiente de difusão de uma mistura binária, considerando-se a correção de não idealidade, ou coeficiente de difusão termodinâmico, na forma da Equação (3.40),

$$D_{AB}^V = D_{AB}\Gamma^v \tag{1}$$

Sendo o valor do coeficiente de difusão isento da correção de não idealidade, advindo da Equação (3.36)

$$D_{AB} = 1,053 \times 10^{-3} \frac{T^{1,75}}{Pd_{AB}^2}\left[\frac{1}{M_A} + \frac{1}{M_B}\right]^{1/2} \tag{2}$$

com

$$d_{AB} = \left(\sum v\right)_A^{1/3} + \left(\sum v\right)_B^{1/3} \tag{3}$$

e o fator termodinâmico oriundo da Equação (2.54), aqui retomado,

$$\Gamma^V = 1 - 2y_A y_B \delta_{AB} \frac{P}{RT} \tag{4}$$

com

$$\delta_{AB} = 2B_{AB} - B_{AA} - B_{BB} \tag{5}$$

Para o cálculo do valor do D_{AB}, a molécula do CO_2 é considerada, pelo modelo de Fuller, Schetter e Giddings (1966), como molécula simples; da Tabela 3.5,

$$\left(\sum v\right)_{CO_2} = 26,9\ \mathrm{cm^3/mol} \tag{6}$$

Resta obter o volume molecular de difusão do CH_4, que advém dos incrementos nos volumes atômicos e estrutural de difusão contidos na Tabela 3.6. No caso do metano, tem-se

$$\left(\sum v\right)_{CH_4} = v_C + 4v_H \tag{7}$$

Identificando-se a contribuição dos átomos de carbono e de hidrogênio, pode-se escrever a partir da Tabela 3.6

$$\left(\sum v\right)_{CH_4} = (1)(15,9) + (4)(2,31) = 25,14\ \mathrm{cm^3/mol} \tag{8}$$

O valor do diâmetro de difusão, portanto, é obtido por meio da substituição dos resultados (6) e (8) na Equação (3):

$$d_{AB} = (25,14)^{1/3} + (26,9)^{1/3} = 5,93\ \mathring{A} \tag{9}$$

Tendo em vista que $M_A = 16,04\ g/mol$ e $M_B = 44,01\ g/mol$, assim como para a primeira situação a temperatura e a pressão do sistema são $40\ ^oC$ e $1,0\ atm$, e recordando que a temperatura utilizada na Equação (2) deve ser em Kelvin ($T = 40 + 273,15 = 313,15\ K$), pode-se retomar a Equação (2), considerando-se o resultado (9),

$$D_{AB} = \left(1,053 \times 10^{-3}\right) \frac{(313,15)^{1,75}}{(1,0)(5,93)^2} \left[\frac{1}{16,04} + \frac{1}{44,01}\right]^{1/2} = 0,204\ \mathrm{cm^2/s} \tag{10}$$

Foi fornecido, no enunciado deste exemplo, o valor do coeficiente binário de difusão a *0 °C*, que é igual a *0,153 cm²/s*. De igual modo ao feito no Exemplo 3.1, pode-se estimar o valor desse coeficiente a partir da Equação (3.38),

$$\frac{D_{AB}\big|_{T_2,P_2}}{D_{AB}\big|_{T_1,P_1}} = \left(\frac{P_1}{P_2}\right)\left(\frac{T_2}{T_1}\right)^{1,75} \tag{11}$$

Substituindo-se nessa equação os valores conhecidos:

$$\frac{D_{AB}\big|_{273,15K,1atm}}{0,204} = \left(\frac{1}{1}\right)\left(\frac{273,15}{313,15}\right)^{1,75}$$

ou

$$D_{AB}\big|_{273,15K,1atm} = 0,161\ cm^2/s \tag{12}$$

resultando no desvio relativo, em relação ao valor experimental, de

$$\text{Desvio} = \left(\frac{D_{AB_{cal.}} - D_{AB_{exp.}}}{D_{AB_{exp.}}}\right)\times 100\% = \left(\frac{0,161-0,153}{0,153}\right)\times 100\% = 5,23\%$$

Objetiva-se, neste exemplo, também avaliar o efeito da correção termodinâmica no valor do coeficiente binário de difusão, que é obtida admitindo-se a Equação (3). Para o cálculo do valor do coeficiente δ_{AB}, são utilizadas as Equações (3.42) a (3.44) com $T = 313,15\ K$:

$$B_{AA} = 42,5 - \frac{16,75\times 10^3}{313,15} - \frac{25,05\times 10^5}{(313,15)^2} = -36,53\ cm^3/mol \tag{13}$$

$$B_{BB} = 40,4 - \frac{25,39\times 10^3}{313,15} - \frac{68,70\times 10^5}{(313,15)^2} = -110,74\ cm^3/mol \tag{14}$$

$$B_{AB} = 41,4 - \frac{19,50\times 10^3}{313,15} - \frac{37,30\times 10^5}{(313,15)^2} = -58,91\ cm^3/mol \tag{15}$$

Substituindo-se tais resultados na Equação (5),

$$\delta_{AB} = 2(-58,91) + 36,53 + 110,74 = 29,45\ cm^3/mol \tag{16}$$

Da Tabela (2.1), $R = 82{,}058\ atm.cm^3/(mol.K)$ e, como $P = 1\ atm$, $T = 313{,}15\ K$, tem-se

$$\frac{P}{RT} = \frac{1{,}0}{(82{,}058)(313{,}15)} = 38{,}92 \times 10^{-6}\ \text{mol/cm}^3 \qquad (17)$$

Sabendo-se que o valor da fração molar do CH_4 é $y_A = 0{,}97$, portanto, $y_B = 0{,}03$, o valor do fator termodinâmico advém da substituição dessas informações em conjunto com os resultados (16) e (17) na Equação (4),

$$\Gamma^V = 1 - 2(0{,}97)(0{,}03)(29{,}45)\left(38{,}92 \times 10^{-6}\right) = 0{,}99993 \qquad (18)$$

Obtém-se o valor do coeficiente de difusão termodinâmico substituindo-se os resultados (10) e (18) na Equação (1):

$$D_{AB}^V = (0{,}204)(0{,}99993) = 0{,}204\ \text{cm}^2/\text{s} \qquad (19)$$

Esse resultado, todavia, refere-se à temperatura do sistema igual a $40\ ^oC$. Para que se possa comparar com o valor experimental a $0\ ^oC$ ($0{,}153\ cm^2/s$), pode-se utilizar a estimativa presente na Equação (3.41), aqui retomada considerando-se os valores fornecidos e calculados neste exemplo na forma

$$D_{AB}\big|_{273{,}15K,1atm} = D_{AB}\big|_{313{,}15K,1atm}\left(\frac{P_1}{P_2}\right)\left(\frac{T_2}{T_1}\right)^{1{,}75}\left(\frac{\Gamma_2^V}{\Gamma_1^V}\right)$$

ou

$$D_{AB}\big|_{273{,}15K,1atm} = (0{,}161)\left(\frac{\Gamma_2^V}{\Gamma_1^V}\right) \qquad (20)$$

O valor do fator termodinâmico a $40\ ^oC$ ($313{,}15\ K$) foi calculado igual a $\Gamma_1^V = 0{,}99993$. A obtenção desse fator a $0\ ^oC$ ($273{,}15\ K$) segue o procedimento de cálculo apresentado nas Equações (13) a (17), fornecendo valores iguais a: $B_{AA} = -52{,}40$, $B_{BB} = -144{,}68$, $B_{AB} = -79{,}38$, $\delta_{AB} = -79{,}38$, $P/RT = 44{,}61 \times 10^{-6}\ mol/cm^3$, resultando no valor do fator termodinâmico igual a $\Gamma_2^V = 0{,}99990$. Assim sendo, tem-se na Equação (20)

$$D_{AB}\big|_{273{,}15K,1atm} = (0{,}161)\left(\frac{0{,}99990}{0{,}99993}\right) = 0{,}161\ \text{cm}^2/\text{s} \qquad (21)$$

conduzindo ao mesmo valor para o desvio relativo, em relação ao valor experimental, de *5,23%*, sem se considerar a presença da não idealidade da mistura gasosa em questão. Reforça-se dessa maneira, que, para pressões moderadas, pode-se admitir a suposição da idealidade termodinâmica para a predição do valor do coeficiente binário de difusão em gases. Para pressões elevadas, em condições supercríticas, tal predição pode ser avaliada conforme o Capítulo 5 deste livro.

CAPÍTULO 4

DIFUSÃO MÁSSICA EM LÍQUIDOS

4.1 LÍQUIDOS

O estado líquido é caracterizado por seus constituintes apresentarem adensamento molecular maior quando comparado ao do estado gasoso, exibindo, dessa maneira, maior intensidade de forças de coesão. Diferentemente dos gases, um líquido em condições normais de temperatura e de pressão é praticamente incompressível. No que se refere à proposição de mecanismo para a difusão mássica em líquidos, enquanto a teoria cinética dos gases é um bom início, não existe uma única abordagem para líquidos e, tradicionalmente, emprega-se a teoria do movimento browniano para a explicação de como ocorre a difusão mássica em líquidos, em particular na situação de diluição do soluto, seja este eletrólito ou não eletrólito.

4.2 DIFUSÃO MÁSSICA DE NÃO ELETRÓLITOS DILUÍDOS EM LÍQUIDOS

A difusão mássica de não eletrólitos em líquidos refere-se à difusão de determinado soluto A que não se dissolve em íons nesse estado da matéria. Tal soluto pode ser um gás, como no caso da difusão do gás oxigênio em água (líquida), ou um líquido diluído em outro, etanol em água, por exemplo. De forma a encontrar uma expressão para a estimativa do valor do coeficiente de difusão de certo soluto em meio líquido, retoma-se a Equação (2.59), admitindo-se a variação espacial do potencial químico na direção z, segundo

$$\frac{d\mu_A}{dz} = \frac{RT}{x_A}\Gamma\frac{dx_A}{dz} \tag{4.1}$$

A Equação (4.1) representa a força motriz termodinâmica para o transporte do soluto em questão, a qual, obedecendo à 2ª lei da termodinâmica, é posta como

$$F_z = -\frac{d\mu_A}{dz} = -\frac{RT}{x_A}\Gamma\frac{dx_A}{dz} \tag{4.2}$$

Pode-se interpretar qualitativamente a "força" F_z, supondo sistema binário, diluído para o soluto *A* (portanto $\Gamma = 1$), conforme ilustra a Figura 4.1. Nessa figura, o soluto *A* (esfera maior) está imerso (diluído) no meio *B* (esferas menores). O movimento de *A* decorre das colisões sofridas em contato com as moléculas *B*, tomando direção errática (Figura 4.2), o que é conhecido como movimento browniano, contudo migrando para a região menos concentrada de sua população molecular. Em outras palavras, haverá movimento de *A* decorrente do arraste provocado pelo meio *B*.

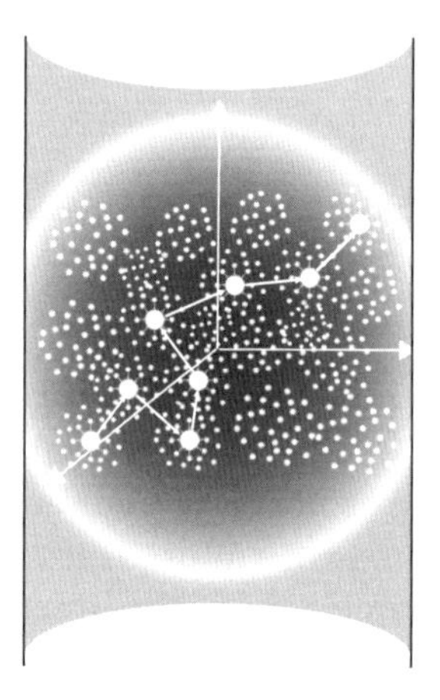

Figura 4.1 – Colisões entre as moléculas de *B* e *A*.

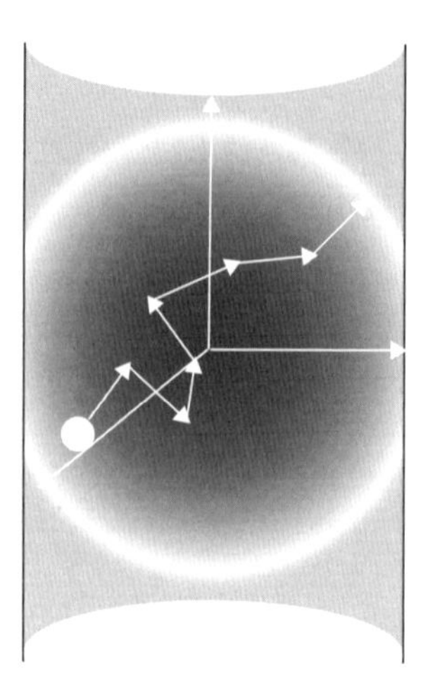

Figura 4.2 – Movimento browniano de *A*.

O arraste, mencionado no parágrafo anterior, também se traduz em força, que vem a ser a força de arraste na forma da lei de Stokes:

$$F_z = 3\pi\eta_B d_A u_{A,z} \tag{4.3}$$

na qual η_B é a viscosidade dinâmica do meio *B*; d_A, o diâmetro do soluto *A*; $u_{A,z}$, a mobilidade do soluto *A* na direção *z*. Igualando-se as Equações (4.2), para sistema diluído, e (4.3),

$$3\pi\eta_B d_A u_{A,z} = -\frac{RT}{x_A}\frac{dx_A}{dz}$$

ou

$$u_{A,z} x_A = -\left(\frac{RT}{3\pi\eta_B d_A}\right)\frac{dx_A}{dz} \tag{4.4}$$

Multiplicando-se a Equação (4.4) pela concentração total da solução, *C*, e considerando a Equação (2.83) para $i = A$, tem-se

$$u_{A,z} C_A = -\left(\frac{RT}{3\pi\eta_B d_A}\right)\frac{dC_A}{dz} \tag{4.5}$$

Identificando-se o fluxo molar de *A* na direção *z*, $J_{A,z} = u_{A,z}C_A$,

$$J_{A,z} = -\left(\frac{RT}{3\pi\eta_B d_A}\right)\frac{dC_A}{dz} \tag{4.6}$$

possibilitando definir o coeficiente binário de difusão do soluto *A* no meio (solvente *B*) como

$$D^{o}_{AB} = \frac{RT}{3\pi\eta_B d_A} \tag{4.7}$$

o índice "o" representa diluição infinita do soluto *A* no solvente *B*. A definição (4.7) é conhecida como equação de Stokes-Einstein. A descrição detalhada do movimento browniano no contexto probabilístico será abordada no Capítulo 11 deste livro. A Tabela 4.1 apresenta algumas correlações para a predição do valor do coeficiente de difusão em condição de diluição infinita. Nessa tabela, $D_{o_{AB}}$ é dado em cm^2/s; η_B, em cP; a temperatura da solução, em Kelvin (K); V_b é o volume molar à temperatura normal de ebulição e está em cm^3/mol.

Tabela 4.1 – Correlações para a estimativa do coeficiente binário de difusão em líquidos em condição diluída

Autores	Correlações
WILKE; CHANG (1955)	$$\frac{D_{o_{AB}} \eta_B}{T} = \frac{7{,}4 \times 10^{-8} (\varphi M_B)^{1/2}}{V_{b_A}^{0,6}} \quad (4.8)$$ O parâmetro de associação do solvente é: $\varphi = 2{,}5$ (água); $\varphi = 1{,}9$ (metanol); $\varphi = 1{,}5$ (etanol) e $\varphi = 1{,}0$ para o restante dos solventes. Indicada principalmente para a difusão de gases em líquidos.
SIDDIQUI; LUCAS (1986)	$$\frac{D_{o_{AB}} \eta_{H_2O}}{T} = 2{,}98 \times 10^{-7} \frac{1}{V_{b_A}^{0,5473} \eta_{H_2O}^{0,026}} \quad (4.9)$$ Indicada para difusão mássica em soluções aquosas.
SIDDIQUI; LUCAS (1986)	$$\frac{D_{o_{AB}} \eta_B}{T} = 9{,}89 \times 10^{-8} \eta_B^{0,093} \left(\frac{V_{b_B}^{0,265}}{V_{b_A}^{0,45}} \right) \quad (4.10)$$ Indicada para difusão mássica em solventes orgânicos.
GEANKOPLIS (1993)	$$\frac{D_{o_{AB}} \eta_B}{T} = \frac{9{,}40 \times 10^{-11}}{M_A^{1/3}} \quad (4.11)$$ Indicada para açúcares, proteínas enquanto solutos.

4.3 DIFUSÃO MÁSSICA MÚTUA DE NÃO ELETRÓLITOS EM LÍQUIDOS

Diferentemente dos gases, em que $D_{AB} = D_{BA}$; para líquidos, $D_{o_{AB}} \neq D_{o_{BA}}$. O coeficiente binário de difusão, em líquidos, depende fortemente da concentração das espécies envolvidas. Assim, a equação para o fluxo molar em solução concentrada, em termos da 1ª lei de Fick, é posta na forma da Equação (2.62), aqui retomada como

$$J_{A,z} = -C D_{AB} \frac{dx_A}{dz} \quad (4.12)$$

em que o coeficiente de difusão termodinâmico é identificado segundo

$$D_{AB} = \dot{D}_{AB} \Gamma^p \quad (4.13)$$

O parâmetro $\dot{D}_{AB}$, reconhecido como coeficiente mútuo de difusão, advém de informações sobre a contribuição dos componentes *A* e *B*, havendo várias propostas para descrevê-lo (PERTLER; BLASS; STEVENS, 1996), entre as quais se destaca a de Darken (1948):

$$\dot{D}_{AB} = x_A D^o_{BA} + x_B D^o_{AB} \tag{4.14}$$

e a de Caldwell e Babb (1956), que considera o efeito da viscosidade de cada componente da solução, assim como dela própria, na forma

$$\eta \dot{D}_{AB} = x_A \eta_A D^o_{BA} + x_B \eta_B D^o_{AB} \tag{4.15}$$

Para a obtenção do fator termodinâmico, Γ, para solução binária, encontrado na Equação (4.13), admite-se válido o modelo de Van Laar para o coeficiente de atividade e fornecido pela Equação (2.66). O coeficiente *p*, presente na Equação (4.13), refere-se à correção empírica que considera diversos efeitos dos constituintes presentes na solução, que depende, entre outros fatores, do grau de associação, em que $p = 0{,}6$ na situação em que um componente é associado e o outro não; $p = 0{,}3$ para sistemas que apresentam desvios negativos da lei de Raoult (RATHBUN; BABB, 1966). Segundo Siddiqui e Lucas (1986), o índice *p* relaciona-se com a polaridade da solução, sendo $p = 1{,}0$ (*A* e *B* polares), $p = 0{,}6$ (uma espécie polar e a outra apolar), $p = 0{,}4$ (*A* e *B* apolares). A correção *p* foi avaliada por D'Agostino et al. (2013), encontrando-se $p = 0{,}64$. Em tais situações, os autores aqui mencionados utilizaram o $\dot{D}_{AB}$ calculado pela Equação (4.14).

Exemplo 4.1

O Brasil, que sempre se destacou como produtor de açúcar, evidenciou-se como o primeiro país a produzir e fazer uso de um biocombustível em larga escala na sua frota de automóveis. Esse advento é consequência da implantação do Programa Nacional do Álcool (Proálcool). A crise do petróleo nos anos 1970 motivou o governo brasileiro a desenvolver uma forma alternativa de substituir a gasolina. Nasceu o bioetanol, combustível advindo da fermentação de caldo da cana-de-açúcar, melaço ou ambos. Incentivos foram oferecidos aos investidores do setor. Nos anos 1980, *85%* dos carros nacionais eram movidos exclusivamente a álcool. A produção de bioetanol daquela década chegou a superar a produção de açúcar. As unidades instaladas atingiram, naquele período, capacidade para produzir *18 bilhões* de litros de bioetanol por safra, volume este equivalente a *100 milhões* de barris de gasolina. O programa, como estratégia de abastecimento energético, fracassou nos anos 1990. Por outro lado, o crescente interesse mundial no bioetanol, fruto da elevação nos preços do petróleo na década de 2000 e da preocupação mundial em relação à redução da emissão de gases de efeito estufa, motivou a retomada de pesquisas para tornar a produção mais eficiente, minimizando o consumo de energia (CREMASCO, 2014). Em virtude da possibilidade da utilização do bioetanol (álcool etílico hidratado carburante) como aditivo à gasolina e mesmo diretamente como combustível em motores *flex-fuel* (álcool etílico carburante), torna-se essencial o conhecimento científico do processamento desse biocombustível, principalmente nos aspectos associados à termodinâmica e transferência de massa. Na intenção de estudar a difusão etanol-água a *25 °C*, Dullien (1960) obteve valores experimentais do coeficiente difusão para várias frações molares de etanol, conforme indica a Tabela 1.

Tabela 1 – Dados experimentais do coeficiente de difusão (termodinâmico) de etanol e água a 25 °C (DULLIEN, 1960)

x_A	0,014	0,102	0,2	0,357	0,509	0,623	0,703	0,848
D_{AB} x10^5 (cm^2/s)	1,100	0,644	0,419	0,390	0,514	0,630	0,760	1,010

Isso posto, pede-se:

a) estime os valores teóricos do coeficiente de difusão termodinâmico considerando-se o modelo de Siddiq e Lucas (1986);

b) estime os valores teóricos do coeficiente de difusão termodinâmico considerando-se a correção da viscosidade, com o fator *p* proposto por D'Agostino et al. (2013).

Apresente os resultados obtidos em comparação àqueles experimentais na forma gráfica. Para tanto, considere as seguintes informações:

- os valores das viscosidades dinâmicas do etanol e da água, a *25 °C*, são iguais, respectivamente, a *1,087 cP* e *0,8911 cP* (TANAKA et al., 1977). Para a obtenção dos valores V_b, pode-se utilizar o trabalho de Wilke e Chang (1955), que apresentam valores para o volume molecular de moléculas simples (Tabela 4.2) e valores para a presença de átomos e de estruturas em moléculas complexas, utilizando-se o volume de Les Bas (Tabela 4.3).

Tabela 4.2 – Volumes moleculares para moléculas simples (WILKE; CHANG, 1955)

Moléculas	H_2	O_2	N_2	ar	CO	CO_2	SO_2	NO	D_2O
V_b (cm^3/mol)	14,3	25,6	31,2	29,9	30,7	34,0	44,8	23,6	20,0

Moléculas	N_2O	NH_3	H_2O	H_2S	COS	Cl_2	Br_2
V_b (cm^3/mol)	36,4	25,8	18,9	32,9	51,5	48,4	53,2

Tabela 4.3 – Contribuição de grupos para volumes moleculares complexos (WILKE; CHANG, 1955)

Átomos	V_b	Átomos em contribuições específicas	V_b	Estruturas cíclicas presentes na molécula	V_b
bromo	27,0	oxigênio em ésteres metílicos	9,1	anel de 3 membros (p. ex., óxido de etileno)	–0,6
carbono	14,8	oxigênio em éteres metílicos	9,9	anel de 4 membros (p. ex., ciclobutano)	–8,5

(continua)

Tabela 4.3 – Contribuição de grupos para volumes moleculares complexos (WILKE; CHANG, 1955) *(continuação)*

Átomos	V_b	Átomos em contribuições específicas	V_b	Estruturas cíclicas presentes na molécula	V_b
cloro	24,6	oxigênio em outros éteres e ésteres	11,0	anel de 5 membros (p. ex., ciclopentano)	-11,5
hidrogênio	3,7	oxigênio em ácidos	12,0	piridina	-15
iodo	37,0	nitrogênio em dupla-ligação	15,6	anel benzênico	-15
enxofre	25,6	nitrogênio em aminas primárias	10,5	anel de naftaleno	-30
oxigênio	7,4	nitrogênio em aminas secundárias	12,0	anel de antraceno	-47,5

Considere a Equação (2.66) para a estimativa do valor do fator termodinâmico, Γ. Para a solução etanol (A) – água (B), as constantes presentes em tal equação são obtidas por intermédio das seguintes correlações, válidas para $10\ ^oC < T < 200\ ^oC$ (GIORDANO, 1985):

$$A_{AB} = -3,570 + \frac{3.995}{T} - \frac{0,742 \times 10^6}{T^2} \tag{4.16}$$

$$A_{BA} = -0,865 + \frac{1.012}{T} - \frac{0,136 \times 10^6}{T^2} \tag{4.17}$$

com T em Kelvin (K). A partir dos dados de viscosidade dinâmica da solução etanol-água a $25\ ^oC$, encontrados em Widmer (1957) e Tanaka et al. (1977), foi possível, neste livro, ajustá-los no modelo

$$\eta = \dot{\eta}_{AB} \Lambda^q \tag{4.18}$$

com

$$\dot{\eta}_{AB} = x_A \eta_A + x_B \eta_B \tag{4.19}$$

$$\Lambda = 1 + 2 x_A x_B \frac{\left(B_{AB} B_{BA}\right)^2}{\left(x_A B_{AB} + x_B B_{BA}\right)^3} \tag{4.20}$$

com os valores de $B_{AB} = 2,3$; $B_{BA} = 1,0$; $q = 1,47$.

Solução:

a) A obtenção do valor do coeficiente de difusão termodinâmico, supondo o modelo de Siddiq e Lucas (1986), advém da substituição da Equação (4.14) na Equação (4.13),

$$D_{AB} = \left(x_A D_{o_{BA}} + x_B D_{o_{AB}} \right) \Gamma^p \tag{1}$$

Utiliza-se a Equação (4.9) para obter o valor do coeficiente de difusão do etanol (A) diluído em água (B). Na situação de difusão da água em etanol, utiliza-se a Equação (4.10),

$$\frac{D^o_{AB}\,\eta_{H_2O}}{T} = 2{,}98 \times 10^{-7}\,\frac{1}{V_{b_A}^{0{,}5473}\,\eta_{H_2O}^{0{,}026}} \quad (2)$$

$$\frac{D^o_{BA}\,\eta_B}{T} = 9{,}89 \times 10^{-8}\,\eta_B^{0{,}093}\left(\frac{V_{b_A}^{0{,}265}}{V_{b_B}^{0{,}45}}\right) \quad (3)$$

Visto o sistema estar a *25 °C* (= *298,15 K*), tem-se os valores da viscosidade dinâmica para etanol e água sendo, respectivamente, $\eta_A = 1{,}087\ cP$ e $\eta_B = 0{,}8911\ cP$. O valor do volume molar à temperatura normal de ebulição da água (B) é fornecido por meio da inspeção da Tabela 4.2 ($V_{bB} = 18{,}9\ cm^3/mol$). Resta obter o volume molar à temperatura normal de ebulição do etanol, o qual será estimado pela contribuição de grupos de Les Bas. Tendo em vista que a fórmula molecular do etanol é C_2H_6O e que o átomo de oxigênio presente na molécula está associado a uma hidroxila, o volume de Les Bas é calculado por

$$V_{b_1} = 2V_{b_C} + 6V_{b_H} + \underset{\text{O em hidroxila}}{7{,}4} \quad (4)$$

Identificando-se a contribuição dos átomos de carbono e de hidrogênio, pode-se escrever a partir da Tabela 4.3:

$$V_{b_1} = (2)(14{,}8) + (6)(3{,}7) + 7{,}4 = 59{,}3\ \text{cm}^3/\text{mol} \quad (5)$$

Substituindo-se as informações conhecidas nas Equações (2) e (3), tem-se

$$D^o_{AB} = 2{,}98 \times 10^{-7}\left(\frac{298{,}15}{0{,}8911}\right)\frac{1}{(59{,}3)^{0{,}5473}(0{,}8911)^{0{,}026}} = 1{,}09 \times 10^{-5}\ \text{cm}^2/\text{s} \quad (6)$$

$$D^o_{BA} = 9{,}89 \times 10^{-8}\left(\frac{298{,}15}{1{,}087}\right)(1{,}087)^{0{,}093}\frac{(59{,}3)^{0{,}265}}{(18{,}9)^{0{,}45}} = 2{,}15 \times 10^{-5}\ \text{cm}^2/\text{s} \quad (7)$$

Para a obtenção do valor do fator termodinâmico, Γ, deve-se calcular os valores das constantes presentes na Equação (2.66), as quais advêm do emprego das Equações (4.16) e (4.17), utilizando-se $T = 298,15\ K$.

$$A_{AB} = -3,570 + \frac{3.995}{298,15} - \frac{0,742 \times 10^6}{(298,15)^2} = 1,482 \tag{8}$$

$$A_{BA} = -0,865 + \frac{1.012}{298,15} - \frac{0,136 \times 10^6}{(298,15)^2} = 0,999 \tag{9}$$

Tendo em vista que se trata de solução binária, tem-se da Equação (2.85):

$$x_A + x_B = 1 \tag{10}$$

fazendo a Equação (2.66) ser retomada como

$$\Gamma = 1 - 2x_A(1 - x_A)\frac{(A_{AB}A_{BA})^2}{\left[(A_{AB} - A_{BA})x_A + A_{BA}\right]^3} \tag{11}$$

De posse dos valores das frações molares do etanol fornecidos na Tabela 1 e com os valores das constantes $A_{AB} = 1,482$ e $A_{BA} = 0,999$, pode-se calcular os valores do fator termodinâmico, cujos resultados estão apresentados na Tabela 2.

Tabela 2 – Valores do fator termodinâmico

x_A	0,014	0,102	0,200	0,357	0,509	0,623	0,703	0,848
Γ	0,9405	0,6514	0,4667	0,374	0,4321	0,5312	0,6184	0,7978

Como se trata de solução binária em que ambos os componentes são polares, o índice p, presente na Equação (4.13) e de acordo com o modelo de Siddiq e Lucas, é $p = 1$. Assim, considerando-se essa correção nos valores de Γ, bem como os resultados apresentados nas Equações (6) e (7), tem-se os valores do coeficiente de difusão termodinâmico a partir da Equação (1), apresentados na Tabela 3.

Tabela 3 – Valores do coeficiente de difusão termodinâmico considerando-se o modelo de Siddiq e Lucas (1986)

x_A	0,014	0,102	0,200	0,357	0,509	0,623	0,703	0,848
D_{AB} x10^5 (cm^2/s)	1,040	0,782	0,610	0,551	0,709	0,936	1,140	1,600

b) Estime os valores teóricos do coeficiente de difusão termodinâmico considerando-se a correção da viscosidade dinâmica,

$$D_{AB} = \frac{1}{\eta}\left(x_A \eta_A D_{\underset{BA}{o}} + x_B \eta_B D_{\underset{AB}{o}} \right)\Gamma^p \qquad (12)$$

O valor de p proposto por D'Agostino et al. (2013) é *0,64*, de modo que a Equação (12) é retomada como

$$D_{AB} = \frac{1}{\eta}\left(x_A \eta_A D_{\underset{BA}{o}} + x_B \eta_B D_{\underset{AB}{o}} \right)\Gamma^{0,64} \qquad (13)$$

Como os valores das viscosidades dinâmicas do etanol (A) e da água (B), a *25 °C*, são iguais, respectivamente, a *1,087 cP* e *0,8911 cP*, tem-se na Equação (13)

$$D_{AB} = \frac{1}{\eta}\left(1{,}087 x_A D_{\underset{BA}{o}} + 0{,}8911 x_B D_{\underset{AB}{o}} \right)\Gamma^{0,64} \qquad (14)$$

Visto que $D_{\underset{AB}{o}} = 1{,}09 \times 10^{-5}\ cm^2/s$, $D_{\underset{BA}{o}} = 2{,}15 \times 10^{-5}\ cm^2/s$ e considerando-se a Equação (10), a Equação (14) fica

$$D_{AB} = \frac{10^{-5}}{\eta}\left(0{,}971 + 1{,}366 x_A \right)\Gamma^{0,64} \qquad (15)$$

Os valores do fator termodinâmico são fornecidos na Tabela 2; resta, portanto, obter os valores da viscosidade dinâmica da solução, que serão calculados a partir do modelo constituído das Equações (4.18) a (4.20), com os valores de $B_{AB} = 2{,}3$; $B_{BA} = 1{,}0$; $q = 1{,}47$; $\eta_A = 1{,}087\ cP$; $\eta_B = 0{,}8911\ cP$; e Equação (10). Assim, tem-se a seguinte expressão para a viscosidade dinâmica da solução:

$$\eta = \left[1{,}087 x_A + 0{,}8911\left(1 - x_A\right) \right]\left[1 + \frac{10{,}58 x_A \left(1 - x_A\right)}{\left(1{,}3 x_A + 1{,}0\right)^3} \right]^{1,47} \qquad (16)$$

De posse dos valores de fração molar apresentados na Tabela 2, eles são substituídos na Equação (16), obtendo-se valores para a viscosidade dinâmica da solução, cujos resultados, com aqueles do fator termodinâmico contidos na Tabela 2, possibilitam os cálculos para a obtenção dos valores do coeficiente de difusão termodinâmico, cujos resultados estão apresentados na Tabela 4.

Tabela 4 – Valores da viscosidade dinâmica da solução e do coeficiente de difusão termodinâmico considerando-se o modelo com a correção de viscosidade e de idealidade com $p = 0,64$

x_A	0,014	0,102	0,2	0,357	0,509	0,623	0,703	0,848
η (cP)	1,081	1,931	2,291	2,232	1,934	1,695	1,539	1,293
D_{AB} x10^5 (cm²/s)	0,881	0,437	0,333	0,348	0,504	0,717	0,923	1,425

Com os valores experimentais do coeficiente de difusão termodinâmico (Tabela 1) e aqueles advindos dos modelos analisados neste exemplo, Tabelas 2 e 3, apresenta-se a Figura 1. Observa-se, claramente, que ambos os modelos descrevem qualitativamente os dados experimentais, principalmente o modelo que considera a correção da viscosidade dinâmica. Há de se notar que os maiores desvios são aqueles apresentados quando se aproxima das situações de diluição, configurando a influência da correlação eleita para a predição dos coeficientes de difusão em caso de diluição infinita.

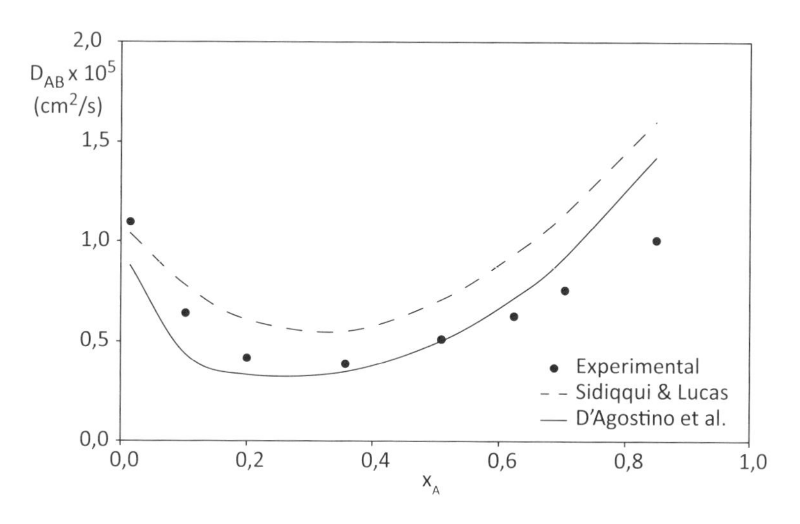

Figura 1 – Comparação entre valores experimentais e de modelos teóricos para a predição do coeficiente de difusão da solução etanol-água a 25 °C.

4.4 DIFUSÃO MÁSSICA DE ELETRÓLITOS DILUÍDOS EM LÍQUIDOS

O estado da matéria a ser enfocado neste item e que configura o meio em que ocorre a difusão mássica é o mesmo do já apresentado neste capítulo, cujo mecanismo difusivo também pode ser descrito pelo movimento browniano, que, inclusive, será mais bem detalhado no Capítulo 11. A diferença reside no soluto a difundir-se em tal meio. O soluto, na presente seção, refere-se ao eletrólito $M_{\nu+}X_{\nu-}$, que se dissolve em determinado solvente, gerando íons, M^{z+} (cátion) e X^{z-} (ânion) (PRAUSNITZ; LICHTENTHALER; AZEVEDO, 1999; COSTA, 2011),

$$M_{\nu_+}X_{\nu_-} \Leftrightarrow \nu_+M^{Z+} + \nu_-X^{Z-} \tag{4.21}$$

sendo v o coeficiente estequiométrico e z_i a carga do íon, em que o princípio da eletro-neutralidade impõe

$$\nu_+ z_+ + \nu_- z_- = 1 \tag{4.22}$$

No caso da difusão de determinado íon i, pode-se retomar a relação de Onsager, Equação (2.23), em que as forças motrizes $\vec{X}_1$ e $\vec{X}_2$ estão associadas, agora, aos gradientes de potencial químico do íon i e de potencial eletrostático, E, constituindo a equação de Nernst-Planck, que, na sua forma unidirecional, é

$$J_{i,z} = -L_{11}\frac{d\mu_i}{dz} + L_{12}\frac{dE}{dz} \tag{4.23}$$

sendo

$$L_{11} \equiv u_{i,z} C_i \tag{4.24}$$

em que $u_{i,z}$ é a mobilidade iônica de i na direção z, e C_i, a sua concentração. O coeficiente L_{12} é identificado a

$$L_{12} \equiv z_i u_{i,z} \tag{4.25}$$

Na situação em que o íon for um cátion, assume-se o valor positivo para L_{12}; em se tratando de ânion, o valor desse coeficiente é negativo. Assim, a equação de Nernst-Planck é retomada na forma molar segundo

$$J_{i,z} = -u_{i,z} C_i \frac{d\mu_i}{dz} + z_i u_i \frac{dE}{dz} \tag{4.26}$$

Assumindo-se a condição de idealidade e de diluição, identificam-se as Equações (2.59) e (2.83), para $A = i$, no primeiro termo à direita da igualdade na Equação (4.26), propiciando que esta venha a ser reescrita como

$$J_{i,z} = -u_{i,z} RT \frac{dC_i}{dz} + z_i u_{i,z} \frac{dE}{dz} \tag{4.27}$$

Identifica-se a 1ª lei de Fick no primeiro termo do lado direito da Equação (4.27), de onde se observa o coeficiente de difusão iônica do íon i na forma

$$D_i \equiv RT u_{i,z} \tag{4.28}$$

A equação de Nernst-Planck, portanto, é posta como

$$J_{i,z} = -D_i \frac{dC_i}{dz} + D_i \frac{C_i z_i}{RT}\frac{dE}{dz} \tag{4.29}$$

O fluxo molar presente na Equação (4.29) decorre do movimento browniano do íon *i*, influenciado tanto pelo gradiente de concentração molar iônica quanto pelo gradiente de potencial eletrostático. Esse movimento, por sua vez, decorre das colisões das moléculas do solvente com o íon *i*. O coeficiente de difusão iônica, D_i, advém, por exemplo, da equação de Nernst (ROBINSON; STOKES, 1955):

$$D_i = 8,931 \times 10^{-10} \frac{\lambda_i}{|z_i|} T \tag{4.30}$$

em que λ_i refere-se à condutividade equivalente iônica, em *ohm/eq.*; D_i em cm^2/s; e a temperatura T em Kelvin. A Tabela 4.4 apresenta valores para a condutividade equivalente iônica limite em diluição infinita em água.

Tabela 4.4 – Condutividade equivalente iônica limite em diluição infinita em água a *25 °C* (ROBINSON; STOKES, 1955)

Cátions	λ_i (ohm/eq.)	Ânions	λ_i (ohm/eq.)
H^+	349,80	OH^-	198,60
Li^+	38,60	F^-	55,40
Na^+	50,10	Cl^-	76,35
K^+	73,50	Br^-	78,15
Rb^+	77,80	I^-	76,80
Cs^+	77,20	NO_3^-	71,46
Ag^+	61,90	CH_3COO^-	40,90
NH_4^+	73,50	$CH_3CH_2COO^-$	35,80
Ca^{2+}	59,50	SO_4^{2-}	80,00
Mg^{2+}	53,00	CO_3^{2-}	69,30
La^{3+}	69,70	$Fe(CN)_6^{3-}$	100,90

Na intenção de obter-se o coeficiente de difusão para o eletrólito, lança-se mão do princípio da eletroneutralidade. Admitindo-se solução diluída, tem-se o fluxo molar do eletrólito $M_{v+}X_{v}$:

$$J_{M_{v_+}X_{v_-},z} = \frac{J_{M_{v_+},z}}{|z_-|} = \frac{J_{X_{v_-},z}}{|z_+|} \tag{4.31}$$

De acordo com o princípio de Nerst, a Equação (4.31) supõe que as velocidades dos íons são iguais, independentemente da diferença de tamanho entre eles. Assumindo-se um deles maior, este se moverá mais lentamente do que o outro. Todavia, devido à carga iônica, o íon mais rápido será desacelerado até a velocidade do companheiro (CREMASCO, 2015). Retomando-se a Equação (4.31) para o cátion e para o ânion:

$$J_{M_{v_+},z} = -D_{M_{v_+}} \frac{dC_+}{dz} + D_{M_{v_+}} \frac{C_+|z_+|}{kT} \frac{dE}{dz} \qquad (4.32)$$

$$J_{X_{v_-},z} = -D_{X_{v_-}} \frac{dC_-}{dz} - D_{X_{v_-}} \frac{C_-|z_-|}{kT} \frac{dE}{dz} \qquad (4.33)$$

A partir do princípio da eletroneutralidade em relação à concentração molar entre os íons, bem como substituindo as Equações (4.32) e (4.33) na Equação (4.31), obtém-se, após manipulações algébricas:

$$J_{M_{v_+}X_{v_-},z} = -D_{\underset{A}{o}} \frac{dC_A}{dz} \qquad (4.34)$$

em que o subscrito A é identificado ao eletrólito $M_{v+}X_{v-}$, e a expressão para o coeficiente de difusão iônica para o eletrólito em solução diluída advém de

$$D_{\underset{A}{o}} = -\frac{\left(|z_+|+|z_-|\right)D_{M_{v_+}}D_{X_{v_-}}}{|z_+|D_{M_{v_+}}+|z_-|D_{X_{v_-}}} \qquad (4.35)$$

sendo que D_i, para $i = M^{z+}$ e $i = X^{z-}$, oriundo da Equação (4.30), substituída na Equação (4.35), fornece

$$D_{\underset{A}{o}} = 8{,}931\times10^{-10}\,T\left(\frac{\lambda_+\lambda_-}{\lambda_+ + \lambda_-}\right)\left(\frac{|z_+|+|z_-|}{|z_+||z_-|}\right) \qquad (4.36)$$

4.5 DIFUSÃO MÁSSICA DE ELETRÓLITOS CONCENTRADOS EM LÍQUIDOS

Em se tratando de solução concentrada, o coeficiente de difusão iônica é corrigido pelo fator termodinâmico iônico, $\Gamma_{\pm}$, à semelhança da Equação (4.13):

$$D_A = \dot{D}_A \Gamma_{\pm}^{p} \qquad (4.37)$$

O parâmetro $\dot{D}_A$ considera a contribuição das difusividades dos íons, conforme a Equação (4.36). Gordon (1937) admite a alteração da viscosidade dinâmica da solução devido à concentração do eletrólito. No caso de soluções aquosas, $\dot{D}_A$ é

$$\dot{D}_A = D_{\overset{o}{A}} \left(\frac{\eta_{H_2O}}{\eta} \right) \tag{4.38}$$

Quando se trabalha com a dissolução de eletrólitos, a concentração, usualmente, baseia-se no conceito de molalidade, de modo que o potencial químico molal do íon *i* seja definido como

$$\Gamma_{\pm} = 1 + m_A \frac{d\ell n\gamma_A^m}{dm_A} \tag{4.39}$$

em que m_A refere-se à molalidade do eletrólito, dada em *mol* de *A* por *1 kg* do solvente. O valor do coeficiente médio de atividade iônico, $\Gamma_{\pm}$, pode ser calculado, a baixa concentrações, $m_A < 0{,}001\ mol/kg$, por meio da lei limite de Debye-Hückel (PIRES, 2013),

$$\ell n\gamma_A^m = -A\left|z_+ z_-\right| I^{1/2} \tag{4.40}$$

Para soluções que apresentem concentração molal $m_A \leq 1\ mol/kg$, o modelo de Debye-Hückel é estendido para (OLIVEIRA, 2014)

$$\ell n\gamma_A^m = -\frac{A\left|z_+ z_-\right| I^{1/2}}{1 + aBI^{1/2}} \tag{4.41}$$

em que o parâmetro *a* está associado ao tamanho dos íons, enquanto os parâmetros *A* e *B* são dependentes da temperatura do solvente. Para concentrações acima de *1 mol/kg* uma aproximação razoável é o modelo de Bromley-Zemaitis (JAWORSKI; CZERNUSZEWICZ; GRALLA, 2011):

$$\ell n\gamma_A^m = -\frac{A\left|z_+ z_-\right| I^{1/2}}{1 + I^{1/2}} + \frac{\left(0{,}06 + 0{,}6B\right)\left|z_+ z_-\right| I}{\left(1 + \frac{1{,}5}{\left|z_+ z_-\right|} I\right)^2} + BI + CI^2 + DI^3 \tag{4.42}$$

O parâmetro *I* é identificado com a força iônica, em base molal, que expressa a intensidade do campo elétrico devido à presença dos íons na solução, definida como

$$I = \frac{1}{2} \sum_i m_i z_i^2 \tag{4.43}$$

Exemplo 4.2

Os oceanos contêm cerca de *97%* da água presente na Terra. Essa água é inapropriada para o consumo humano, bem como para a maioria dos propósitos industriais. Devido à crescente preocupação com a escassez e a qualidade da água, esforços são direcionados para o desenvolvimento de tecnologias para dessalinizar quantidade expressiva da água disponível nos oceanos. Dessalinização refere-se a inúmeros processos destinados à remoção de sal presente na água, entre os quais podem ser citados a dessalinização por sistemas térmicos e as tecnologias que envolvem membranas e resinas de troca iônica. Seja qual for o processo, o fenômeno de transferência de massa é inerente, uma vez que está associado à difusão dos íons que constituem o sal na água. Considerando-se a concentração molal do *NaCl* em diversas fontes de água, apontadas na Tabela 1, obtenha o valor coeficiente de difusão termodinâmico desse eletrólito em tais fontes a $25\,^oC$.

Tabela 1 – Concentração aproximada de *NaCl* em diversas fontes de água (baseada em dados encontrados em COOLEY; GLEICH; WOLF, 2006; MARTINS, 2014)

Fontes de água	Concentração molal aproximada de NaCl (mol/kg)
Mar do Norte (perto dos estuários)	0,28
Golfo do México e águas costeiras	0,30 a 0,44
Oceano Atlântico	0,47
Oceano Pacífico	0,51
Golfo Pérsico	0,60

A partir das informações disponibilizadas em Costa (2011), que considerou doze fontes de pesquisa, entre $m_A = 0,001$ *mol/kg* e $m_A = 1$ *mol/kg* a $25\,^oC$, para *NaCl* em água, propõe-se, neste livro, a seguinte correlação com base no modelo de Debye-Hückel:

$$\ell n\gamma_A^m = -\frac{A m_A^{1/2}}{1 + B' m_A^{1/2}} \qquad (4.44)$$

com $A = 1,1759$ e $B' = aB = 1,5878$. Para concentração molal, $m_A > 1$ *mol/kg*, é possível propor a seguinte correlação, com base no modelo de Bromley-Zemaitis, para o coeficiente de atividade do sal *A:*

$$\ell n\gamma_A^m = -\frac{A|z_+ z_-| m_A^{1/2}}{1 + m_A^{1/2}} + \frac{(0,06 + 0,6B)|z_+ z_-| m_A}{\left(1 + \frac{1,5}{|z_+ z_-|} m_A\right)^2} + B m_A + C m_A^2 + D m_A^3 \qquad (4.45)$$

com $A = 1,1759$; $B = 0,1407$; $C = -4,9881 \times 10^{-3}$; $D = 6,559 \times 10^{-4}$. Utilize, na Equação (4.37), $p = 1,0$. Para solução aquosa de *NaCl* a *25 °C*, tem-se a seguinte correlação válida para até *4 mol/kg* (obtida a partir dos dados encontrados em GOLDSACK; FRANCHETTO, 1977):

$$\frac{\eta_{H_2O}}{\eta} = 1 - 0,0694 m_A \tag{4.46}$$

Solução: este exemplo refere-se à obtenção do valor coeficiente de difusão termodinâmico de *NaCl* em água. Para tanto, utiliza-se a Equação (4.37):

$$D_A = \dot{D}_A \Gamma_{\pm}^{p} \tag{1}$$

com $p = 1,0$. O parâmetro $\dot{D}_A$ advém do modelo de Gordon (1937), de modo que se pode substituir a Equação (4.46) na Equação (4.38), resultando

$$\dot{D}_A = D_A^o \left(1 - 0,0694 m_A\right) \tag{2}$$

O valor do coeficiente de difusão do sal em condição diluída em água é obtido da Equação (4.36). Tendo em vista que se trata de *NaCl*, os módulos da valência de seus íons são iguais a *1*, ou seja, $|z_+| = |z_-| = 1$. Os valores da condutividade equivalente iônica dos íons em água a *25 °C (298,15 K)* estão presentes na Tabela 4.2, da qual se pode resgatar $\lambda_+ = 50,10$ *ohm/eq.* e $\lambda_- = 76,35$ *ohm/eq.* Isso posto, tem-se na Equação (4.36):

$$D_A^o = 8,931 \times 10^{-10} \left(298,15\right) \left[\frac{(50,10)(76,35)}{50,10 + 76,35}\right] \left[\frac{1+1}{(1)(1)}\right] = 1,611 \times 10^{-5} \, cm^2/s \tag{3}$$

Ao substituir este resultado na Equação (2), obtém-se

$$\dot{D} = 1,611 \times 10^{-5} \left(1 - 0,0694 m_A\right) \tag{4}$$

O fator termodinâmico iônico resulta da Equação (4.39) e, devido ao fato de as concentrações de *NaCl* serem inferiores a *1 mol/kg*, utiliza-se a Equação (4.44). Derivando-a em termos da concentração molal do eletrólito e substituindo o resultado obtido na Equação (4.39), chega-se a

$$\Gamma_{\pm} = 1 - \left(\frac{1}{2}\right) \left(\frac{A m_A^{1/2}}{1 + B' m_A^{1/2}}\right) \left[1 - \left(\frac{B' m_A^{1/2}}{1 + B' m_A^{1/2}}\right)\right] \tag{4.47}$$

com $A = 1,1759$ e $B' = 1,5878$. De posse dos valores da concentração molal do *NaCl* encontradas na Tabela 1, obtêm-se os respectivos valores de coeficiente de difusão termodinâmico, a *25 °C*, conforme apresentado na Tabela 2.

Tabela 2 – Valores de coeficiente de difusão termodinâmico de *NaCl* em água contida em diversas fontes

Fontes de água	m_A (mol/kg)	$\dot{D}_A x10^5$ (cm²/s)	$D_A x10^5$ (cm²/s)
Mar do Norte (perto dos estuários)	0,28	1,580	1,435
Golfo do México e águas costeiras	0,30 a 0,44	1,578 a 1,562	1,433 a 1,417
Oceano Atlântico	0,47	1,559	1,415
Oceano Pacífico	0,51	1,554	1,411
Golfo Pérsico	0,60	1,544	1,403

CAPÍTULO 5

DIFUSÃO MÁSSICA EM FLUIDOS SUPERCRÍTICOS

5.1 FLUIDOS SUPERCRÍTICOS

O meio supercrítico pode ser considerado como uma fase fluida caracterizada por não oferecer fronteira de separação entre as fases gasosa e líquida (BARCHE; HENKEL; KENNA, 2009), apresentando-se em um estado acima de suas condições termodinâmicas críticas, temperatura (T_c) e pressão (P_c) (BUDISA; SCHULZE-MAKUCH, 2014). O ponto crítico termodinâmico, conforme apontado na Figura 5.1, representa a mais alta temperatura e pressão nas quais determinada substância pode existir enquanto vapor e líquido em equilíbrio (PARRIS, 2010). Como decorrência, fluidos supercríticos apresentam valores para as propriedades termofísicas entre aqueles encontrados para gases e líquidos (Tabela 5.1).

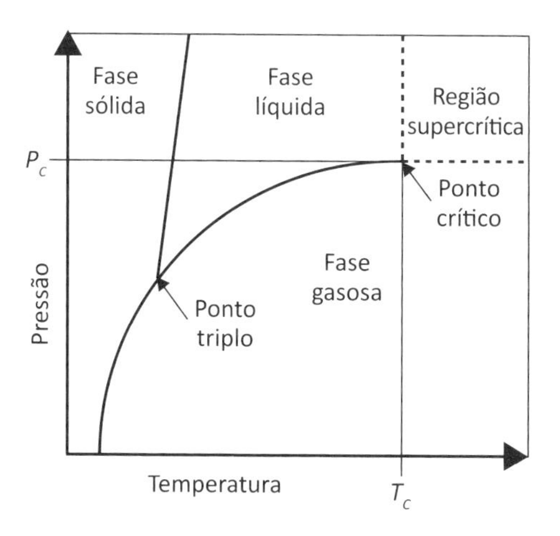

Figura 5.1 – Diagrama *T vs. P* com a indicação da região supercrítica.

Tabela 5.1 – Magnitude dos valores de propriedades termofísicas de fluidos (baseada em CANSELL; REY; BESLIN, 1998)

	Líquido	Supercrítico	[b]Gás
ρ (kg/m^3)	10^3	$1{,}0 \times 10^2 - 8{,}0 \times 10^2$	1
η (Pa.s)	10^{-3}	$10^{-5} - 10^{-4}$	10^{-5}
[a]D_{AB} (m^2/s)	10^{-9}	10^{-8}	10^{-5}

[a] molécula de soluto com baixo valor de massa molar; [b] condições ambientais.

É importante ressaltar que um fluido supercrítico exibe alta compressibilidade nas proximidades do ponto termodinâmico crítico, de modo que se pode modificar a densidade desse fluido com pequenas mudanças de temperatura e/ou de pressão, aumentando o seu poder de solvatação, uma vez que, perto do ponto crítico, pode-se produzir considerável flutuação de densidade a baixo custo de energia livre (CANSELL; REY; BESLIN, 1998). Por decorrência, a taxa de transferência de massa, ao se utilizar fluido supercrítico, é maior quando comparada à de solvente líquido (CREMASCO, 2008). Encontra-se o emprego de fluido supercrítico, enquanto solvente, nos setores agroalimentar, farmacêutico, cosmético, químico, entre outros, como, por exemplo, no processamento de óleos vegetais (JOKIC et al., 2012), na descafeinização do café (PEKER; SMITH; McCOY, 1992), na extração de alcaloide das folhas de chá-mate (SALDAÑA et al., 1999), na extração de essências aromáticas de óleos essenciais (CARLSON et al., 2001; ALMEIDA FILHO, 2003).

Devido à característica de estar sujeito à alta compressibilidade, as moléculas do fluido supercrítico apresentam adensamento maior do que os gases e menor do que os líquidos (Figura 5.2), oferecendo resistência à difusão intermediária de certo soluto entre aquelas presentes nos meios gasoso e líquido.

Figura 5.2 – Adensamento do meio difusivo.

Em virtude de os fluidos em condições supercríticas apresentarem alto grau de não idealidade, existem vários modelos destinados à proposição de mecanismos de difusão mássica que, normalmente, são avaliados em duas abordagens: (a) teoria de Stokes-Einstein para a difusão em líquidos; (b) teoria cinética dos gases adaptada para sistemas densos, empregando-se a teoria das esferas rígidas (KITTIDACHA, 1999).

Seja qual for a teoria, assume-se que o efeito da compressibilidade do solvente (fluido supercrítico) faça com que as moléculas do soluto se adensem, de maneira a se comportarem feito esfera rígida com diâmetro maior ao de difusão da molécula isolada. O mecanismo, portanto, para a difusão de esferas rígidas segue qualitativamente aquele apresentado pela teoria cinética dos gases (veja a Figura 3.2); enquanto, na teoria de Stokes-Einstein o mecanismo é governado pelo movimento browniano do soluto (Figura 4.1), os quais estão ilustrados na Figura 5.3.

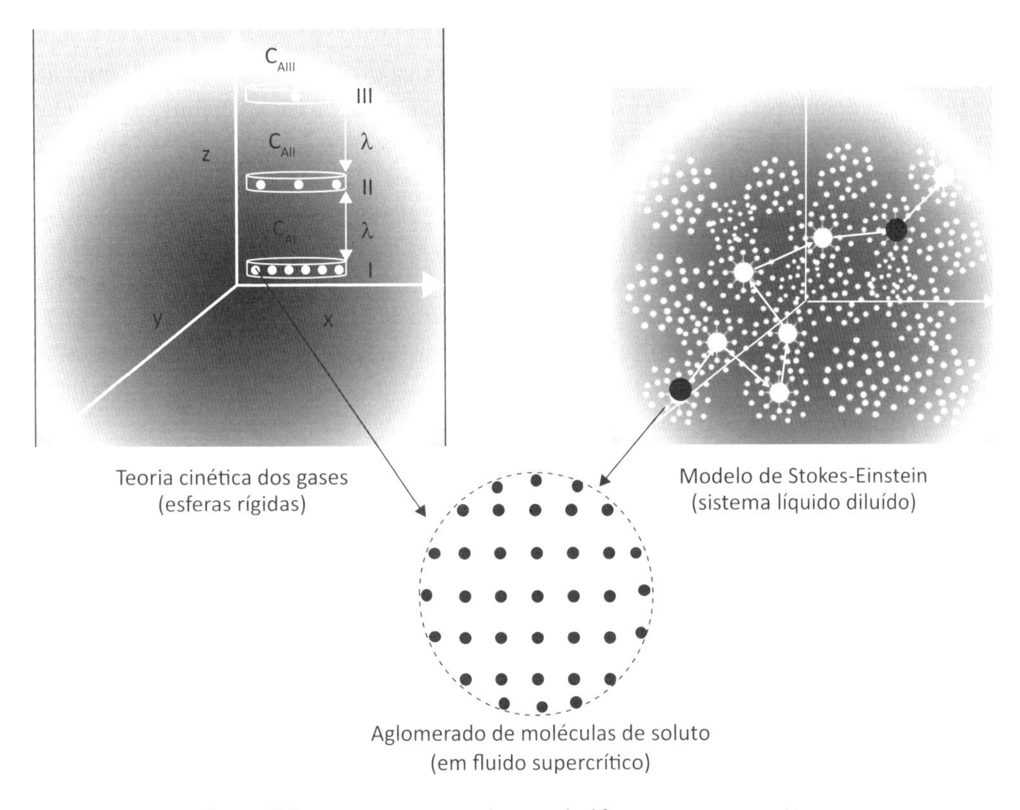

Figura 5.3 – Mecanismos para a descrição da difusão em meio supercrítico.

5.2 MODELO DE STOKES-EINSTEIN

No que se refere à utilização do modelo de Stokes-Einstein, Walton (1960) foi um dos primeiros pesquisadores a avaliar a possibilidade de empregá-lo na obtenção do valor do coeficiente de difusão em fluidos supercríticos. Tendo em vista a natureza desses fluidos, assume-se que, em vez de molécula isolada, as moléculas do soluto difundem-se como aglomerados na região termodinâmica acima daquela do ponto crítico (LIONG; WELLS; FOSTER, 1991). A correlação de Wilke e Chang, Equação (4.8), é largamente empregada na predição do valor do coeficiente de difusão (SASSIAT et al., 1987) apresentando, em média, desvio absoluto dos valores experimentais entre *10%* (MEDINA, 2012) e *20%* (MAGALHÃES et al., 2013).

5.3 MODELO DAS ESFERAS RÍGIDAS

No caso da aplicação da teoria das esferas rígidas, as moléculas são tomadas como aglomerados (veja a Figura 5.3), de modo que o coeficiente de difusão, considerando-se o meio supercrítico, apresente-se na forma (LIONG; WELLS; FOSTER, 1991)

$$D_{AB} = \frac{\overset{*}{D}_{AB}}{g(\sigma)} \tag{5.1}$$

em que $\overset{*}{D}_{AB}$ é o coeficiente oriundo da teoria cinética dos gases que, qualitativamente, está associado à Equação (3.25). O parâmetro $g(\sigma)$ é a função de distribuição radial de contato, que considera o número de colisões entre as espécies envolvidas. Alto valor para $g(\sigma)$ implica o aumento do número de esferas rígidas (ou aglomerados), resultando no aumento da frequência de colisões e, por decorrência, na diminuição do valor do coeficiente de difusão (LIONG; WELLS; FOSTER, 1991). Entre as várias correlações encontradas na literatura (MEDINA, 2012; MAGALHÃES et al., 2013), pode-se citar a de Catchpole e King (1984), válida para $0,4 \leq \rho_{rB} \leq 2,5$ e $0,9 \leq T_{rB} \leq 1,25$, que apresenta $7,1\%$ de desvio médio absoluto em relação aos valores experimentais (MEDINA, 2012),

$$D_{AB} = 5,152 D_{cB} T_{rB} \left(\frac{Y}{X}\right)\left(\rho_{rB}^{-2/3} - 0,451\right) \tag{5.2}$$

com

$$X = \frac{\left[1 + \left(V_{cA}/V_{cB}\right)^{1/3}\right]^2}{\left[1 + \left(M_B/M_A\right)\right]^{1/2}} \tag{5.3}$$

No caso de solventes que apresentam ligações de hidrogênio para todos os tipos de soluto e solventes que não apresentam ligações de hidrogênio e solutos alifáticos (exceto cetonas),

$$Y = 1 \qquad \text{para } X > 2 \tag{5.4}$$

Na situação de solventes que não apresentam ligações de hidrogênio e solutos aromáticos, cetonas e tetracloreto de carbono,

$$Y = 0,664 X^{0,17} \ \text{para } 2 < X < 10 \tag{5.5}$$

No modelo de Catchpole e King (1984), o subscrito r está associado às propriedades reduzidas em função dos valores críticos de suas respectivas grandezas críticas, as quais são identificadas com o subscrito c; D_{cB} refere-se ao valor do coeficiente de autodifusão do solvente supercrítico, avaliado nas suas condições críticas de temperatura e de pressão, que pode ser obtido por (SILVA et al., 2004)

$$D_{cB} = 4,3\times10^{-6}\frac{M_B^{0,5}\,T_{cB}^{0,75}}{\rho_{cB}\left(\sum v_B\right)^{2/3}} \tag{5.6}$$

sendo ρ_{cB} a massa específica crítica do solvente (g/cm^3); T_{cB}, a temperatura crítica do solvente (K); Σv_B, o volume de difusão de Fuller, Schetter e Giddings (1966) (Tabelas 3.5 e 3.6) e o resultado para o coeficiente de autodifusão em cm^2/s.

Exemplo 5.1

Os óleos essenciais são extraídos usualmente por processos convencionais, tais como extração por solventes orgânicos e por arraste a vapor de água. A toxicidade propiciada por solventes orgânicos, baixa seletividade e degradação térmica oriundos da destilação a vapor tornam tais processos alvos de soluções alternativas; entre elas, a extração com fluidos supercríticos (CREMASCO, 2008). Dentre os vários compostos que podem ser utilizados como solventes supercríticos, o dióxido de carbono merece destaque e, desde o início da década de 1980, tem sido empregado como solvente em processos de extração, reações químicas e bioquímicas, nucleação e recristalização (MEDINA, 2012). Isso é devido ao fato de apresentar estabilidade química, baixo valor de temperatura crítica, valor moderado de pressão crítica, baixo valor de ponto de ebulição, além de não proporcionar toxidade e inflamabilidade e ter baixo custo (SASSIAT et al., 1987; MEDINA, 2012).

Sob esse aspecto, procurou-se utilizar CO_2 supercrítico na extração de óleo essencial da casca de laranja, rica em D-limoneno ($C_{10}H_{16}$), cuja fórmula estrutural está apresentada na Figura 1. É necessário mencionar que os óleos de cítrus são encontrados nas indústrias de alimentos, farmacêutica e de cosméticos, como substâncias incrementadoras de sensações de sabor e de aroma, além de serem incorporados nos sucos cítricos concentrados. Neste caso, um dos problemas da reincorporação do óleo essencial ao suco de laranja concentrado, por exemplo, objetivando o aprimoramento de sua qualidade sensorial, é a degradação da fração terpênica, principalmente a do D-limoneno, que leva à formação de substâncias responsáveis pelo sabor indesejável, tais como o α-terpineol, diminuindo a sua aceitabilidade. Acrescente-se que o uso da fração terpênica em produtos límpidos, tais como bebidas e perfumes, apresenta o inconveniente de o D-limoneno ser insolúvel em solventes polares (tais como água e álcoois), prejudicando a qualidade visual desses produtos.

Dada a importância do conhecimento prévio das propriedades termofísicas na operação de extração de óleos essenciais, calcule o valor do coeficiente de difusão do D-limoneno em CO_2 supercrítico, por meio dos modelos de Stokes-Einstein e das esferas rígidas, nas condições operacionais de (a) $T = 50\ ^oC$ e $P = 200\ atm$; (b) $T = 60\ ^oC$ e $P = 140\ atm$. Compare com os resultados experimentais que são, respectivamente,

1,047 $\times$ *10*$^{-4}$ *cm*^{2}*/s* e *1,706* $\times$ *10*$^{-4}$ *cm*^{2}*/s* (ALMEIDA FILHO, 2003). Os valores da massa molar dos compostos e de suas propriedades críticas estão apresentados na Tabela 1.

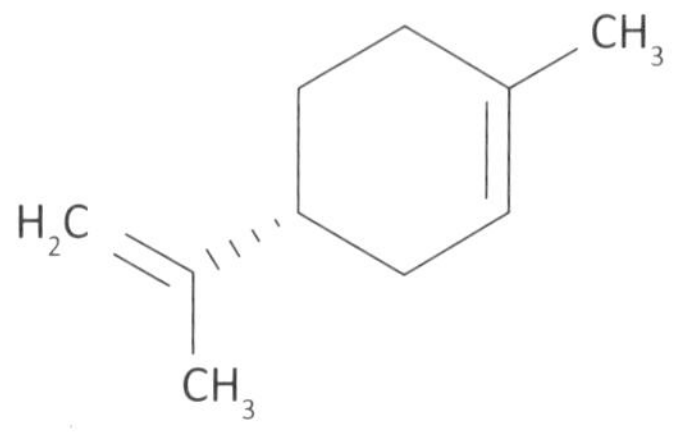

CH_3

H_2C

CH_3

Figura 1 – Fórmula estrutural do D-limoneno.

Tabela 1 – Propriedades do dióxido de carbono e do D-limoneno

	M (g/mol)	T_c (K)	P_c (bar)	V_c (cm^3/mol)
[a]CO_2	44,01	304,2	73,8	93,9
[b]D-limoneno	136,24	653,0	29,0	470,0

[a] (POLING; PRAUSNITZ; O'CONNELL, 2004); [b] (ALMEIDA FILHO, 2003).

O valor da massa específica do CO_2 supercrítico pode ser obtido por meio da correlação de Ouyang (2011):

$$\rho_B = A_0 + A_1P + A_2P^2 + A_3P^3 + A_4P^4 \tag{5.7}$$

em que *P* é fornecido em *psia*; o resultado da massa específica em *kg/m*^{3}; os coeficientes A_i são obtidos por meio de

$$A_i = b_{i0} + b_{i1}T + b_{i2}T^2 + b_{i3}T^3 + b_{i4}T^4 \tag{5.8}$$

com *T* em ^oC, e os coeficientes b_{i0}, b_{i1}, b_{i2}, b_{i3} e b_{i4} $(i = 0, 1, 2, 3, 4)$ são listados na Tabela 5.2, que é válida para $P < 3.000$ *psia* ($< 204,14$ *atm*).

O valor da viscosidade dinâmica do CO_2 supercrítico advém de (OUYANG, 2011)

$$\eta_B = C_0 + C_1P + C_2P^2 + C_3P^3 + C_4P^4 \tag{5.9}$$

em que *P* é empregado em *psia*; o resultado da viscosidade dinâmica em *cP*; os coeficientes C_i são conhecidos segundo

$$C_i = d_{i0} + d_{i1}T + d_{i2}T^2 + d_{i3}T^3 + d_{i4}T^4 \tag{5.10}$$

com *T* em ^oC, e os coeficientes d_{i0}, d_{i1}, d_{i2}, d_{i3} e d_{i4} $(i = 0, 1, 2, 3, 4)$ são listados na Tabela 5.3, válida para $P < 3.000$ *psia*.

Tabela 5.2 – Valores dos coeficientes a serem utilizados na Equação (5.8) (OUYANG, 2011)

	b_{i0}	b_{i1}	b_{i2}	b_{i3}	b_{i4}
i = 0	$-2{,}148322085348 \times 10^{5}$	$1{,}168116599408 \times 10^{4}$	$-2{,}302236659392 \times 10^{2}$	$1{,}967428940167$	$-6{,}184842764145 \times 10^{-3}$
i = 1	$4{,}757146002428 \times 10^{2}$	$-2{,}619250287624 \times 10^{1}$	$5{,}215134206837 \times 10^{-1}$	$-4{,}494511089838 \times 10^{-3}$	$1{,}423058795982 \times 10^{-5}$
i = 2	$-3{,}713900186613 \times 10^{-1}$	$2{,}072488876536 \times 10^{-2}$	$-4{,}169082831078 \times 10^{-4}$	$3{,}622975674137 \times 10^{-6}$	$-1{,}155050860329 \times 10^{-8}$
i = 3	$1{,}228907393482 \times 10^{-4}$	$-6{,}930063746226 \times 10^{-6}$	$1{,}406317206628 \times 10^{-7}$	$-1{,}230995287169 \times 10^{-9}$	$3{,}948417428040 \times 10^{-12}$
i = 4	$-1{,}466408011784 \times 10^{-8}$	$8{,}338008651366 \times 10^{-10}$	$-1{,}704242447194 \times 10^{-11}$	$1{,}500878861807 \times 10^{-13}$	$-4{,}838826574173 \times 10^{-16}$

Tabela 5.3 – Valores dos coeficientes a serem utilizados na Equação (5.10) (OUYANG, 2011)

	d_{i0}	d_{i1}	d_{i2}	d_{i3}	d_{i4}
i = 0	$-1{,}958098980443 \times 10^{1}$	$1{,}123243298270$	$-2{,}320378874100 \times 10^{-2}$	$2{,}067060943050 \times 10^{-4}$	$-6{,}740205984528 \times 10^{-7}$
i = 1	$4{,}187280585109 \times 10^{-2}$	$-2{,}425666731623 \times 10^{-3}$	$5{,}051177210444 \times 10^{-5}$	$-4{,}527585394282 \times 10^{-7}$	$1{,}483580144144 \times 10^{-9}$
i = 2	$-3{,}164424775231 \times 10^{-5}$	$1{,}853493293079 \times 10^{-6}$	$-3{,}892243662924 \times 10^{-8}$	$3{,}511599795831 \times 10^{-10}$	$-1{,}156613338683 \times 10^{-12}$
i = 3	$1{,}018084854204 \times 10^{-8}$	$-6{,}013995738056 \times 10^{-10}$	$1{,}271924622771 \times 10^{-11}$	$-1{,}154170663233 \times 10^{-13}$	$3{,}819260251596 \times 10^{-16}$
i = 4	$-1{,}185834697489 \times 10^{-12}$	$7{,}052301533772 \times 10^{-14}$	$-1{,}500321307714 \times 10^{-15}$	$1{,}368104294236 \times 10^{-17}$	$-4{,}545472651918 \times 10^{-20}$

Solução: o modelo de Stokes-Einstein, baseado no movimento browniano do soluto A (D-limoneno), é representado pela correção de Wilke e Chang (1955) por meio da Equação (4.8), aqui retomada como

$$\frac{D_{AB}\eta_B}{T}=\frac{7{,}4\times10^{-8}\left(\varphi M_B\right)^{1/2}}{V_{b_A}^{0,6}} \tag{1}$$

em que o subscrito B refere-se ao CO_2 supercrítico. Já o modelo das esferas rígidas é representado pela correlação de Catchpole e King (1984), segundo a Equação (5.2),

$$D_{AB}=5{,}152D_{cB}T_{rB}\left(\frac{Y}{X}\right)\left(\rho_{rB}^{-2/3}-0{,}451\right) \tag{2}$$

Modelo de Stokes-Einstein (MSE)

Há de se notar na Equação (1) a sua dependência do volume molar, à temperatura normal de ebulição, do soluto A. Tendo em vista a complexidade da molécula do D-limoneno, Figura 1, e considerando-se a sua fórmula molecular, $C_{10}H_{16}$, a obtenção de tal volume será por meio do volume de Les Bas. Identificam-se, da estrutura do D-limoneno, átomos de carbono e de hidrogênio, bem como a presença de um anel de seis membros, para o qual será considerada enquanto contribuição de um anel benzênico,

$$V_{b_A}=10V_{b_C}+16V_{b_H}-\underset{\text{anel benzênico}}{15} \tag{3}$$

ou, a partir da Tabela 4.3,

$$V_{b_A}=(10)(14{,}8)+(16)(3{,}7)-15=192{,}2\,\text{cm}^3/\text{mol} \tag{4}$$

Visto que $M_B = 44{,}01\ g/mol$ e $\varphi = 1$, tem-se na Equação (1), independentemente das condições de processo:

$$\frac{D_{AB}\eta_B}{T}=7{,}4\times10^{-8}\frac{\left[(1)(44{,}01)\right]^{1/2}}{(192{,}2)^{0,6}}=2{,}093\times10^{-8}\ \text{cm}^2.\text{cP}/(\text{s.K}) \tag{5}$$

Considerando-se $T = 50\ ^oC$ e $P = 200\ atm$ (*2.939,20 psia*), deve-se utilizar a Equação (5.9) para a obtenção do valor da viscosidade dinâmica do CO_2 supercrítico:

$$\eta_B=C_0+C_1P+C_2P^2+C_3P^3+C_4P^4 \tag{6}$$

Os coeficientes C_i são obtidos por meio da Equação (5.10):

$$C_i = d_{i0} + d_{i1}T + d_{i2}T^2 + d_{i3}T^3 + d_{i4}T^4 \quad (7)$$

com T em ^oC, e os coeficientes d_{i0}, d_{i1}, d_{i2}, d_{i3} e d_{i4} ($i = 0, 1, 2, 3, 4$) listados na Tabela (5.3). Ao substituir $T = 50\ ^oC$ e tais coeficientes na Equação (7), chega-se a

$$\begin{gathered} C_0 = 0{,}1973;\ C_1 = -4{,}535\times10^{-4};\ C_2 = 3{,}905\times10^{-7}; \\ C_3 = -1{,}311\times10^{-10};\ C_4 = 1{,}555\times10^{-14} \end{gathered} \quad (8)$$

Sabendo que $P = 2.939{,}20\ psia$, substitui-se essa informação em conjunto com os resultados (8) na Equação (6), obtendo-se

$$\eta_B = 6{,}955\times10^{-2}\ \text{cP} \quad (9)$$

Com $T = 323{,}15\ K$ e o resultado apresentado em (9), tem-se na Equação (5)

$$D_{AB} = \frac{\left(2{,}093\times10^{-8}\right)\left(323{,}15\right)}{\left(6{,}955\times10^{-2}\right)} = 0{,}972\times10^{-4}\ \text{cm}^2/\text{s} \quad (10)$$

obtendo-se o desvio relativo, em relação ao valor experimental, de

$$\begin{gathered} \text{Desvio} = \left(\frac{D_{AB_{cal.}} - D_{AB_{exp.}}}{D_{AB_{exp.}}}\right)\times100\% = \\ = \left(\frac{0{,}972\times10^{-4} - 1{,}047\times10^{-4}}{1{,}047\times10^{-4}}\right)\times100\% = -7{,}16\% \end{gathered} \quad (11)$$

Modelo das esferas rígidas (MER)

Há de se notar na Equação (2) a necessidade de se conhecer o valor do coeficiente de autodifusão do solvente supercrítico (espécie B), o qual advém da Equação (5.6),

$$D_{cB} = 4{,}3\times10^{-6}\,\frac{M_B^{0,5}\ T_{cB}^{0,75}}{\rho_{cB}\left(\sum v_B\right)^{2/3}} \quad (12)$$

O volume de difusão de Fuller, Schetter e Giddings (1966), Σv_B, para a molécula de CO_2 é obtido da Tabela 3.5, encontrando-se o valor

$$\left(\sum v\right)_{CO_2} = 26,9 \text{ cm}^3/\text{mol} \tag{13}$$

Da Tabela 1, $M_B = 44,01$ *g/mol* e $T_c = 304,21$, restando conhecer o valor da massa específica crítica,

$$\rho_{cB} = \frac{M_B}{V_{cB}} \tag{14}$$

Tendo em vista que $V_c = 94,0$ *cm³/mol*, tem-se

$$\rho_{cB} = \frac{44,01}{94,0} = 0,4687 \text{ g/cm}^3 \tag{15}$$

Dessa maneira, o valor do coeficiente de autodifusão do CO_2 supercrítico será

$$D_{cB} = 4,3\times10^{-6}\frac{(44,01)^{0,5}(304,21)^{0,75}}{(0,4687)(26,9)^{2/3}} = 4,938\times10^{-4} \text{ cm}^2/\text{s} \tag{16}$$

O valor da temperatura reduzida, presente na Equação (2), advém de

$$T_{rB} = \frac{T}{T_{cB}} \tag{17}$$

Conhecendo-se $T = 323,15$ *K* e $T_c = 304,21$ *K*, tem-se na Equação (17)

$$T_{rB} = \frac{323,15}{304,21} = 1,062 \tag{18}$$

O valor para X encontrado na Equação (2) é oriundo da Equação (5.3),

$$X = \frac{\left[1+\left(V_{cA}/V_{cB}\right)^{1/3}\right]^2}{\left[1+\left(M_B/M_A\right)\right]^{1/2}} \tag{19}$$

Dos valores encontrados na Tabela 1 (lembrando que A = D-limoneno e B = dióxido de carbono), pode-se escrever na Equação (19)

$$X = \frac{\left[1+\left(470,0/93,9\right)^{1/3}\right]^2}{\left[1+\left(44,01/136,24\right)\right]^{1/2}} = 6,388 \tag{20}$$

Como $X > 2$; o solvente (CO_2 supercrítico) não apresenta ligações de hidrogênio e o soluto (D-limoneno) não é alifático, tem-se da Equação (5.4)

$$Y = 1 \tag{21}$$

Para a obtenção do valor do coeficiente de difusão por intermédio da Equação (2), resta-nos calcular o valor da massa específica reduzida do solvente supercrítico na forma

$$\rho_{rB} = \frac{\rho_B}{\rho_{cB}} \tag{22}$$

Lembrando que o valor da massa específica crítica foi obtido e está apresentado na Equação (15). Considerando $T = 50\ ^oC$ e $P = 2.939,20\ psia$, deve-se utilizar a Equação (5.7) para a obtenção do valor da massa específica do CO_2 supercrítico,

$$\rho_B = A_0 + A_1 P + A_2 P^2 + A_3 P^3 + A_4 P^4 \tag{23}$$

em que o valor para a pressão P é fornecido em *psia*, o resultado da massa específica em kg/m^3; os coeficientes A_i são obtidos por meio da Equação (5.8),

$$A_i = b_{i0} + b_{i1} T + b_{i2} T^2 + b_{i3} T^3 + b_{i4} T^4 \tag{24}$$

com T em ^oC, e os coeficientes b_{i0}, b_{i1}, b_{i2}, b_{i3} e b_{i4} ($i = 0, 1, 2, 3, 4$) listados na Tabela (5.2). Substituindo-se $T = 50\ ^oC$ e tais coeficientes na Equação (24), chega-se aos valores

$$\begin{gathered} A_0 = 9,403\times10^2; A_1 = -3,000; A_2 = 3,265\times10^{-3}; \\ A_3 = -1,230\times10^{-6}; A_4 = 1,566\times10^{-10} \end{gathered} \tag{25}$$

Visto que $P = 2.939,20\ psia$, substitui-se essa informação em conjunto com os resultados (25) na Equação (23), obtendo-se

$$\rho_B = 7,844\times10^2\ kg/m^3 = 0,7844\,g/cm^3 \tag{26}$$

Desse modo, tem-se na Equação (22)

$$\rho_{rB} = \frac{0,7844}{0,4687} = 1,6736 \tag{27}$$

O valor do coeficiente de difusão do D-limoneno em CO_2 supercrítico, utilizando-se o *MER*, advém da substituição dos resultados (16), (18), (20), (21) e (27) na Equação (2),

$$\begin{aligned} D_{AB} &= (5,152)\left(4,938\times10^{-4}\right)(1,062)\left(\frac{1}{6,388}\right)\left[(1,6736)^{-2/3} - 0,451\right] = \\ &= 1,093\times10^{-4}\ \mathrm{cm^2/s} \end{aligned} \tag{28}$$

o que resulta em desvio relativo, em relação ao valor experimental, de

$$\begin{aligned} \text{Desvio} &= \left(\frac{D_{AB_{cal.}} - D_{AB_{exp.}}}{D_{AB_{exp.}}}\right)\times100\% = \\ &= \left(\frac{1,093\times10^{-4} - 1,047\times10^{-4}}{1,047\times10^{-4}}\right)\times100\% = 4,39\% \end{aligned} \tag{29}$$

Ainda neste exemplo é solicitada a estimativa do valor do coeficiente de difusão do D-limoneno em CO_2 supercrítico a $T = 60\ ^oC$ e $P = 140\ atm$. O valor calculado para o coeficiente de difusão, utilizando-se o modelo de Stokes-Einstein, é igual a $D_{AB} = 1,628 \times 10^{-4}\ cm^2/s$, resultando em desvio relativo ao valor experimental ($1,706 \times 10^{-4}\ cm^2/s$) igual a *–4,56%*. Já o valor calculado para o coeficiente de difusão, utilizando o modelo das esferas rígidas, apresenta o resultado de $D_{AB} = 1,822 \times 10^{-4}\ cm^2/s$, levando a desvio relativo de *6,82%*.

Como pode ser observado, ambos os modelos apresentam desempenho similar e conduzem a resultados satisfatórios para a predição do valor do coeficiente de difusão.

CAPÍTULO 6

DIFUSÃO MÁSSICA EM SÓLIDOS CRISTALINOS

6.1 SÓLIDOS

O estado sólido caracteriza-se por apresentar adensamento molecular muito maior quando comparado aos estados gasoso e líquido (veja a Figura 1.2), regido por elevada intensidade de forças coesivas. Diferentemente dos gases, cujo movimento molecular (principalmente para moléculas que apresentam baixos valores de massa molar, como o gás H_2) é regido pelo movimento de translação por um eixo fictício, o movimento atômico (ou molecular) ocorre por um movimento vibratório. Um sólido, diferentemente do gás e do líquido, apresenta forma e volume definidos, não ocupando, necessariamente, todo o volume de certo recipiente que, por ventura, for acondicionado.

6.2 DIFUSÃO EM SÓLIDOS CRISTALINOS

É importante a lembrança de que a difusão mássica é governada pela interação soluto-meio; no caso de matriz sólida, esse meio – além de sua natureza atômica – é caracterizado por sua configuração geométrica. Em se tratando de sólidos cristalinos, os átomos que os compõem estão arranjados em redes cristalinas como aquelas ilustradas na Figura 6.1.

O movimento atômico do soluto, conforme ilustra a Figura 6.2, consiste, basicamente, em trocar de posições com átomos de mesma espécie, como na autodifusão (Figura 6.2a), com o átomo hospedeiro da rede cristalina (meio), como na difusão interfacial (Figura 6.2b) e na qual ambos os átomos possuem diâmetros semelhantes. No caso de a estrutura cristalina apresentar falhas na sua configuração, o difundente (soluto) poderá ocupá-las (Figura 6.2c). No mecanismo intersticial, o átomo, por ser menor do que o hospedeiro, move-se entre os átomos vizinhos (Figura 6.2d).

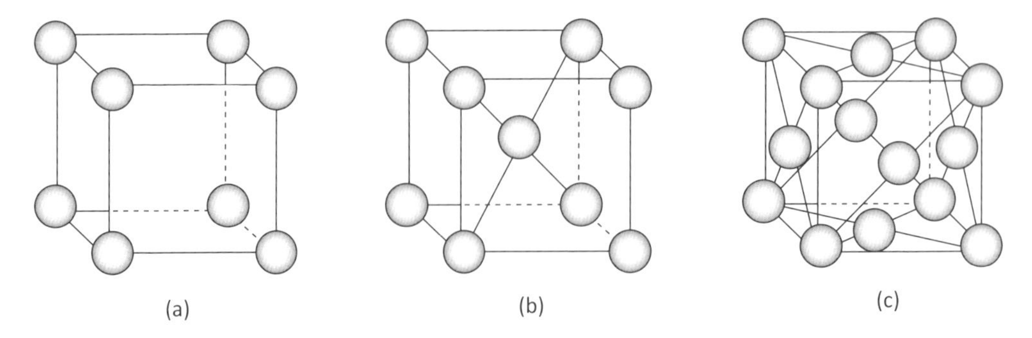

Figura 6.1 – Rede cristalina: (a) cúbica; (b) cúbica de corpo centrado; (c) cúbica de face centrada (CREMASCO, 2015).

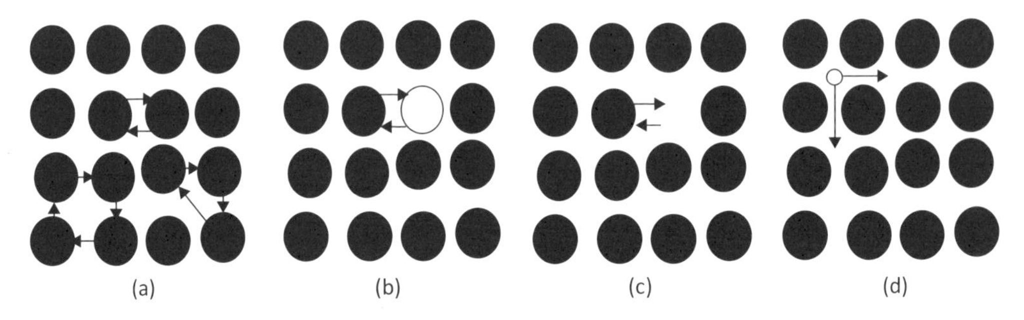

Figura 6.2 – Mecanismos de difusão atômica: (a) autodifusão; (b) interfacial; (c) vacâncias – defeito de Schotty; (d) intersticial – defeito de Frenkel (baseada em BRACHT, 2000; MEHRER, 2007).

O mecanismo usual para a descrição do movimento do soluto (ou difundente ou penetrante) é aquele associado à energia vibracional dos átomos, que é a base da teoria do salto energético (Figura 6.3), inicialmente proposto por Frankel (veja o Capítulo 1). Um átomo, ao difundir, mantém-se vibrando na sua posição inicial de equilíbrio, devido à energia cinética a ele associada (RT). Quando essa vibração, dependendo da temperatura, for suficientemente elevada, ΔG_m, o difundente salta – à distância δ –, encontrando-se em situação de transição, e após saltar à distância δ, passa a encontrar-se em nova situação de conforto energético, por meio da ocupação do plano em que houver maior disponibilidade de ocupação, conforme ilustrado na Figura 6.4. Os átomos no plano A, por unidade de área, saltarão para nova posição após se deslocarem de uma distância δ, com frequência de saltos Γ, caracterizada por *n. de saltos/tempo*. O fluxo associado a este deslocamento é assumido como [*n. átomos/(área)(tempo)*]:

$$j_A = n_A \Gamma \tag{6.1}$$

referente ao plano A, no qual n_A representa o número de átomos neste plano por unidade de área; e para o plano B,

$$j_B = n_B \Gamma \tag{6.2}$$

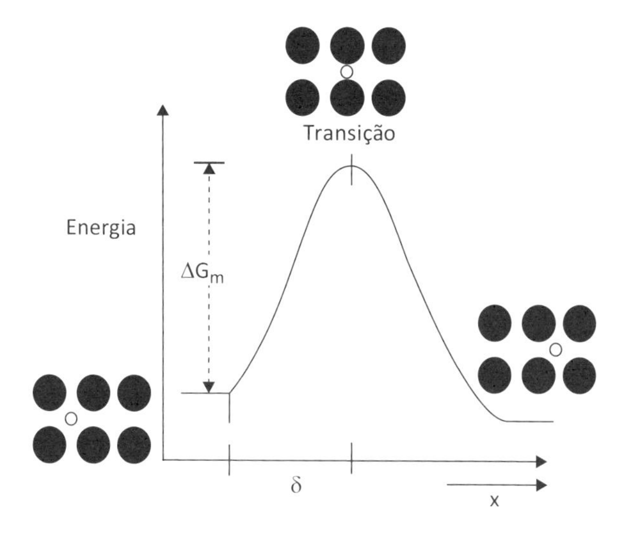

Figura 6.3 – Salto energético (baseada em MEHRER, 2007).

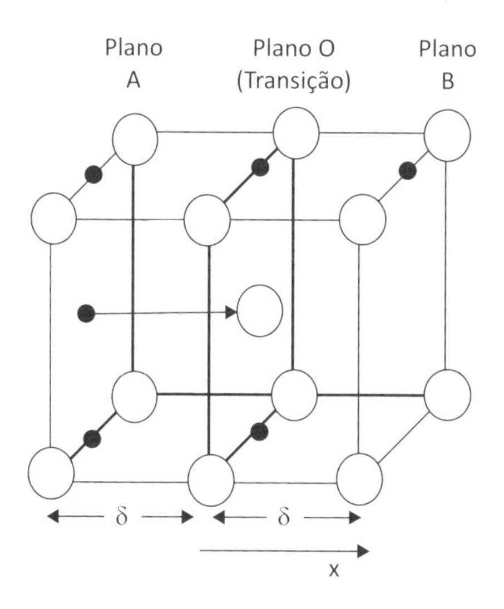

Figura 6.4 – Fluxo atômico na direção *x* (baseada em SILLER, 1971).

Na intenção de explicitar os fluxos (6.1) e (6.2) em termos de concentração, esta se relaciona com o número de átomos (por unidade de área) como $n_A = c_A\delta$, no plano *A*, e $n_B = c_B\delta$, no plano *B*, de modo que as Equações (6.1) e (6.2) venham a ser retomadas nas formas

$$j_A = c_A \delta \Gamma \tag{6.3}$$

$$j_B = c_B \delta \Gamma \tag{6.4}$$

De modo análogo à difusão em gases, Equações (3.7) e (3.8), as concentrações dos átomos do difundente nos planos A e B são

$$c_A = c_O + c^* \tag{6.5}$$

$$c_B = c_O - c^* \tag{6.6}$$

Neste caso, pode-se retomar a Figura 3.3, todavia supondo o fluxo na direção x, $\Delta x = \Delta z/2$; o percurso característico δ no lugar do caminho livre médio λ; e as concentrações nos planos considerados na Figura 6.4 como $c_O = c\big|_x$, $c_A = c\big|_{x-\Delta x}$ e $c_B = c\big|_{x+\Delta x}$, possibilitando escrever

$$\lim_{\Delta x \to 0} \frac{c\big|_{x+\Delta x} - c\big|_{x-\Delta x}}{2\Delta x} = -\frac{1}{2}\frac{dc}{dx} \quad \text{ou} \quad -\frac{1}{2}\frac{dc}{dx} = \frac{c^*}{\delta}$$

ou

$$c^* = -\frac{\delta}{2}\frac{dc}{dx} \tag{6.7}$$

Substituindo-se a Equação (6.7) nas Equações (6.5) e (6.6) e os resultados nas Equações (6.3) e (6.4), obtém-se a expressão para o fluxo líquido, segundo $j_x = j_A - j_B$, como

$$j_x = -\delta^2 \Gamma \frac{dc}{dx} \tag{6.8}$$

Verifica-se, de pronto, a 1ª lei de Fick na Equação (6.8), em que o coeficiente de difusão atômica é identificado à equação de Einstein-Smoluchowski:

$$D_a \equiv \delta^2 \Gamma \tag{6.9}$$

resultando, da Equação (6.8), no fluxo difusivo de átomos do soluto na rede cristalina,

$$j_x = -D_a \frac{dc}{dx} \tag{6.10}$$

É possível associar o coeficiente de difusão atômica, D_a, com a energia associada aos saltos atômicos, ΔG_m, por meio da relação entre a frequência de salto e a energia livre de Gibbs de migração segundo (MEHRER, 2007)

$$\Gamma = \omega \exp\left(-\frac{\Delta G_m}{RT}\right) \tag{6.11}$$

com

$$-\frac{\Delta G_m}{RT} = \frac{\Delta S_m}{R} - \frac{\Delta H_m}{RT} \tag{6.12}$$

em que ω representa a frequência de vibração assumida, usualmente, igual a 10^{13} *Hz*; ΔS_m, a diferença de entropia difusional; e ΔH_m, a diferença de entalpia difusional. Dessa maneira, substitui-se a Equação (6.11) na Equação (6.10) e o resultado na Equação (6.9),

$$D_a = \omega \delta^2 \exp\left(-\frac{\Delta H_m}{RT} + \frac{\Delta S_m}{R}\right) \tag{6.13}$$

ou

$$D_a = D_0 \exp\left(-\frac{\Delta H_m}{RT}\right) \tag{6.14}$$

a qual remete à equação de Dushman-Langmuir, Equação (1.9), em que o coeficiente pré-exponencial, D_0, advém de

$$D_0 = \omega \delta^2 \exp\left(\frac{\Delta S_m}{R}\right) \tag{6.15}$$

De forma generalizada, o coeficiente pré-exponencial apresenta-se em termos do número de coordenação *z*, que depende da distribuição espacial dos átomos na rede cristalina, segundo

$$D_0 = \frac{1}{z} \omega \delta^2 \exp\left(\frac{\Delta S_m}{R}\right) \tag{6.16}$$

A diferença de entalpia difusional, presente na Equação (6.14), ΔH_m, é normalmente identificada à energia de ativação de difusão ou difusional, *Q*, a qual depende de diversos fatores, tais como: (a) tamanho do átomo – quanto maior, maior a energia de ativação; (b) ligação entre os materiais – quanto mais forte, maior a barreira energética a ser vencida.

Exemplo 6.1

Na fabricação de máquinas existe a necessidade de peças que apresentem tanto resistência ao choque quanto dureza para evitar a fadiga do material, como são os casos de dentes de engrenagens e pinos móveis. Não se têm tais propriedades, de forma simultânea, quando o material utilizado para a fabricação de tais peças for o aço-carbono. Por outro lado, interessa que a peça apresente dureza apenas em sua parte periférica, enquanto a ductilidade no seu interior é conservada. Isso é possível por meio da cementação, cujo tratamento possibilita aumentar o teor de carbono junto à superfície do material mantendo, por sua vez, a composição de carbono inalterada no interior da peça. Para que isso seja possível, a peça deve ser aquecida acima da zona crítica, permanecendo nessa temperatura por algumas horas, permitindo que se dissolva mais carbono no estado sólido, e também que se adsorva esse elemento por difusão quando em contato com substâncias ricas no material, chamadas cementos. Na cementação por carbono empregam-se, em geral, cementos sólidos, na qual a peça a ser tratada é envolvida por substâncias fontes de carbono (carvão, por exemplo) e substâncias ativadoras (carbonatos, por exemplo) ocasionando a formação de gases. Tal processo pode ser utilizado na cementação da ferrita (Ferro α), que possui a estrutura cúbica de corpo centrado (*CCC*) e é o estado em que se encontra o ferro até *910 °C*. Uma das características da ferrita é ser dúctil, mas com baixa resistência mecânica.

Dessa forma, considere a situação em que uma barra de Ferro α, isenta de carbono, é submetida ao processo de cementação a diferentes temperaturas: *800 °C*, *850 °C* e *900 °C*. Conhecendo-se os valores do coeficiente pré-exponencial e da energia de ativação difusional, $D_0 = 6{,}2 \times 10^{-7}\ m^2/s$ e $Q = 80\ kJ/mol$, obtenha os valores do coeficiente de difusão atômica do carbono em ferrita em tais temperaturas.

Solução: a obtenção dos valores do coeficiente de difusão dos átomos de carbono em Ferro α advém da utilização imediata da Equação (6.14), retomada em termos da energia de ativação difusional, Q,

$$D_a = D_0 \exp\left(-\frac{Q}{RT}\right) \tag{6.17}$$

São conhecidos:

$D_0 = 6{,}2 \times 10^{-7}\ m^2/s = 22{,}32\ cm^2/h$

$Q = \Delta H_m = 80\ kJ/mol = 80.000\ J/mol$

Da Tabela 2.1: $R = 8{,}3145\ J/mol.K$, que, substituídos na Equação (6.17),

$$D_a = 22{,}32 \exp\left(-\frac{9.621{,}745}{T}\right) \tag{1}$$

Pode-se substituir os valores de temperatura (*800 °C, 850 °C* e *900 °C*) em Kelvin na Equação (1). A Tabela 1 apresenta os valores do coeficiente de difusão dos átomos de carbono na ferrita nas temperaturas consideradas.

Tabela 1 – Valores do coeficiente atômico de difusão do carbono em ferrita a várias temperaturas

T (°C)	T (K)	D_a x 10^3 (cm^2/h)
800	1.073,15	2,850
850	1.123,15	4,248
900	1.173,15	6,120

6.3 DIFUSÃO EM SÓLIDOS NANOCRISTALINOS

Nanomateriais, como o nome indica, são sistemas que apresentam dimensões nanométricas, tipicamente inferiores a *100 nm* e mais usualmente menores do que *10 nm*. Partículas metálicas nanométricas são, por exemplo, potencialmente úteis em catálise. Nanopartículas de *ZnO* têm aplicação em sensores químicos e células solares. Nanomateriais de platina apresentam elevada atividade eletrocatalítica, enquanto nanoaglomerados (*Au, Ag* e *Pt,* em particular) proveem aplicações em catálise, eletrônica, fotônica e armazenagem de informações (PARK et al., 2016). Nanomateriais de metais nobres, como a prata, apresentam excelente combinação de propriedades ópticas, condutividades elétrica e térmica quando comparadas com outros metais (PENG et al., 2015), enquanto os nanomateriais de alumina e de ferro (VI) são empregados na adsorção de metais pesados (SHARMA et al., 2008; BOPARAI; JOSEPH; O'CARROLL, 2011). Nanocristal, segundo Anjos et al. (2006), refere-se à partícula nanométrica, composta de algumas centenas ou dezenas de átomos, dispostos ordenadamente de acordo com determinada estrutura cristalina. Os nanocristais podem ser usados como blocos estruturais para materiais nanoestruturados. A redução da dimensão espacial ou o confinamento de partículas, no interior de certa estrutura, geralmente acarreta modificações nas propriedades físicas do sistema em tal direção. Dessa maneira, surge outra classificação de materiais nanoestruturados, que dependem do número de dimensões nanométricas, conforme ilustra a Figura 6.5: (a) sistemas tridimensionais, referentes a estruturas compostas tipicamente por cristalitos equilaterais consolidados; (b) sistemas confinados em duas dimensões, referentes a estruturas filamentosas em que o comprimento é substancialmente maior do que as outras dimensões; (c) sistemas unidimensionais, ou seja, aquelas em lâminas ou lamelas; (d) estruturas pontuais, isto é, partículas nanoporososas e nanopartículas (POKROPIVNY et al., 2007).

A estrutura *3-D*, Figura 6.5a, apresenta-se como aglomerados de blocos nanométricos, geralmente cristalitos, conforme ilustra a Figura 6.6. Tais blocos podem diferenciar-se devido a suas estruturas atômicas, orientações cristalográficas e/ou suas composições químicas, interferindo, inclusive, na interface entre os cristalitos. Esses blocos nanométricos são microestruturas heterogêneas constituídas de blocos (cristalitos) e de regiões adjacentes entre si (fronteiras de grânulos) (GLEITER, 2000). Nanomateriais (*NMs*) estruturados são, portanto, sólidos com microestrutura heterogênea compostos de cristalitos separados por fronteiras de grânulos (*FGs*) (PARATISKAYA; KAGANOVSKI; BOGDANOV, 2003).

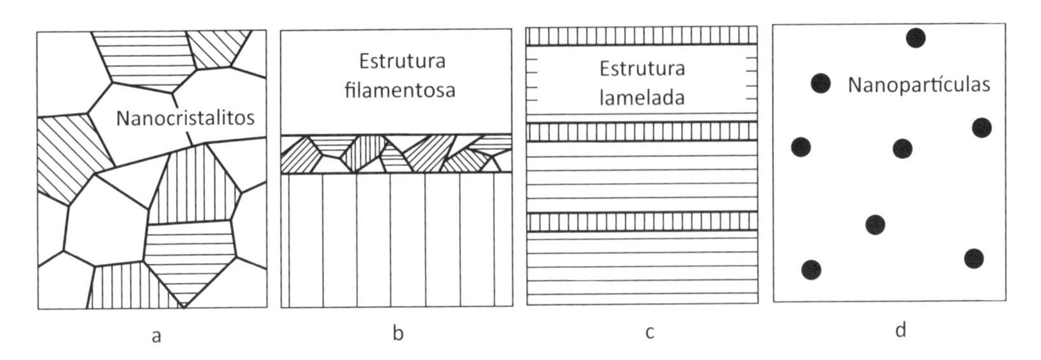

Figura 6.5 – Classificação estrutural de nanomateriais: (a) tridimensional; (b) bidimensional; (c) unidimensional; (d) pontual (POKROPIVNY et al., 2007).

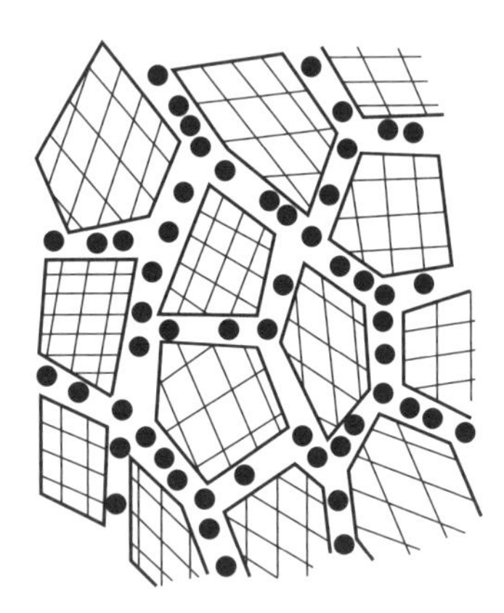

Figura 6.6 – Modelo esquemático de um material nanoestruturado *3-D* (GLEITER, 2000).

Em materiais nanoestruturados, novas estruturas atômicas e novas propriedades são geradas, utilizando-se rearranjos atômicos nas imperfeições estruturais, tais como nas fronteiras dos grânulos, interfaces e deslocamentos (MEHRER, 2007). Tendo em vista a natureza da fronteira dos grânulos, esta permite certa deformação plástica devido ao cisalhamento e a outras forças de compressão, propiciando a criação de vazios nas fronteiras dos grânulos, cujo fenômeno é identificado ao efeito de Kirkendall, e, por conseguinte, resultando na difusão fluídica (*creep diffusion*) (CHOKSHI, 2002, 2008). Tais materiais apresentam, comparativamente com metais cristalinos, baixa energia de ativação difusional dos átomos (Q) e, consequentemente, maior valor do coeficiente de difusão devido ao aumento da razão superfície (interface/volume) (JIANG; ZHANG; LI, 2004). O mecanismo para a difusão mássica em nanomateriais estruturados segue, a princípio, aquele descrito para sólidos cristalinos, em que o coeficiente de difusão atômica é identificado à semelhança da Equação (6.9), aqui retomada como

$$D_n = a\delta^2\Gamma \tag{6.18}$$

na qual *a* é uma constante geométrica, e o coeficiente de difusão atômica, considerando-se a energia de ativação difusional, *Q*, análoga à Equação (6.17), segue a teoria de saltos energéticos segundo

$$D_n = D_0 \exp\left(-\frac{Q}{RT}\right) \tag{6.19}$$

Exemplo 6.2

Há, como observado por Chadwick (2005), interesse de biólogos, químicos, físicos e engenheiros na aplicação de materiais nanométricos em diversas áreas, configurando a consolidação da ciência e da tecnologia neste campo, ou seja, a nanotecnologia. A razão do interesse recai nas propriedades incomuns desses materiais, dos quais podem ser citados: (a) a dimensão das partículas se aproxima ou é menor do que o diâmetro crítico para certos fenômenos, como o comprimento de onda de Broglie para o elétron e o caminho livre médio de excitação, que são importantes, por exemplo, para o estudo de semicondutores nanoestruturados; (b) os efeitos de superfície, tais como a estrutura cristalina, a morfologia da superfície e a reatividade (CHADWICK, 2005). Isso posto, estime o valor do coeficiente de difusão atômica dos difundentes presentes na Tabela 1 nos respectivos materiais nanoestruturados, identificados como meios difusivos, a *90 °C*.

Tabela 1 – Parâmetros relativos à difusão em nanomateriais metálicos (baseada em PARATISKAYA; KAGANOVSKI; BOGDANOV, 2003)

Difundente	Meio difusivo	Temperatura (K)	D_0 (m^2/s)	Q (kJ/mol)
H	n-Pd	293-393	$2,5 \times 10^{-7}$	24,12
Ag	n-Cu	>353	$3,0 \times 10^{-8}$	60,78

Solução: os valores do coeficiente de difusão dos difundentes presentes na Tabela 1 nos respectivos meios difusivos nanoestruturados resultam da utilização da Equação (6.19), ou

$$D_n = D_0 \exp\left(-\frac{Q}{RT}\right) \tag{1}$$

É importante a lembrança de que o valor da temperatura a ser utilizado na Equação (1) é em Kelvin ou $T = 273,15 + 90\ °C = 363,15\ K$. Além disso, na Tabela 1 a energia de ativação difusional está em *kJ/mol*, sendo, portanto, necessária a conversão para *J/mol* e, desse modo, utilizar o valor da constante dos gases igual a $R = 8,3145\ J/mol.K$. Os resultados obtidos estão apresentados na Tabela 2.

Tabela 2 – Valores do coeficiente atômico de difusão do carbono em ferrita a várias temperaturas

Difundente	Meio difusivo	$D_n \times 10^{11}$ (m^2/s)
H	n-Pd	8,49
Ag	n-Cu	2,66

CAPÍTULO 7

DIFUSÃO MÁSSICA EM SÓLIDOS POROSOS

7.1 SÓLIDOS POROSOS

Quaisquer materiais por meio dos quais é possível encontrar uma "passagem" contínua de um lado para o outro geralmente são ditos porosos (veja a Figura 7.1). Rouquerol et al. (1994) oferecem classificação de sólido poroso quanto à sua disponibilidade de acesso a um fluido externo. A primeira categoria, região (*a*), refere-se aos poros que estão totalmente isolados à influência externa. Existem poros que oferecem canais de comunicação com a vizinhança externa, tais como os apontados nas regiões (*b*), (*c*), (*d*) e (*f*), denominados poros abertos; alguns poros apresentam única saída (regiões *b* e *f*) e são chamados poros cegos; outros apresentam-se abertos em duas saídas (região *e*). Os poros também podem ser classificados de acordo com o seu formato: cilíndricos (abertos, região *c*, ou cegos, região *f*), gargalo de garrafa ou obscuro (região *b*), funil (região *d*).

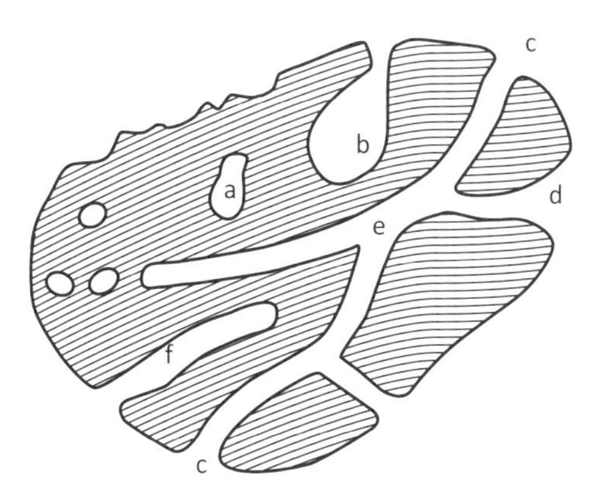

Figura 7.1 – Ilustração de um sólido poroso (ROUQUEROL et al., 1994).

Os poros considerados aqui são aberturas e/ou passagens em partículas rígidas ou semirrígidas. Uma massa rígida gerada da compressão de um pó é típico material poroso. A porosidade, portanto, refere-se à relação entre o volume ocupado pelos poros e/ou vazios e o volume total da amostra. Neste caso, tem-se (CREMASCO, 2014)

$$\varepsilon_p = \frac{\text{volume dos poros abertos}}{\text{volume total da partícula}} \tag{7.1}$$

Dependendo da matriz porosa, o valor da porosidade pode variar de próximo de zero até perto da unidade. Desse modo, os poros podem ser classificados por tamanho, conforme apresentado na Tabela 7.1. Já a Tabela 7.2 apresenta, em linhas gerais, os principais tipos de mecanismos ou regimes de difusão mássica encontrados em matrizes porosas.

Tabela 7.1 – Classificação de tamanho de poros segundo a União Internacional de Química Pura e Aplicada (IUPAC) (ROUQUEROL et al., 1994; CHOI; DO; DO, 2001; VERWEIJ; SCHILLO; LI, 2007)

Tipo de poro	Faixa para o diâmetro médio de poros (σ_p)
Microporo	$\sigma_p < 2{,}0$ nm
Mesoporo	$2{,}0 \text{ nm} < \sigma_p < 50{,}0$ nm
Macroporo	$\sigma_p > 50{,}0$ nm

Tabela 7.2 – Mecanismos de difusão mássica em sólidos porosos (CHOI; DO; DO, 2001)

Mecanismo de difusão mássica	Faixa para o diâmetro médio de poros (σ_p)
[a] Difusão capilar (ou viscosa)	$\sigma_p > 20{,}0$ nm
Difusão simples ou de Fick	$\sigma_p > 10{,}0$ nm
Difusão de Knudsen (encontrada apenas em gases)	$2{,}0 \text{ nm} < \sigma_p < 100{,}0$ nm
Difusão configuracional	$\sigma_p < 1{,}5$ nm

[a] será abordada no próximo capítulo.

Seja qual for o mecanismo, utiliza-se, normalmente, a 1ª lei de Fick para a descrição do fenômeno difusivo, na sua forma mássica conforme a Equação (2.76), aqui retomada como

$$\vec{j}_A = -D_{ef}\vec{\nabla}\rho_A \tag{7.2}$$

em que D_{ef} se refere ao coeficiente efetivo de difusão ou difusividade efetiva, o qual traz a interpretação física de diversos tipos de mecanismos de difusão, como os encontrados na Tabela 7.2 e que são discutidos a seguir.

7.2 DIFUSÃO SIMPLES OU DE FICK

Este fenômeno está presente na situação de um soluto difundir-se em fluido (gás ou líquido), todavia dentro de uma matriz porosa, caracterizada por apresentar, substancialmente, macroporos, de forma que o seu diâmetro médio venha a ser muito maior do que o de difusão do soluto ($\sigma_p >> \sigma_A$), conforme ilustra a Figura 7.2, e desde que o soluto não apresente afinidade termodinâmica com tal matriz.

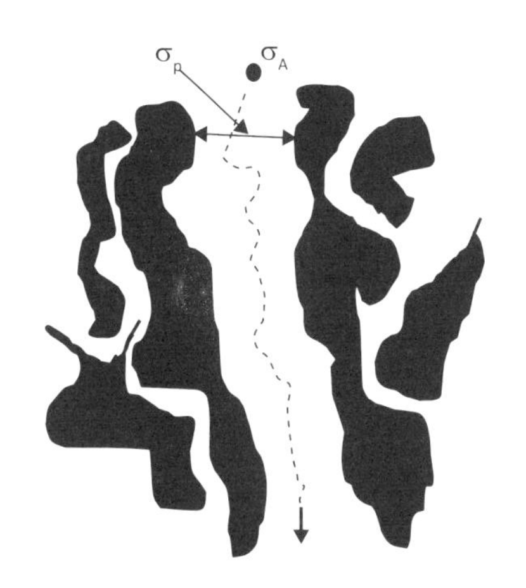

Figura 7.2 – Representação da difusão simples.

O coeficiente efetivo de difusão ou difusividade efetiva, D_{ef}, está associado ao coeficiente de difusão simples nos poros, D_p, caracterizado pela natureza da matriz porosa ou

$$D_{ef} = \varepsilon_p D_p \tag{7.3}$$

em que a difusividade (ou coeficiente de difusão) nos poros é obtida de

$$D_p = \frac{D_{AB}}{\tau} \tag{7.4}$$

sendo τ a tortuosidade da matriz porosa. Há de se mencionar que existem partículas, como as resinas poliméricas, que se comportam quais matrizes porosas, todavia a "porosidade" desse tipo de material está associada aos vazios decorrentes do entrelaçamento de regiões amorfas da matriz polimérica (a ser visto no próximo capítulo). Neste caso, recorre-se à proposição clássica de Mackie e Meares (1955) para a obtenção da difusividade efetiva (ou coeficiente de difusão efetivo) na forma

$$D_{ef} = D_{AB}\left(\frac{1-\varphi}{1+\varphi}\right)^2 \tag{7.5}$$

em que $\varphi = V_A/V_L$, sendo V_A o volume característico para acomodar a molécula do soluto e V_L, o volume livre da amostra que, em termos de porosidade de partícula, é

$$\varphi = 1-\varepsilon_p \tag{7.6}$$

de maneira que a Equação (7.5) é retomada como

$$D_{ef} = D_{AB}\left(\frac{\varepsilon_p}{2-\varepsilon_p}\right)^2 \tag{7.7}$$

resultando na expressão para a difusividade nos poros, após substituir a Equação (7.7) na Equação (7.4),

$$D_p = D_{AB} \frac{\varepsilon_p}{\left(2-\varepsilon_p\right)^2} \quad (7.8)$$

Tanto na Equação (7.4) quanto na Equação (7.8) o coeficiente de difusão, D_{AB}, advém de formulações já apresentadas para a difusão mássica, sem o efeito da matriz porosa, de determinado soluto *A* no meio gasoso, líquido ou supercrítico.

Exemplo 7.1

Os aminoácidos são as estruturas básicas de proteínas. L-fenilalanina (*Phe*), L-tirosina (*Tyr*) e L-triptofano (*Trp*) são classificados como aminoácidos aromáticos devido à presença de anel benzênico em suas estruturas (veja a Figura 1). A L-fenilalanina, $C_9H_{11}NO_2$, está presente no leite e na hemoglobina humana, na albumina do ovo e na estrutura da insulina. A L-tirosina, $C_9H_{11}NO_3$, é crucial na estrutura da maioria das proteínas na constituição do corpo humano. Tanto a *Phe* quanto a *Tyr* são precursoras de vários neurotransmissores, incluindo a dopamina e a β-endorfina. O L-triptofano, $C_{11}H_{12}N_2O_2$, por sua vez, é um dos precursores de serotonina, melatonina e niacina e tem sido indicado no tratamento de pacientes esquizofrênicos.

Convencionalmente, os aminoácidos são separados utilizando-se a cromatografia de troca iônica em batelada (CREMASCO; HRITZKO; WANG, 2000; CREMASCO et al., 2001). Estudos comprovam a maior eficiência de separação e de produção ao se utilizar sistemas de contato contínuo, como é o caso do processo cromatográfico de leito móvel simulado e variações (CREMASCO; STARQUIT, 2010; PERNA; CREMASCO; SANTANA, 2015). Seja qual for o processo adsortivo, torna-se necessário o conhecimento de parâmetros de transferência de massa, em particular de seu coeficiente de difusão. Dessa maneira, no estudo da adsorção desses aminoácidos, empregou-se uma coluna em leito fixo, recheado com microesferas de resina de poli-4-vinilpiridina (*PVP*), de porosidade igual a *0,55*. Na intenção de estudar o fenômeno difusivo, tais aminoácidos, em separado, foram diluídos em água a *25 °C* e injetados na coluna. Por meio da técnica de pulso cromatográfico, foram obtidos os valores dos coeficientes de difusão nos poros, conforme apresentado na Tabela 1.

Tabela 1 – Valores experimentais de difusividade nos poros de aminoácidos aromáticos em resinas de PVP (CREMASCO et al., 2001; CREMASCO; STARQUIT; WANG, 2009)

aminoácidos	Phe	Tyr	Trp
$D_p \times 10^4$ (cm²/min)	1,02	1,01	0,94

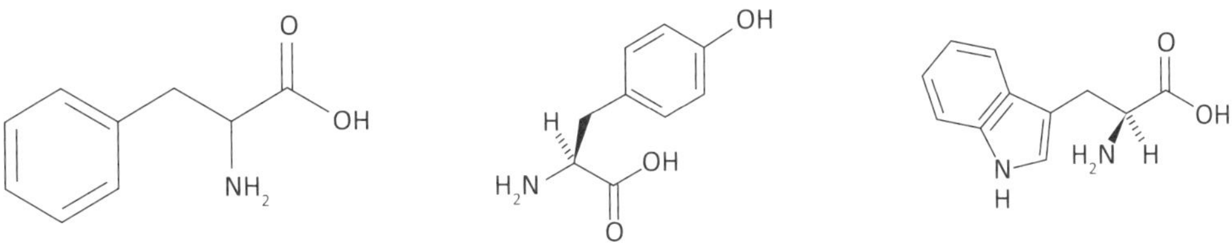

(a) Phe (b) Tyr (c) Trp

Figura 1 – Fórmulas estruturais de aminoácidos aromáticos.

Considerando-se que o adsorvente apresente apenas macroporos, estime o valor da difusividade efetiva nos poros de aminoácidos aromáticos e compare com aqueles presentes na Tabela 1. Para tanto, considere o valor experimental do coeficiente de difusão livre de *Phe* em água a $25\ ^oC$, igual a $4{,}24 \times 10^{-4}\ cm^2/min$ (PADUANO et al., 1990) e, para os demais aminoácidos aromáticos, utilize a relação proposta por Cremasco, Hritzko e Wang (2000), aplicada para sistemas diluídos, mesmo solvente e temperatura, tendo como base a correlação de Wilke e Chang (1955), segundo

$$\frac{D_{A-H_2O}}{D_{Phe-H_2O}} = \left(\frac{V_{b_{Phe}}}{V_{b_A}} \right)^{0,6} \tag{7.9}$$

em que *A* é *Tyr* ou *Trp*.

Solução: tendo em vista que se trata da difusão em poros de uma matriz polimérica (PVC), é empregada a formulação de Mackie e Meares (1955), Equação (7.8), ou

$$D_p = D_{AB} \frac{\varepsilon_p}{\left(2 - \varepsilon_p\right)^2} \tag{1}$$

Verifica-se do enunciado: $\varepsilon_p = 0{,}55$, que, substituída na Equação (1), fornece

$$D_p = 0{,}2616 D_{AB} \tag{2}$$

Para L-fenilalanina, $D_{AB} = 4{,}24 \times 10^{-4}\ cm^2/min$, que, substituído na Equação (2),

$$D_p = (0{,}2616)\left(4{,}24 \times 10^{-4}\right) = 1{,}109 \times 10^{-4}\ \text{cm}^2/\text{min} \tag{3}$$

o que resulta em desvio relativo, em relação ao valor experimental, de

$$\text{Desvio} = \left(\frac{D_{p_{cal.}} - D_{p_{exp.}}}{D_{p_{exp.}}} \right) \times 100\% = \left(\frac{1{,}109 \times 10^{-4} - 1{,}02 \times 10^{-4}}{1{,}02 \times 10^{-4}} \right) \times 100\% = 8{,}73\% \quad (4)$$

Para os aminoácidos *Tyr* e *Trp*, o valor do coeficiente de difusão livre é obtido por meio da Equação (7.9). Torna-se, portanto, necessário conhecer o valor do volume molar à temperatura normal de ebulição do aminoácido aromático (espécie *A*). Para tanto, deve-se utilizar a estimativa desse volume pelo modelo de Le Bas.

L-fenilalanina. Sabendo-se que a sua fórmula molecular é $C_9H_{11}NO_2$ e considerando a estrutura molecular apresentada na Figura (1a), da qual é possível identificar: amina primária; oxigênios presentes em ácido; contribuição de um anel benzênico, o valor do V_{bA} pode ser obtido por meio do volume de Le Bas, Tabela 4.3, segundo

$$V_{b_A} = V_{b_{Phe}} = 9V_{b_C} + 11V_{b_H} + \underbrace{10{,}5}_{\text{N amina primária}} + \underbrace{2(12)}_{\text{O em ácido}} - \underbrace{15}_{\text{presença de anel benzênico}} \quad (5)$$

Substituindo-se as contribuições relativas a cada espécie presente na Equação (5), resulta

$$V_{b_{Phe}} = (9)(14{,}8) + (11)(3{,}7) + 10{,}5 + 24 - 15 = 193{,}4\,\text{cm}^3/\text{mol} \quad (6)$$

L-tirosina. A sua fórmula molecular é $C_9H_{11}NO_3$, e considera-se a estrutura molecular apresentada na Figura (1b), da qual é possível identificar a semelhança com a estrutura de *Phe*, diferenciando-se com a presença de um átomo de oxigênio na hidroxila. Desse modo, o valor do V_{bA} advém do volume de Le Bas, Tabela 4.3, por

$$V_{b_A} = V_{b_{Tyr}} = 9V_{b_C} + 11V_{b_H} + 1V_{b_O} + \underbrace{10{,}5}_{\text{N amina primária}} + \underbrace{2(12)}_{\text{O em ácido}} - \underbrace{15}_{\text{presença de anel benzênico}} \quad (7)$$

Substituindo-se as contribuições relativas a cada espécie presente na Equação (7), tem-se

$$V_{b_A} = (9)(14{,}8) + (11)(3{,}7) + 7{,}4 + 10{,}5 + 24 - 15 = 200{,}8\,\text{cm}^3/\text{mol} \quad (8)$$

Levando-se o valor do coeficiente de difusão de *Phe* em água, bem como os resultados (6) e (8) na Equação (7.9), tem-se

$$D_{Tyr-H_2O} = \left(4{,}24 \times 10^{-4}\right)\left(\frac{193{,}4}{200{,}8}\right)^{0{,}6} = 4{,}146 \times 10^{-4}\ \text{cm}^2/\text{min}$$

Ao substituir esse resultado na Equação (2), obtém-se

$$D_p = (0,2616)\left(4,146\times10^{-4}\right) = 1,085\times10^{-4}\ \text{cm}^2/\text{min} \tag{9}$$

acarretando o valor do desvio relativo, em relação ao valor experimental, de

$$\text{Desvio} = \left(\frac{D_{p_{cal.}} - D_{p_{exp.}}}{D_{p_{exp.}}}\right)\times100\% = \left(\frac{1,085\times10^{-4} - 1,01\times10^{-4}}{1,01\times10^{-4}}\right)\times100\% = 7,43\% \tag{10}$$

L-triptofano. A fórmula molecular desse aminoácido é $C_{11}H_{12}N_2O_2$, já a sua estrutura molecular está ilustrada na Figura (1c), podendo-se identificar: uma amina primária, uma amina secundária; oxigênios presentes em ácido; contribuição de dois anéis benzênicos, fazendo com que o valor de V_{bA} advenha do volume de Le Bas, Tabela 4.3, por

$$V_{b_A} = V_{b_{Trp}} = 11V_{b_C} + 12V_{b_H} + \underbrace{10,5}_{\text{N amina primária}} + \underbrace{12}_{\text{N amina secundária}} + \underbrace{2(12)}_{\text{O em ácido}} - \underbrace{2(15)}_{\text{presença de anel benzênico}} \tag{11}$$

Substituindo-se as contribuições relativas a cada espécie presente na Equação (11),

$$V_{b_A} = (11)(14,8) + (12)(3,7) + 10,5 + 12 + 24 - 30 = 223,7\ \text{cm}^3/\text{mol} \tag{12}$$

da qual se pode escrever

$$D_{Trp-H_2O} = \left(4,24\times10^{-4}\right)\left(\frac{193,4}{223,7}\right)^{0,6} = 3,885\times10^{-4}\ \text{cm}^2/\text{min}$$

que resulta da Equação (2),

$$D_p = (0,2616)\left(3,885\times10^{-4}\right) = 1,016\times10^{-4}\ \text{cm}^2/\text{min} \tag{13}$$

apresentando, como desvio relativo em relação ao valor experimental, o valor de

$$\text{Desvio} = \left(\frac{D_{p_{cal.}} - D_{p_{exp.}}}{D_{p_{exp.}}}\right)\times100\% = \left(\frac{1,016\times10^{-4} - 0,94\times10^{-4}}{0,94\times10^{-4}}\right)\times100\% = 8,09\% \tag{14}$$

7.3 DIFUSÃO SUPERFICIAL

Durante a difusão de determinado soluto no interior do sólido poroso pode haver o fenômeno relativo à afinidade entre esse soluto e a matriz porosa em determinados sítios específicos no seu interior, como é o caso da adsorção (Figura 7.3).

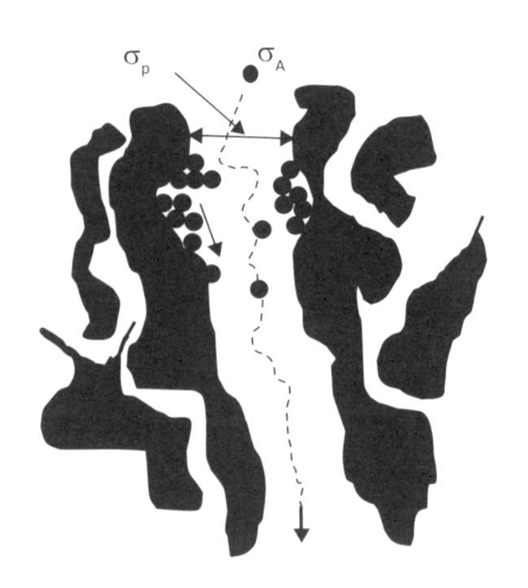

Figura 7.3 – Difusão superficial e em paralelo.

Nessa situação, haverá o deslocamento do soluto para ocupar tais sítios disponíveis, à semelhança da descrição dos mecanismos de difusão atômica de vacâncias e intersticial. Dessa maneira, a difusão superficial pode ser descrita por meio de processo ativado difusional entre os sítios, e a difusividade superficial pode ser obtida segundo a equação de Dushman-Langmuir,

$$D_S = D_0 \exp\left(-\frac{Q}{RT}\right) \tag{7.10}$$

A difusão superficial dá-se nas camadas adsorvidas dos poros. Todavia, tal mecanismo de transporte, na dependência do teor da afinidade entre o sorvato (soluto adsorvido) e o adsorvente, pode ocorrer simultaneamente à difusão nos poros propriamente dita. Nesse caso tem-se a difusão em paralelo, cujo fluxo difusivo é expresso como (KOH; WANKAT; WANG, 1998)

$$\vec{j}_A = -\varepsilon_p D_p \vec{\nabla}\rho_A - \left(1-\varepsilon_p\right) D_S \vec{\nabla} q_A \tag{7.11}$$

em que ρ_A é a concentração mássica do soluto no interior dos poros da matriz considerada, e q_A é a concentração do mesmo soluto nas paredes (internas e externas) dos poros. Ao se admitir uma partícula esférica, fluxo predominante radial e equilíbrio local, a Equação (7.11) é retomada na forma de taxa mássica ($W_{A,r}$) como

$$W_{A,r} = 4\pi r^2 j_{A,r} = -\varepsilon_p D_p 4\pi r^2 \frac{\partial \rho_A}{\partial r} - \left(1-\varepsilon_p\right) D_S 4\pi r^2 \left(\frac{\partial q_A}{\partial \rho_A}\right) \frac{\partial \rho_A}{\partial r} \tag{7.12}$$

O termo $\partial q_A / \partial \rho_A$ refere-se à isoterma de adsorção, que implica a distribuição, em situação de equilíbrio, das concentrações do soluto presente nos sítios da matriz porosa e aquela no meio (gasoso ou líquido) no interior da matriz. Rearranjando-se a Equação (7.12),

$$W_{A,r} = -\left[\varepsilon_p D_p + \left(1-\varepsilon_p\right) D_S \left(\frac{\partial q_A}{\partial \rho_A}\right)\right] 4\pi r^2 \frac{\partial \rho_A}{\partial r} \tag{7.13}$$

O termo entre colchetes na Equação (7.13) é identificado à difusividade efetiva, obedecendo a Equação (7.3), que toma a forma (MA; WHITLEY; WANG, 1996)

$$D_{ef} = \varepsilon_p D_p + \left(1 - \varepsilon_p\right) D_S \frac{\partial q_A}{\partial \rho_A} \tag{7.14}$$

que, para isotermas lineares, $\partial q_A / \partial \rho_A = k_p$, é

$$D_{ef} = \varepsilon_p D_p + \left(1 - \varepsilon_p\right) D_S k_p \tag{7.15}$$

válida para sistema contendo uma espécie e no caso de equilíbrio local.

Exemplo 7.2

O piperonal, 3,4-metilenodioxi-benzaldeído, conhecido como heliotropina, é empregado na preparação de perfumes, de cosméticos e de produtos para tratamento de pele e couro cabeludo (CREMASCO, 2016a). É, também, essencial como partida na síntese de inseticidas, de anti-inflamatórios e de soros antiofídicos (RAMOS, 2014). Cremasco e Braga (2012) demonstraram que o piperonal pode ser obtido a partir de óleos essenciais de plantas da família *Piperaceae*, como a pimenta-longa, rica em safrol. Além do piperonal, foram detectados majoritariamente o safrol, (cis e trans) isosafrol e terpinoleno (Figura 1), acarretando a necessária separação do piperonal contido nessa mistura, a qual pode ser desenvolvida por técnicas adsortivas. Ramos (2014) estudou a separação do piperonal contido em sua solução de síntese, empregando-se adsorção em leito fixo, com sílica recoberta de octadesilsilano (C_{18}), de porosidade igual a *0,357*, enquanto fase estacionária, e a solução de acetonitrila/água (ACN/H_2O) em duas temperaturas ($25\ ^oC$ e $35\ ^oC$) enquanto fase móvel. Os dados termodinâmicos, bem como aqueles referentes a informações sobre a difusão livre de tais compostos na fase móvel e as difusividades efetivas na fase estacionária, estão apresentados na Tabela 1.

Admitindo-se a existência do mecanismo difusivo em paralelo nos poros e na superfície do adsorvente, obtenha os valores do coeficiente de difusão nos poros, D_p, e aquele referente à difusão superficial, D_S.

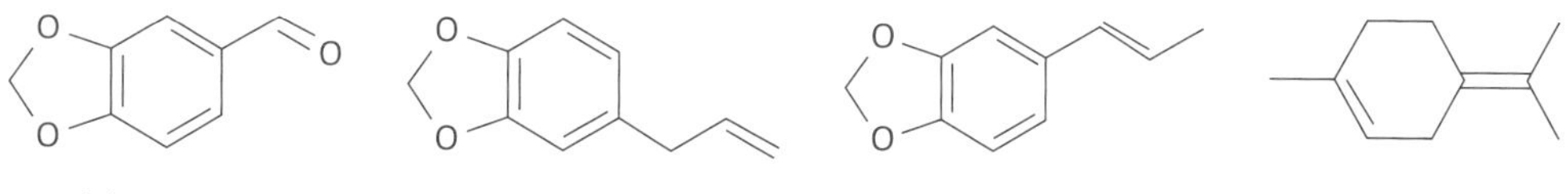

(a) Piperonal (b) Safrol (c) Transisosafrol (d) Terpinoleno

Figura 1 – Estrutura molecular dos compostos majoritários presentes na solução de síntese do piperonal.

Tabela 1 – Informações sobre os coeficientes de partição, k_p, e difusivos dos compostos majoritários da solução de sínteses do piperonal em sílica (C_{18}) e (ACN/H_2O) enquanto fase móvel (CREMASCO, 2016a, baseada em RAMOS, 2014)

	k_p (-)		$D_{AB} \times 10^4$ (cm²/min)		$D_{ef} \times 10^4$ (cm²/min)	
Temperatura	25 °C	35 °C	25 °C	35 °C	25 °C	35 °C
piperonal	0,869	0,784	9,756	12,04	0,993	0,925
safrol	3,122	2,835	8,112	10,00	1,675	1,911
isosafrol	3,446	3,112	7,410	9,144	1,803	2,129
terpinoleno	12,343	10,962	5,866	7,236	3,280	3,869

Solução: a obtenção do valor da difusividade superficial dos principais compostos presentes na solução de síntese do piperonal (cada qual identificado como soluto A), considerando-se isoterma linear, advém da Equação (7.15), que, rearranjada, possibilita escrever

$$D_S = \frac{D_{ef} - \varepsilon_p D_p}{\left(1 - \varepsilon_p\right) k_p} \quad (1)$$

O valor do coeficiente de difusão nos poros advém da Equação (7.8), aqui retomada como

$$D_p = D_{AB} \frac{\varepsilon_p}{\left(2 - \varepsilon_p\right)^2} \quad (2)$$

Tendo em vista que $\varepsilon_p = 0{,}357$, a Equação (2) é reescrita como

$$D_p = 0{,}1322 D_{AB} \quad (3)$$

De posse dos valores de D_{AB} presentes na Tabela 1, pode-se substituí-los na Equação (3) para obter os valores dos coeficientes de difusão nos poros, D_p, cujos resultados estão apresentados nas duas primeiras colunas da Tabela 2. Com esses valores e aqueles dos coeficientes de partição (primeiras colunas da Tabela 1) e dos coeficientes efetivos de difusão (duas últimas colunas da Tabela 1), é possível calcular os valores do coeficiente de difusão superficial, os quais estão apresentados nas duas últimas colunas da Tabela 2.

Tabela 2 – Coeficientes de difusão nos poros e superficiais referentes aos compostos majoritários da solução de sínteses do piperonal em sílica (C_{18}) e (ACN/H_2O) enquanto fase móvel

	D_p x 10^4 (cm^2/min)		D_S x 10^4 (cm^2/min)	
Temperatura (°C)	25	35	25	35
piperonal	1,290	1,592	0,953	0,708
safrol	1,072	1,322	0,644	0,789
isosafrol	0,980	1,209	0,656	0,848
terpinoleno	0,775	0,957	0,378	0,500

7.4 DIFUSÃO DE KNUDSEN

Em se tratando de gases leves e se a pressão for suficientemente baixa ou os poros forem estreitos, da ordem do caminho livre médio do gás, λ_{AB}, as moléculas poderão colidir preferencialmente com as paredes dos poros, de diâmetro médio igual a σ_p, em vez de fazê-lo com outras moléculas, de forma a ser desprezível o efeito decorrente das colisões entre as moléculas no fenômeno difusivo, caracterizando a difusão de Knudsen.

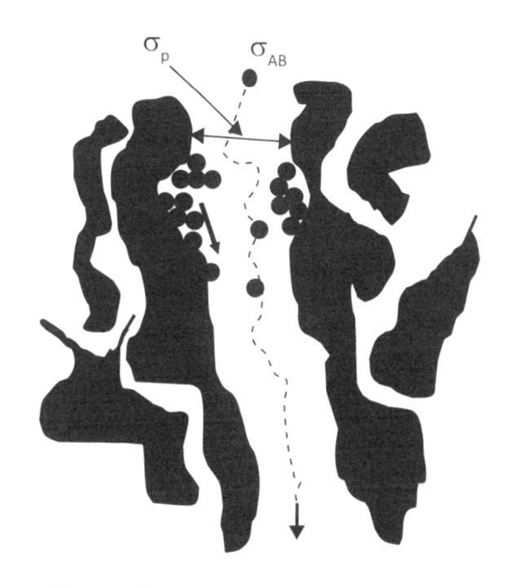

Figura 7.4 – Representação da difusão de Knudsen.

A presença da difusão de Knudsen pode ser avaliada por meio da inspeção do valor do número de Knudsen, *Kn* (VERWEIJ; SCHILLO; LI, 2007), cuja identificação de predomínio de mecanismo está apresentada na Tabela 7.3, com o critério definido como

$$Kn = \frac{\lambda_{AB}}{\sigma_p} \tag{7.16}$$

Tabela 7.3 – Identificação da presença da difusão de Knudsen (baseada em VERWEIJ; SCHILLO; LI, 2007)

Tipo de poro	Faixa para o diâmetro de poro (σ_p)
Difusão capilar/difusão simples	Kn << 1
Difusão de Knudsen	Kn >> 1
Difusão mista ou de transição	Kn ~ 1

Para a obtenção do valor do coeficiente de difusão de Knudsen, este advém da analogia com a Equação (3.14), aqui retomada ao substituir o caminho livre médio pelo diâmetro médio dos poros, σ_p:

$$D_{ef} = D_k = \frac{1}{3}\Omega_{AB}\sigma_p \tag{7.17}$$

Nessa equação a velocidade média molecular do gás enquanto mistura binária, Ω_{AB}, resulta da Equação (3.15), que, substituída na Equação (7.12), fornece

$$D_k = 4{,}85 \times 10^3 \sigma_p \left(\frac{T}{M}\right)^{1/2} \tag{7.18}$$

sendo M a massa molar da mistura gasosa cujo valor, para sistemas binários, é obtido da Equação (2.86). No caso de autodifusão, basta fazer $M = M_A$ na Equação (7.18), assim como utilizar $\lambda = \lambda_{AB}$ e $\Omega = \Omega_{AB}$ nas Equações (7.16) e (7.17), respectivamente. Na Equação (7.18), T está em Kelvin e o diâmetro médio dos poros, σ_p, em cm, e o resultado de D_k, em cm^2/s. Ressalte-se que, ao considerar a matriz macroporosa, a difusividade efetiva de Knudsen advém da substituição do coeficiente de difusão, D_{AB}, pelo coeficiente de difusão de Knudsen nas Equações (7.3) e (7.6), resultando em

$$D_{k,ef} = D_k \frac{\varepsilon_p}{\tau} \tag{7.19}$$

$$D_{k,ef} = D_k \left(\frac{\varepsilon_p}{2 - \varepsilon_p}\right)^2 \tag{7.20}$$

Tendo em vista que a matriz porosa pode apresentar distribuição de tamanho de poros, o mecanismo difusivo advirá tanto da difusão simples quanto daquela de Knudsen. Nesse caso, o coeficiente efetivo de difusão é fruto da equação de Bosanquet na forma

$$\frac{1}{D_{ef}} = \frac{1}{\varepsilon_p D_p} + \frac{1}{D_{k,ef}} \tag{7.21}$$

É necessário destacar a situação na qual ocorre o fenômeno concomitante de difusão superficial. Nesse caso, e em se considerando isotermas lineares, a difusividade efetiva segue a Equação (7.15), aqui retomada como

$$D_{ef} = D_{k,ef} + \left(1 - \varepsilon_p\right) D_S k_p \tag{7.22}$$

Exemplo 7.3

Entre os processos de separação mais característicos de transferência de massa está a adsorção, que envolve difusão mássica de um soluto contido em fase fluida (gasosa, líquida ou supercrítica) para a fase sólida, que é identificada à fase do adsorvente ou, simplesmente, adsorvente. A escolha do adsorvente depende da capacidade de adsorver um componente específico (sorvato) e da taxa de adsorção. Dentre os adsorventes utilizados em uma gama de processos, está o carvão ativado, o qual passa por processamento para aumentar a sua porosidade, permitindo adsorver larga faixa de compostos orgânicos (BRAGA, 2007). O carvão ativado é normalmente preparado por decomposição térmica de materiais carbonáceos seguido de ativação com vapor ou dióxido de carbono em temperatura elevada (*700 ºC-1.100 ºC*). O processo de ativação envolve essencialmente a remoção dos produtos de carbonização formados durante a pirólise (BRAGA, 2007). Um dos empregos de carvão ativado, além do já mencionado, é na captura do dióxido de carbono da atmosfera, cuja emissão faz dele um dos responsáveis pelo aquecimento global (DANTAS, 2009). Tendo em vista a importância dessa aplicação, estime o valor da difusividade efetiva, a *28 ºC* e *1,2 bar*, referente à mistura binária molar de *22%* de CO_2 e *78%* de N_2, em carvão ativado, cujas características são: $\tau = 2{,}2$; $\varepsilon_p = 0{,}47$; $\sigma_p = 2{,}46\ nm$ (DANTAS, 2009). Os valores do volume molar à temperatura normal de ebulição do CO_2 e do N_2 são iguais a $34{,}0\ cm^3/mol$ e $31{,}2\ cm^3/mol$, com os valores das massas molares iguais a *44,01 g/mol* e *28,013 g/mol*. Assume-se como desprezível a contribuição da difusão superficial.

Solução: considerando-se a natureza do problema, a primeira etapa consiste na identificação de predomínio de mecanismo de difusão mássica efetiva mediante o emprego da Equação (7.16), ou

$$\mathrm{Kn} = \frac{\lambda_{AB}}{\sigma_p} \quad (1)$$

O valor do diâmetro médio dos poros foi fornecido, $\sigma_p = 2{,}46\ nm$, enquanto o do caminho livre médio entre as moléculas A (CO_2) e B (N_2) o será por meio da Equação (3.16), aqui retomada em termos do diâmetro de colisão,

$$\lambda_{AB} = \frac{RT}{N_0\sqrt{2}\pi\sigma_{AB}^2 P} \quad (2)$$

em que σ_{AB} é o diâmetro de colisão entre as moléculas A e B, cujo valor, tendo em vista a natureza de ambas as moléculas, será estimado pelas Equações (3.20) e (3.21), resultando em

$$\sigma_{AB} = 0{,}59\left(V_{b_A}^{1/3} + V_{b_B}^{1/3}\right) \quad (3)$$

Substituindo-se $V_{bA} = 34\ cm^3/mol$ e $V_{bB} = 31,2\ cm^3/mol$ na Equação (3), tem-se

$$\sigma_{AB} = 0,59\left[(34,0)^{1/3} + (31,2)^{1/3}\right] = 3,77\ \overset{o}{A} \tag{4}$$

Visto que $\sigma_{AB} = 3,77 \times 10^{-8}\ cm$; $N_0 = 6,023 \times 10^{23}$ *moléculas/mol*; $R = 8,3144 \times 10^7\ dyn.cm/mol.K$; $T = 28\ ^oC + 273,15 = 301,15\ K$; $P = 1,2\ bar = 1,2 \times 10^6\ dyn/cm^2$, tem-se na Equação (2),

$$\lambda_{AB} = \frac{\left(8,3144\times10^7\right)(301,15)}{\left(6,023\times10^{23}\right)\left(\sqrt{2}\pi\right)\left(3,77\times10^{-8}\right)^2\left(1,2\times10^6\right)} = 5,486\times10^{-6}\ \text{cm} = 54,86\,\text{nm} \tag{5}$$

Substituindo-se esse valor em conjunto com $\sigma_p = 2,46\ nm$ na Equação (1),

$$\text{Kn} = \frac{54,86}{2,46} = 22,30 \tag{6}$$

Nota-se, portanto, que $Kn >> 1$. Por inspeção da Tabela 7.3, verifica-se que o mecanismo de difusão de Knudsen é preponderante. Nesse caso, emprega-se a Equação (7.18), todavia, para a mistura molar pretendida neste exemplo,

$$D_k = 4,85\times10^3\sigma_p\left(\frac{T}{M}\right)^{1/2} \tag{7}$$

A massa molar da mistura binária é obtida a partir da Equação (2.86),

$$M = y_A M_A + y_B M_B \tag{8}$$

Verifica-se, do enunciado, que $y_A = 0,22$; $M_A = 44,01\ g/mol$; $y_B = 0,78$; $M_B = 28,013\ g/mol$. Levando-se tais informações à Equação (8), tem-se

$$M = (0,22)(44,01) + (0,78)(28,013) = 31,53\ \text{g/mol} \tag{9}$$

De posse de $M = 31,53\ g/mol$; $\sigma_p = 2,46\ nm = 2,46 \times 10^{-7}\ cm$; e $T = 301,15\ K$, tem-se da Equação (7)

$$D_k = \left(4,85\times10^3\right)\left(2,46\times10^{-7}\right)\left(\frac{301,15}{31,53}\right)^{1/2} = 3,672\times10^{-3}\ \text{cm}^2/\text{s} \tag{10}$$

Uma vez que a difusão superficial é desprezível e considerando-se que foram fornecidos os valores da tortuosidade da matriz porosa, $\tau = 2{,}2$, e de sua porosidade média, $\varepsilon_p = 0{,}47$, o valor da difusividade efetiva advém da Equação (7.19),

$$D_{ef} = D_{k,ef} = D_k \frac{\varepsilon_p}{\tau} \tag{11}$$

ou

$$D_{k,ef} = \left(3{,}672 \times 10^{-3}\right) \frac{(0{,}47)}{(2{,}2)} = 0{,}785 \times 10^{-3}\ \text{cm}^2/\text{s} \tag{12}$$

7.5 DIFUSÃO CONFIGURACIONAL

A difusão de Knudsen representa o caso-limite de difusão molecular de gases em matrizes porosas, em que o encontro mútuo das moléculas dentro do espaço vazio dos poros pode ser negligenciado e o tempo entre as colisões entre elas e com as paredes dos poros excede significativamente o tempo de interação entre as paredes dos poros e as moléculas (BUNDE et al., 2005). Há sólido natural ou artificialmente poroso que apresenta diâmetro de poro da mesma ordem de grandeza daquele associado ao difundente, Figura 7.5, caracterizando a difusão configuracional ou intracristalina.

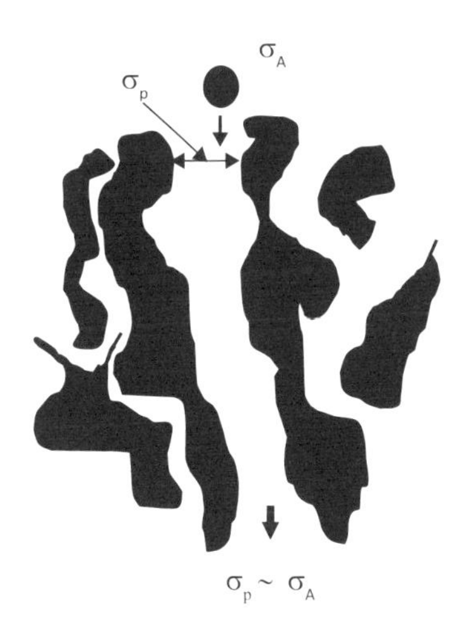

Figura 7.5 – Representação da difusão configuracional.

A difusão mássica nesse tipo de material é governada basicamente pela presença de microporos (difusão intracristalina), verificando-se, além do fator configuração, interações de campo potencial entre a matriz porosa e difundente (SCHWANKE, 2003; DANTAS, 2009), em que as moléculas não escapam do campo de força exercido pelas paredes dos poros (GUIMARÃES, 2011). A mobilidade do soluto, portanto, é regida por saltos energéticos para a ocupação de microporos mediante processo ativado, resultando na equação para o cálculo do valor da difusividade intracristalina semelhante à Equação (6.17), aqui retomada como

$$D_c = D_0 \exp\left(-\frac{Q}{RT}\right) \tag{7.23}$$

Convém destacar que existem materiais de alto valor agregado, como sílicas, carvões e aluminas ativados, que apresentam o inconveniente de conter distribuição dispersa de tamanho de poros (SCHWANKE, 2003). Sob esse aspecto, advém uma classe de materiais microporosos, denominados zeólitas, que dispõem de distribuição uniforme de tamanhos de poros. As zeólitas são silicatos hidratados de alumínio do grupo dos alcalinos terrosos. Apresentam estrutura cristalina formada pela união de unidades primárias de tetraedros de SiO_4^{-4} e AlO_4^{-5}, que ocorre por meio de átomos de oxigênio, originando uma rede uniforme de microporos (BERNARDO, 2011). Segundo Guimarães (2011), a estrutura básica primária tetraédrica pode levar a diferentes interações tridimensionais complexas. Essa autora ressalta que, como consequência, diferentes geometrias podem ser formadas, desde grandes cavidades internas até séries de canais que atravessam toda a zeólita, conforme ilustra a Figura 7.6.

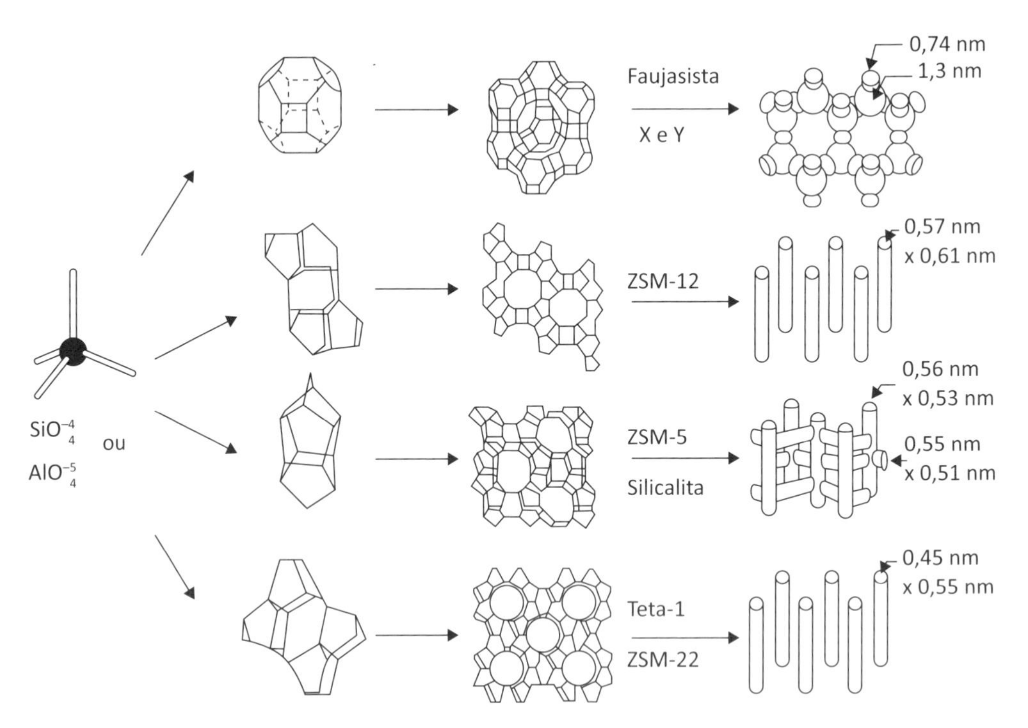

Figura 7.6 – Estrutura de zeólitas (faujasista, *ZSM-12*, *ZSM-5* e *Teta 1*) e respectivos sistemas de microporos e dimensões (GUIMARÃES, 2011, baseada em de WEITKAMP, 2000).

A estrutura dos materiais zeolíticos forma canais regulares com diâmetro de até de *1 nm*, aproximadamente. O tamanho do poro é definido como a abertura bidimensional da zeólita, determinada pelo número de átomos tetraédricos ligados em sequência. É importante destacar que a sua estrutura cristalina caracteriza-se por apresentar uniformidade quanto às dimensões de seus poros, sendo capazes de selecionar moléculas que, por sua forma e tamanho, podem acessar o sistema poroso. O fato de que o diâmetro crítico, σ_c, que se refere ao diâmetro mínimo, cilíndrico, da matriz que pode abrigar a molécula do soluto em sua conformação mais favorável no equilíbrio (CÍVICOS, 2006) de diversas moléculas é semelhante às dimensões dos canais de determinada zeólita, leva-a a atuar como peneira molecular, devido a sua restrição à difusão de certa molécula através dos canais que a compõe (GUIMARÃES, 2011). Um exemplo característico é a separação de moléculas isômeras. Ao se estudar a difusão intracristalina de n-butano ($\sigma_c = 4{,}3$ Å) e isobutano ($\sigma_c = 5{,}0$ Å) em silicalita a *61* °C, cujo valor do diâmetro médio de poros é cerca de *5,5* Å, verifica-se que os valores do coeficiente de difusão intracristalina são iguais, respectivamente, a $11{,}0 \times 10^{-8}\ cm^2/s$ e $5{,}5 \times 10^{-8}\ cm^2/s$. O menor valor para o isobutano está associado tanto à sua massa molar quanto à característica ramificada de sua cadeia, dificultando a sua difusão, conforme ilustra a Figura 7.7.

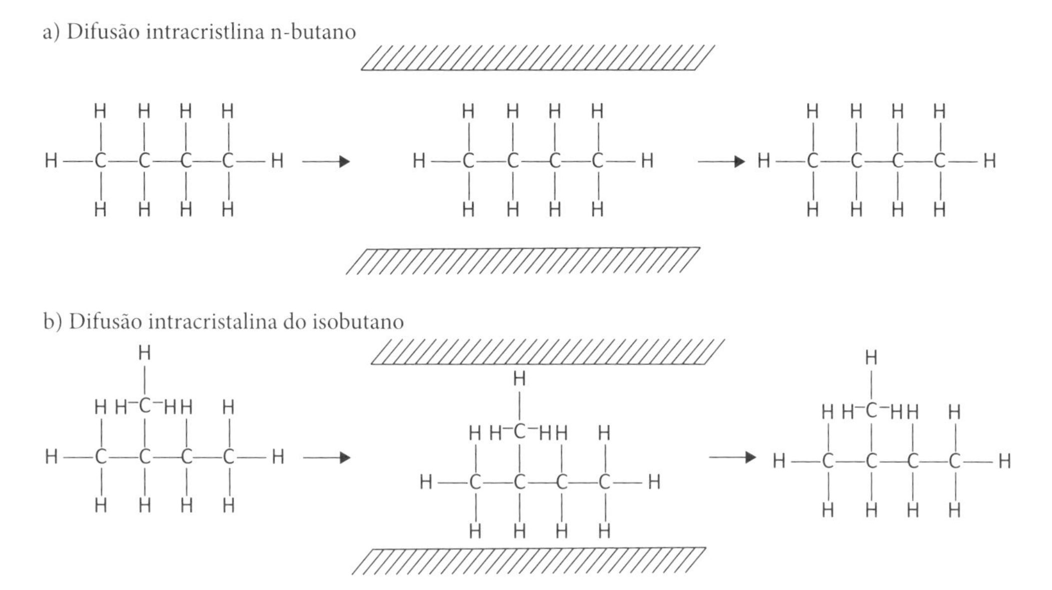

Figura 7.7 – Ilustração da difusão configuracional de alcanos em silicalita. Observe que a molécula do isobutano ocupa mais espaço, no poro, quando comparada com o mesmo espaço ocupado pela molécula do n-butano.

Nota-se, portanto, que o tamanho uniforme dos poros e o da molécula difundente determina a sua separação daquelas que apresentarem diâmetro superior ao dos poros. Uma relação empregada para avaliar tal separação é posta como

$$\lambda_c = \frac{\sigma_c}{\sigma_{p,\,máx}} \tag{7.24}$$

em que $\sigma_{p,máx}$ é o valor da maior abertura da cavidade intracristalina da zeólita. A título de ilustração, retoma-se o exemplo da difusão de n-butano ($\sigma_c = 4{,}3$ Å) e isobutano ($\sigma_c = 5{,}0$ Å) em silicalita a *61* °C, cujo diâmetro máximo de poros é igual a $\sigma_{p,máx} = 5{,}6$ Å (veja a Figura 7.6), resultando, respectivamente, $\lambda_c = 0{,}768$ e $\lambda_c = 0{,}893$.

Exemplo 7.4

No que se refere à indústria do refino do petróleo, e em especial ao uso de gasolina automotiva, tem-se a preocupação com a eficiência e a qualidade da combustão. No caso específico da gasolina, a qualidade da combustão é acompanhada por inspeção do *research octane number* (RON). Esse termo é utilizado para expressar o número de octanagem da gasolina, sendo que altos índices de octanagem refletem-se em melhoria de desempenho de veículos automotivos, diminuindo o impacto ambiental gerado por emissões dos produtos da reação de combustão. O valor do número de octanagem da gasolina, definido como o índice de resistência à detonação de combustíveis, é maior em moléculas de alcanos ramificados do que aqueles encontrados em alcanos lineares, conforme ilustra a Tabela 1, para o n-hexano (n-C_6) e seus isômeros 3-metilpentano (*3-MP*), 2,3-dimetilbutano (*2-3-DMB*) e 2,2-dimetilbutano (*2,2-DMB*). As parafinas lineares tornam-se indesejáveis na composição da gasolina porque conferem baixo valor de octanagem. Por outro lado, parafinas ramificadas podem contribuir positivamente para o melhoramento da qualidade desse combustível. Essa propriedade é particularmente explorada na produção de parafinas C_5-C_6 altamente ramificadas e adicionadas à gasolina para aumentar o seu número de octanagem. Existe, portanto, o interesse na separação de isômeros de alcanos na intenção de se produzir gasolina com elevada octanagem (GUIMARÃES, 2011). Dentre os processos de separação, destaca-se o emprego da adsorção utilizando-se matrizes microporosas que atuam como peneiras moleculares. Dentre essas, pode-se citar a zeólita β. Essa zeólita é classificada como aluminossilicato de microporos grandes, polimorfo e tridimensional, com anéis de *12* membros na sua estrutura (Figura 7.8a). Devido à sua estrutura polimorfa, a zeólita β é formada pelo intercrescimento desordenado de duas estruturas distintas. Esse intercrescimento pode favorecer o aparecimento de falhas de empilhamento resultantes do deslocamento das camadas no plano [001]. No que se refere à arquitetura dos poros, a zeólita β apresenta canais retos com abertura de $5{,}6 \times 5{,}6$ Å (Figura 7.8b) e canais tortuosos que apresentam aberturas de $6{,}6 \times 7{,}7$ Å (Figura 7.8c). Esse material é considerado interessante do ponto de vista catalítico devido às suas características de elevada acidez, estabilidade térmica e facilidade de difusão de moléculas relativamente grandes através de seus canais (GUIMARÃES, 2011).

Tabela 1 – Número de octanagem em função do *research octane number* (RON) (CÍVICOS, 2006)

n-C_6	3-MP	2,3-DMB	2,2-DMB
30	75,5	105	90

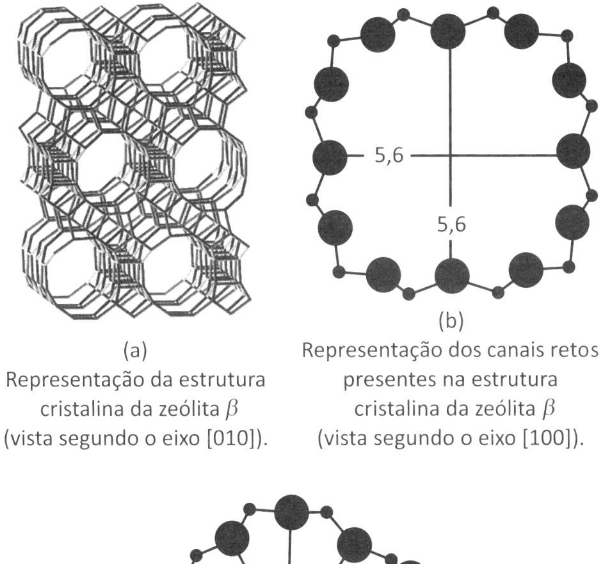

(a)
Representação da estrutura cristalina da zeólita β (vista segundo o eixo [010]).

(b)
Representação dos canais retos presentes na estrutura cristalina da zeólita β (vista segundo o eixo [100]).

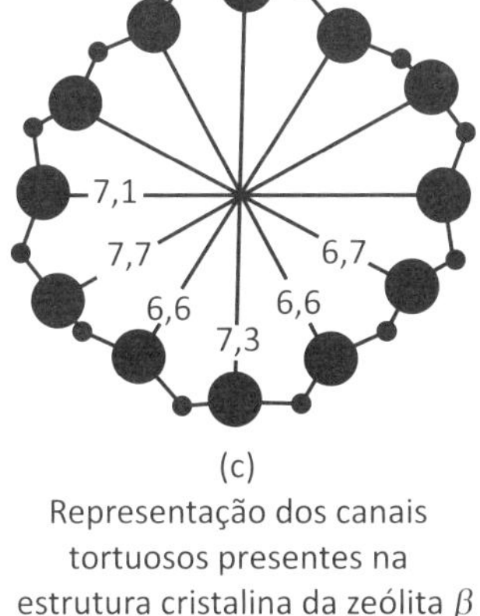

(c)
Representação dos canais tortuosos presentes na estrutura cristalina da zeólita β (vista segundo o eixo [001]).

Figura 7.8 – Estrutura das zeólitas β (GUIMARÃES, 2011).

Considerando-se que o diâmetro médio dos cristalitos da zeólita β avaliada por Guimarães (2011) é igual a $d_{cr} = 14{,}0\ nm$, bem como os valores para D_c/r_c^2 (com $r_c = d_{cr}/2$) encontrados por essa autora para n-hexano e seus isômeros *3-MP*, *2,3-DMB* e *2,2-DMB*, em diversas temperaturas, apresentados na Tabela 2, pede-se:

a) Obtenha expressões para o coeficiente de difusão intracristalina para cada um desses compostos na forma da equação de Dushman-Langmuir.

b) Assumindo que a frequência de vibração é $10^{12}\ Hz$ (XIAO, 1990) e que o comprimento característico do salto energético, δ, é da mesma ordem de grandeza do que o raio médio dos cristalitos, r_c, bem como o valor do número de coordenação é igual a *6* (XIAO, 1990, menciona que o fator de coordenação, *z*, para *ZSM-5* é *4*; e $z = 6$ para zeólita 5A) e obtenha valores para ΔS_m difusional do n-hexano e de seus isômeros.

Tabela 2 – Valores de $D_c/r_c^2 \times 10^3\ (s^{-1})$ para n-hexano e seus isômeros (GUIMARÃES, 2011)

T (ºC)	n-C_6	3-MP	2,3-DMB	2,2-DMB
100	1,04	1,20	0,79	0,49
150	4,40	2,10	1,00	0,90
200	15,00	3,00	2,50	1,22

Solução:

a) pode-se retomar a Equação (7.23) na forma

$$\left(\frac{D_c}{r_c^2}\right) = \left(\frac{D_0}{r_c^2}\right)\exp\left(-\frac{Q}{RT}\right) \tag{1}$$

e, linearizando-a,

$$\ell n\left(\frac{D_c}{r_c^2}\right) = \ell n\left(\frac{D_0}{r_c^2}\right) - Q\left(\frac{1}{RT}\right) \tag{2}$$

A construção do gráfico $\ell n\left(D_c/r_c^2\right) vs. \left(1/RT\right)$ fornece o valor da energia de ativação difusional, Q, enquanto coeficiente de inclinação; e o coeficiente de intersecção fornece D_0/r_c^2. Da Tabela 2.1 tem-se $R = 8,3145\ J/(mol.K)$; considerando-se os valores encontrados na Tabela 1 e empregando-se, todavia, a temperatura em Kelvin, constrói-se a Figura 1, obtendo-se os valores para D_0/r_c^2 e Q, bem como os valores do coeficiente de determinação para cada reta obtida, cujos valores estão apresentados na Tabela 3.

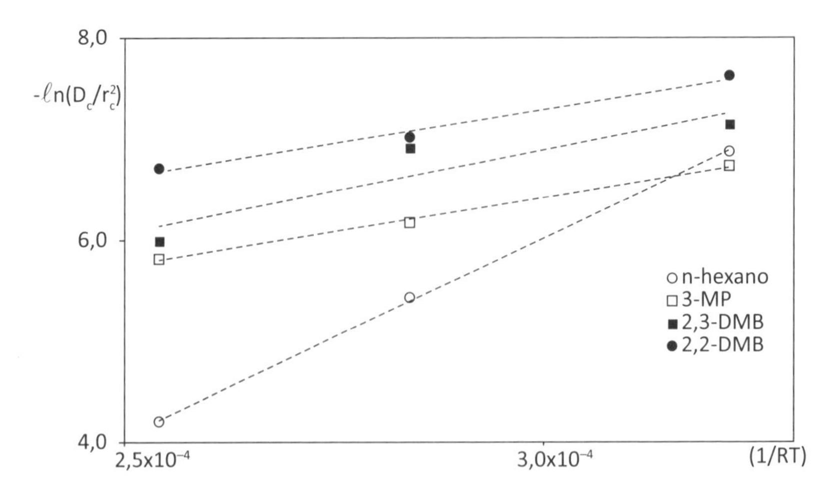

Figura 1 – Obtenção da energia difusional do n-hexano e de seus isômeros.

Tabela 3 – Valores de D_0/r_c^2, Q e r^2 para o n-hexano e seus isômeros

	$n\text{-}C_6$	3-MP	2,3-DMB	2,2-DMB
D_0/r_c^2 (s^{-1})	306,74	0,0946	0,1403	0,0392
Q (J/mol)	39.121	13.505	16.441	13.504
r^2	0,9995	0,9852	0,8506	0,9965

b) A obtenção do valor de ΔS_m advém do emprego da Equação (6.16),

$$D_0 = \frac{1}{z}\omega\delta^2 \exp\left(\frac{\Delta S_m}{R}\right) \tag{3}$$

ou

$$\Delta S_m = R\ell n\left(\frac{zD_0}{\omega\delta^2}\right) \tag{4}$$

Uma vez que se assumiu $z = 6$, $\omega = 10^{12}$ Hz e $\delta = r_c$, a Equação (4), com $R = 8{,}3145$ $J/(mol.K)$, é posta na forma

$$\Delta S_m = (8{,}3145)\ell n\left[\left(6{,}0\times 10^{-12}\right)\left(\frac{D_0}{r_c^2}\right)\right] \tag{5}$$

A partir dos valores de D_0/r_c^2,encontrados na Tabela 1, pode-se substituí-los na Equação (5), fornecendo os resultados contidos na Tabela 3.

Tabela 4 – Valores de ΔS difusional para o n-hexano e seus isômeros

	$n\text{-}C_6$	3-MP	2,3-DMB	2,2-DMB
ΔS_m (J/mol.K)	−167,23	−234,45	−231,77	−241,77

CAPÍTULO 8
DIFUSÃO MÁSSICA EM MEMBRANAS

8.1 MEMBRANAS

As membranas atuam como barreiras à difusão mássica, sendo empregadas na separação de soluções líquidas e misturas gasosas, tais como na remoção do oxigênio do ar; na remoção do CO_2 do metano presente em gás natural (GEISE et al., 2011). São compostas de materiais inorgânicos ou orgânicos. As primeiras são constituídas, por exemplo, de materiais cerâmicos, cuja manufatura leva à formação de poros, sendo indicadas nas indústrias alimentícias quando empregadas em operações de filtração e, usualmente, tratadas como membranas fickianas, ou seja, aquelas em que não há variação de seu volume quando submetidas ao processo de transferência de massa. O fenômeno difusivo mássico nesse tipo de material é semelhante àquele descrito para sólidos porosos, governado, dessa maneira, pela morfologia da matriz associada às características do soluto (CREMASCO, 2015). As membranas manufaturadas por compostos orgânicos são normalmente classificadas como membranas densas, cuja descrição da difusão mássica dá-se em virtude das características dos polímeros que as constituem, e o enfoque para o mecanismo difusivo ocorre a partir de análise termodinâmica, comungada com o processo de estado ativado.

Devido à natureza da membrana, do tipo de soluto e da presença ou não de particulado em suspensão, membranas com diferentes tamanhos e distribuição de poros ou densas são empregadas na microfiltração (*MF*), ultrafiltração (*UF*), nanofiltração (*NF*), osmose inversa (*OI*) (HABERT; BORGES; NOBREGA, 2006). De acordo com Habert, Borges e Nobrega (2006), tais processos podem ser entendidos como extensão dos processos clássicos de filtração, supondo-se, no caso da *OI*, a não existência de poros na superfície da membrana. A Tabela 8.1 apresenta tais processos destinados à retenção de classes de solutos em função de suas características.

Tabela 8.1 – Espécies retidas nos processos OI, NF, UF, MF (HABERT; BORGES; NOBREGA, 2006)

Espécie	Massa molar (Da)	Tamanho (nm)	Processos aplicáveis			
			OI	NF	UF	MF
Leveduras e fungos		10^3-10^4				X
Células bacterianas		300-10^4			X	X
Coloides		100-10^3			X	X
Vírus		30-300			X	X
Proteínas	10^4-10^6	2-10			X	
Polissacarídeos	10^3-10^6	2-10		X	X	
Enzimas	10^3-10^6	2-5		X	X	
Açúcares simples	200-500	0,8-1,0	X	X		
Orgânicos	100-500	0,4-0,8	X	X		
Íons inorgânicos	10-100	0,2-0,4	X			

8.2 DIFUSÃO EM MEMBRANAS POROSAS

A difusão mássica através de membranas cerâmicas porosas pode relacionar-se com o diâmetro dos poros segundo a classificação apresentada na Tabela 7.1. No caso da difusão de gases em macroporos ($\sigma_p > 50\ nm$), há basicamente escoamento viscoso sem o processo de separação e a difusão de Knudsen; em mesoporos ($2 < \sigma_p < 50\ nm$), ocorrem a difusão de Knudsen e a difusão superficial/condensação capilar; e em microporos ($\sigma_p < 2\ nm$) observam-se os efeitos de peneira molecular. A difusão superficial e a condensação por capilaridade acontecem quando a molécula do penetrante é adsorvida pelos poros da membrana ou condensada nos poros devido às forças capilares (FINOL; CORONAS, 1999). No caso da condensação por capilaridade, esta se dá quando o soluto está na forma de vapor. A Figura 8.1 ilustra tais mecanismos.

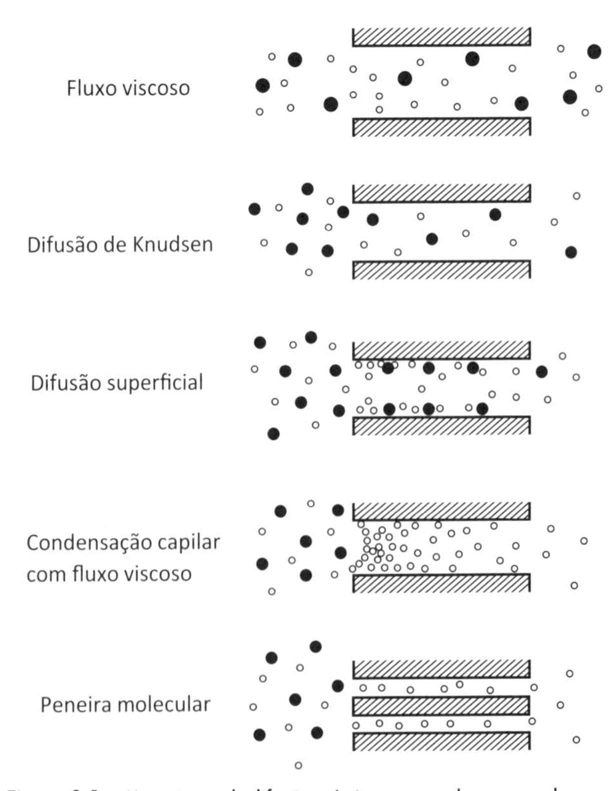

Figura 8.1 – Mecanismos de difusão mássica encontrados em membranas cerâmicas porosas (baseada em ASAEDA; DU, 1986).

8.2.1 ESCOAMENTO VISCOSO OU CAPILAR

Enquanto a difusão de Knudsen, a difusão superficial e a configuracional (peneira molecular) foram abordadas no capítulo anterior, resta deter-nos no mecanismo do fluxo viscoso, geralmente denominado modelo de Hagen-Poiseuille ou capilar. Considerando-se que a membrana venha a se constituir enquanto matriz porosa, que apresenta macroporos, Figura 8.2, esta pode estar sujeita à ação de pressão, que provoca escoamento darcyniano no seu interior, caracterizando o fenômeno reconhecido como fluxo viscoso (ou laminar ou capilar).

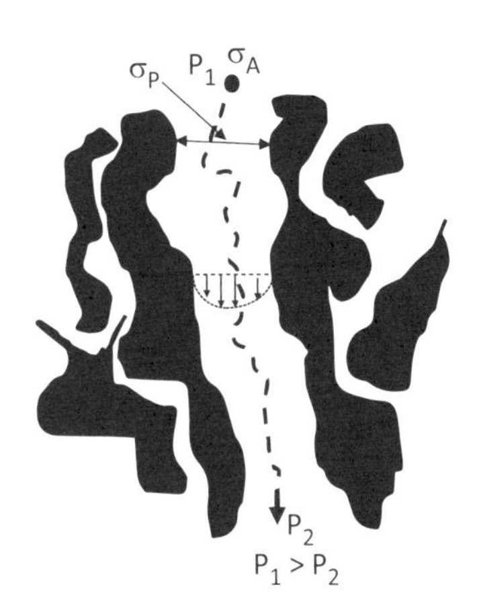

Figura 8.2 – Representação da difusão capilar.

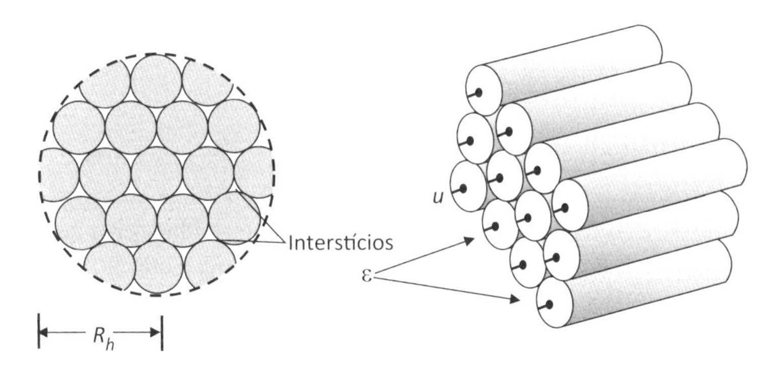

Figura 8.3 – Representação do modelo capilar (baseada em CREMASCO, 2014).

O modelo capilar parte do princípio de se descrever o meio poroso por meio de feixe de dutos, conforme ilustra a Figura 8.3. Esse modelo permite a analogia entre o escoamento darcyniano no meio poroso, em termos da permeabilidade da matriz porosa, *k*,

$$-\frac{dP}{dz}=\frac{\eta}{k}\varepsilon u \tag{8.1}$$

e a equação clássica de Hagen-Poiseuille para o escoamento laminar totalmente desenvolvido através de um capilar de raio hidráulico, R_h (EPSTEIN, 1989; CREMASCO, 2014):

$$-\frac{dP}{dz}=\frac{\eta}{\left(R_h^2/\beta\right)}u \tag{8.2}$$

em que u é a velocidade média do fluido; R_h é o raio hidráulico do duto; e β, o fator adimensional que depende da forma da seção transversal do duto, sendo igual a 5 para partículas esféricas (CREMASCO, 2014). Igualando-se as Equações (8.1) e (8.2), resulta em

$$k = \varepsilon \left(\frac{R_h^2}{\beta} \right) \tag{8.3}$$

a qual fornece a dependência da permeabilidade da matriz porosa, k, com a fração de vazios, ε, e o raio hidráulico da matriz porosa. O raio hidráulico, por sua vez, depende da fração de vazios e da superfície específica do meio, S_V, de acordo com a equação (MASSARANI, 1997)

$$R_h = \frac{\varepsilon}{S_V} \tag{8.4}$$

em que

$$S_V = \frac{6}{\phi d_p}(1-\varepsilon) \tag{8.5}$$

d_p é identificado ao diâmetro médio de Sauter e ϕ, à esfericidade da partícula. Substituindo-se a Equação (8.5) na Equação (8.4) e o resultado na Equação (8.3),

$$k = \frac{(\phi d_p)^2}{36\beta} \left[\frac{\varepsilon^3}{(1-\varepsilon)^2} \right] \tag{8.6}$$

que é a equação Kozeny-Carman, a qual permite correlacionar a permeabilidade com as propriedades da partícula e a fração de vazios do meio poroso. Em se tratando de matriz porosa, como aquela ilustrada na Figura 8.4, pode-se retomar a equação de Darcy, Equação (8.1), segundo

$$\frac{\Delta P}{\delta} = \frac{\eta}{k(\varepsilon_p)} \varepsilon_p u_A \tag{8.7}$$

em que ΔP é a diferença de pressão à qual a matriz porosa está sujeita; δ é a espessura da matriz; ε_p, a porosidade média da matriz porosa que apresenta diâmetro médio de poros igual a σ_p. Rearranjando-se a Equação (8.7),

$$u_A \delta = \frac{k(\varepsilon_p)}{\eta \varepsilon_p} \Delta P \tag{8.8}$$

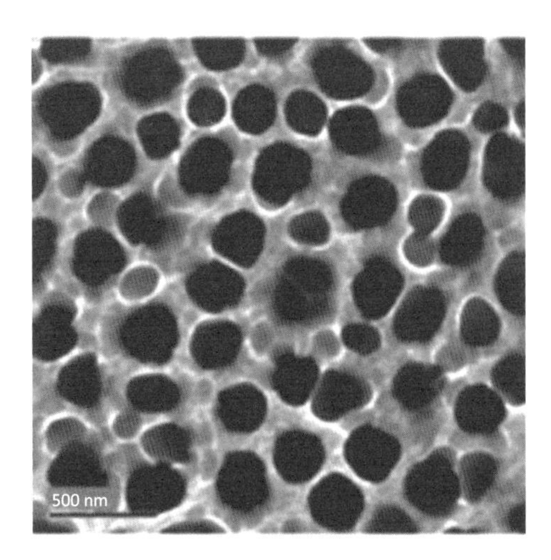

Figura 8.4 – Imagem de uma matriz porosa de nanotubos de carbono vista por microscópico eletrônico de varredura de uma membrana (COOPER et al., 2004).

Ao se inspecionar o termo do lado esquerdo da Equação (8.8) e o comparando com a Equação (1.20), identifica-se u_A à mobilidade do soluto A, e δ ao seu percurso característico, considerando-se a espessura da matriz porosa, de modo que se tem $D_{V,ef} \equiv u_A \delta$, que, substituído na Equação (8.8), fornece

$$D_{V,ef} = \frac{k(\varepsilon_p)}{\eta \varepsilon_p} \Delta P \tag{8.9}$$

Isso posto, define-se o coeficiente de difusão capilar (ou viscosa), D_V, associando-o à difusividade efetiva, D_{ef}, de igual forma à Equação (7.3),

$$D_V = \frac{D_{V,ef}}{\varepsilon_p} \tag{8.10}$$

resultando em

$$D_V = \frac{k(\varepsilon_p)}{\eta \varepsilon_p^2} \Delta P \tag{8.11}$$

A permeabilidade, $k(\varepsilon_p)$, é identificada à equação da Kozeny-Carman, para poros esféricos, na forma

$$k(\varepsilon_p) = \frac{\sigma_p^2}{180} \left[\frac{(1-\varphi)^3}{\varphi^2} \right] \tag{8.12}$$

na qual, à semelhança da Equação (7.6),

$$\varphi = 1 - \varepsilon_p \tag{8.13}$$

A permeabilidade também pode ser descrita em função da tortuosidade, τ, da matriz porosa como

$$k\left(\varepsilon_p\right) = \frac{\sigma_p^2}{36} \frac{\left(1-\varphi\right)^2}{\tau} \tag{8.14}$$

Considerando-se a Equação (8.13) na Equação (8.14) e o resultado obtido na Equação (8.11), tem-se

$$D_V = \frac{\sigma_p^2}{36\eta\tau} \Delta P \tag{8.15}$$

que é equação clássica representativa do modelo de Hagen-Poiseuille, e o mecanismo difusivo é reconhecido como difusão de Poiseuille, difusão viscosa ou capilar. É importante ressaltar que o modelo aqui apresentado é indicado para a situação em que a matriz porosa é assumida não deformável, ou seja, em linguagem de filtração clássica, não há formação de torta, não contendo, portanto, acúmulo de soluto na membrana considerada.

No caso da difusão de gases e ocorrendo concomitantemente a difusão de Knudsen na matriz porosa, o coeficiente efetivo de difusão, à semelhança da Equação (7.21), advém da equação de Bosanquet na forma

$$\frac{1}{D_{ef}} = \frac{1}{\varepsilon_p D_V} + \frac{1}{D_{k,ef}} \tag{8.16}$$

Uma das maneiras de se avaliar os coeficientes efetivos de difusão de gases/vapores no caso de membranas porosas é por meio da permeância molar (*mol/área.unidade de pressão*), definida como

$$G = \frac{J_A}{\Delta P} \tag{8.17}$$

sendo J_A o fluxo molar do soluto através da membrana; e ΔP, a diferença de pressão a qual a matriz está sujeita. No caso da difusão de gases, a permeância molar é, geralmente, expressa como (SHEHU; OKON; GOBINA, 2015)

$$G = G_{Kn} + \bar{P} G_V \tag{8.18}$$

sendo $\overline{P}$ o valor médio das pressões entre a alimentação e a saída do permeado; G_{Kn}, a permeância molar devido à difusão de Knudsen, obtida de

$$G_{Kn} = \frac{D_{k,ef}}{\delta RT} \tag{8.19}$$

e G_V é a permeância molar devido ao fluxo viscoso na matriz considerada, advinda de

$$G_V = \frac{\varepsilon_p}{\delta RT}\left(\frac{D_V}{\Delta P}\right) \tag{8.20}$$

No processamento de fase líquida, com o intuito de remoção de componentes presentes em tal fase, que apresentam considerável tamanho e alta massa molar, é possível o emprego de membranas porosas. Nessa situação, a matriz porosa é caracterizada por apresentar, basicamente, mesoporos e macroporos e, portanto, o mecanismo difusivo é regido pelo fluxo viscoso (ou difusão de Poiseluille), cuja força motriz é o gradiente de pressão, apresentando analogia com a filtração convencional (STRÖHER et al., 2012). O fluxo mássico do permeado (fase líquida isenta de contaminantes) é descrito por (SILVA; SCHEER, 2011)

$$j_m = \frac{\Delta P}{\eta R_T} \tag{8.21}$$

em que ΔP é a pressão aplicada sobre a membrana; η, a viscosidade dinâmica da corrente de permeado; R_T, a resistência total do processo,

$$R_T = R_M + R_F + R_P \tag{8.22}$$

em que R_M é a resistência intrínseca da membrana; R_F, a resistência devida aos efeitos de *fouling*, que pode ser definido como a deposição irreversível de partículas retidas, coloides, emulsões, suspensões, macromoléculas, sais etc., na superfície da membrana (ALICIEO et al., 2008); R_P, a resistência devido à polarização em consequência da concentração do soluto. Ao se guardar a analogia com a abordagem clássica da filtração, o termo $R_F + R_P$ está associado à resistência oferecida pela torta. Já o fluxo mássico do permeado é definido por

$$j_m = \frac{m}{(\text{Área})(\text{tempo})} \tag{8.23}$$

sendo m o valor da massa do permeado anotado no tempo t de filtração; *Área* refere-se à área efetiva de filtração.

Exemplo 8.1

Diversos segmentos industriais, como os relacionados a tintas, têxteis, papéis e plásticos, empregam corantes em seus produtos, utilizando-se considerável volume de água e, como resultado, há produção de quantidade expressiva de água residuária que deve ser tratada, objetivando a remoção de produtos indesejáveis (STRÖHER et al., 2012). Problema análogo encontra-se na clarificação de bebidas, tais como cerveja (ALICIEO et al., 2008) e vinho (PINTO et al., 2008), na intenção de remover a turbidez, provocada por, entre outros contaminantes, coloides em suspensão. Outra situação é aquela encontrada no processamento de biodiesel, cujo desafio é assegurar a qualidade do produto, evitando-se, nele, a presença de triglicerídeos e lipídios não reagidos (GOMES et al., 2011). Há de se observar que a fase líquida a ser tratada em tais processos apresenta componentes de considerável tamanho e de elevada massa molar. Nesse caso, utilizam-se equipamentos destinados a operações de transferência de massa tendo como base o emprego de membranas, em particular, membranas cerâmicas (ou inorgânicas). Conforme apontado por Alicieo et al. (2008), as membranas cerâmicas apresentam durabilidade a altas temperaturas, resistência a solventes orgânicos, razoável resistência mecânica, além de resistirem ao ataque biológico e à esterilização a vapor. Ao se observar o modelo apresentado para a descrição do mecanismo difusivo encontrado nesse tipo de matriz porosa, Equações (8.21) a (8.23), constata-se uma resistência inerente à própria matriz, R_M, tendo em vista o material de que é feita; área específica, diâmetro de poro, porosidade. Esta contribuição pode ser obtida empregando-se um solvente que não interage com a matriz porosa e distinto do líquido por ela a ser processado.

Assim sendo, obtenha o valor do coeficiente efetivo de difusão de Poiseuille, empregando a equação de Kozeny-Carman para a obtenção da permeabilidade da matriz porosa, para as membranas cerâmicas α-alumina e γ-alumina, cujas características estão apresentadas na Tabela 1. Para tanto, empregou-se água a $25\ ^oC$ ($\eta = 0{,}8911\ cP$; TANAKA et al., 1977), e $\Delta P = 0{,}5\ bar$ através das membranas.

Tabela 1 – Características das membranas cerâmicas (BARBOSA; BARBOSA; RODRIGUES, 2014)

Propriedades	α-alumina	γ-alumina
σ_p (nm)	710	20
ε_p (-)	0,334	0,380

Solução: a determinação do valor de $D_{V,ef}$ advém do emprego da Equação (8.9), aqui posta como

$$D_{V,ef} = \frac{k(\varepsilon_p)}{\eta \varepsilon_p} \Delta P \tag{1}$$

com a permeabilidade, $k(\varepsilon_p)$, identificada à equação de Kozeny-Carman, para poros esféricos, na forma da Equação (8.12), que, considerando-se a Equação (8.13), é retomada na forma

$$k\left(\varepsilon_p\right) = \frac{\sigma_p^2}{180}\left[\frac{\varepsilon_p^3}{\left(1-\varepsilon_p\right)^2}\right] \tag{2}$$

Substituindo-se a Equação (2) na Equação (1), tem-se

$$D_{V,ef} = \frac{\sigma_p^2}{180}\frac{\Delta P}{\eta}\left(\frac{\varepsilon_p}{1-\varepsilon_p}\right)^2 \tag{8.24}$$

Tendo em vista que $\eta = 0{,}8911\ cP = 0{,}8911 \times 10^{-2}\ P$; $\Delta P = 0{,}5\ bar = 0{,}5 \times 10^6\ dyn/cm^2$; $1\ nm = 1 \times 10^{-7}\ cm$, pode-se utilizar as informações contidas na Tabela 1 e obter os valores de $D_{V,ef}$ por meio da Equação (8.24), cujos resultados estão apresentados na Tabela 2.

Tabela 2 – Valores estimados para o $D_{V,ef}$

	α-alumina	**γ-alumina**
$D_{V,ef}$ (cm^2/s)	$3{,}95 \times 10^{-4}$	$4{,}68 \times 10^{-7}$

8.3 DIFUSÃO EM MEMBRANAS POLIMÉRICAS

As membranas orgânicas, utilizadas normalmente na indústria química e correlatas, são as membranas isotrópicas densas. Essas membranas, como decorrência de sua preparação a partir de soluções poliméricas (Figura 8.5), são conhecidas como membranas poliméricas isentas de poros ou membranas densas. O fenômeno da difusão mássica é governado pela interação soluto-polímero. A mobilidade de segmentos da cadeia polimérica é relacionada ao volume livre do sistema, que, por sua vez, está associado ao volume vazio da estrutura semicristalina ou amorfa do polímero, que pode ser – de certo modo – visto como aberturas ocasionadas pela flutuação térmica das moléculas presentes na cadeia polimérica ou devido à configuração aleatória de agrupamentos moleculares (YASUDA; LAMAZE; IKENBERRY, 1968). Entretanto, tais vazios, que possibilitam a passagem do difundente, não são considerados como poros fixos.

As membranas poliméricas são utilizadas, por exemplo, na ultrafiltração; na dessalinização por osmose inversa de água; e na diálise, entre outras aplicações (YASUDA; LAMAZE; IKENBERRY, 1968). Certas membranas poliméricas, como acetato de celulose, são particularmente permeáveis à água e impermeáveis a sais dissolvidos, permitindo a potabilidade de águas marinhas (MERTEN, 1963). Na Figura 8.6

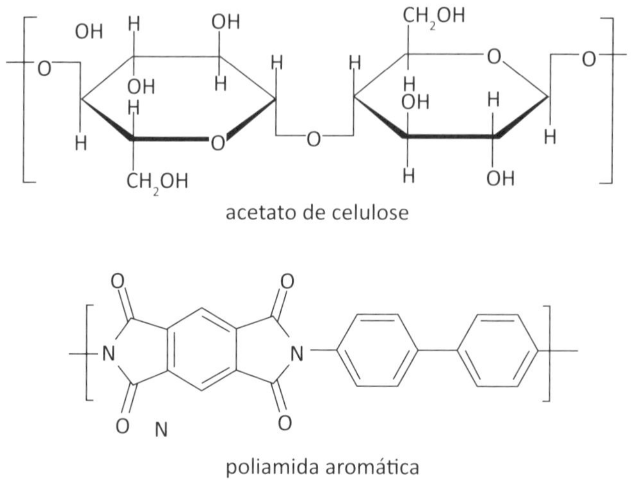

acetato de celulose

poliamida aromática

Figura 8.5 – Exemplos de membranas poliméricas (GEISE et al., 2011).

admite-se a existência de uma membrana polimérica semipermeável que atua como barreira difusiva ou como filtro molecular, identificada à região *II*, que, por sua vez, mantém fronteiras com determinada matriz porosa, região *III*, cujo escoamento é darcyniano (ou viscoso), e com duas películas de filmes, regiões *I* e *IV*, que não oferecem resistência à difusão mássica do soluto.

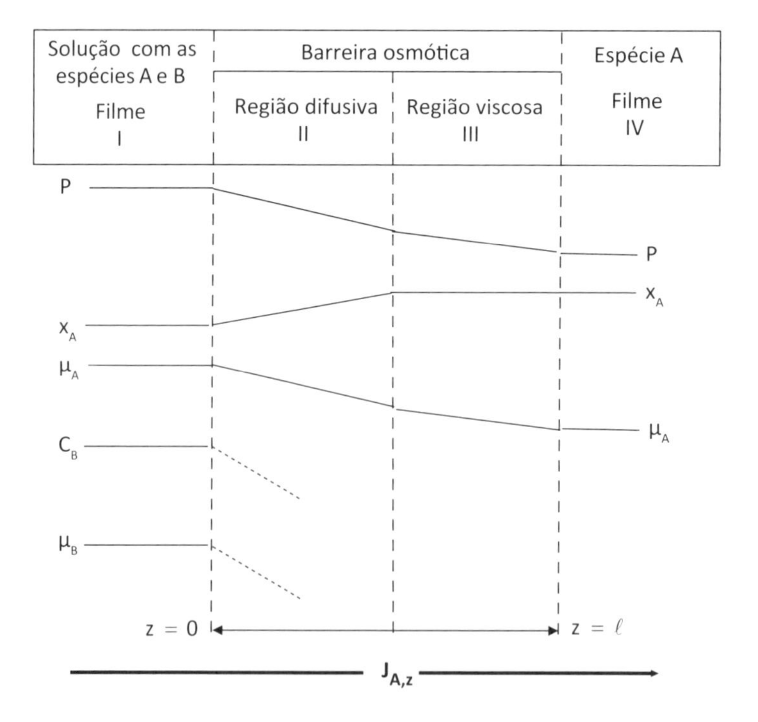

Figura 8.6 – Célula de osmose inversa (baseada em MERTEN, 1963).

Considerando-se sistema isotérmico e binário *A* e *B*, no qual a membrana é permeável à espécie *A* e impermeável à espécie *B*, o potencial químico da espécie *A* varia substancialmente ao longo da região *II* e levemente na região *III*, cujo fluxo advém da Equação (2.30), aqui retomada como

$$J_{A,z} = -L_{11}\frac{d\mu_A}{dz} \tag{8.25}$$

com o potencial químico definido de acordo com a Equação (2.56),

$$\mu_A = \mu_A^0 + RT\ell n\left(\gamma_A\, x_A\right) \tag{8.26}$$

A diferença fundamental do modelo para a osmose inversa em relação ao modelo para a difusão livre em líquidos (ou seja, sem qualquer efeito de barreira) está em que o potencial químico de referência, μ_A^0, além da temperatura de referência, é função da pressão do sistema (RUTHVEN, 2009). Assim, ao se considerar sistema isotérmico e termodinamicamente ideal, $\Gamma = 1$, e ao se diferenciar a Equação (8.26) em relação à distância z, tem-se

$$\frac{d\mu_A}{dz} = \left(\frac{\partial\mu_A^0}{\partial P}\right)\frac{dP}{dz} + RT\frac{d\ell n x_A}{dz} \tag{8.27}$$

com

$$\frac{\partial\mu_A^0}{\partial P} = \overline{v}_A \tag{8.28}$$

em que $\overline{v}_A$ é o volume parcial molar da espécie *A*, de modo que a Equação (8.28) é escrita como

$$\frac{d\mu_A}{dz} = \overline{v}_A\frac{dP}{dz} + RT\frac{d\ell n x_A}{dz} \tag{8.29}$$

Tem-se, após substituir a Equação (8.29) na Equação (8.27) e o resultado obtido na Equação (8.25),

$$J_{A,z} = -L_{11}\left(\overline{v}_A\frac{dP}{dz} + RT\frac{d\ell n x_A}{dz}\right) \tag{8.30}$$

Admitindo-se fluxo molar de *A* constante (que é válido para a condição estacionária), pode-se integrar a Equação (8.30) ao longo da espessura da membrana (veja a Figura 8.5), sendo $z = 0,\ x_A = x_{A_0};\ z = \ell,\ x_A = x_{A_L}$, resultando em (RUTHVEN, 2009)

$$\alpha \frac{x_{A_L}}{x_{A_0}} = 1 - (1-\alpha)\exp\left(\frac{\bar{v}_A \Delta P}{RT}\frac{z}{\ell}\right) \tag{8.31}$$

com

$$\Delta P = P_0 - P_\ell \tag{8.32}$$

e

$$\alpha = \left(\bar{v}_A \Delta P \frac{L_{11}}{J_{A,z}\ell}\right) \tag{8.33}$$

Explicitando-se o fluxo molar presente na Equação (8.31), tem-se

$$J_{A,z}\left(\frac{\ell}{RTL_{11}}\right) = \beta\left(\frac{x_{A_0}e^{\beta} - x_{A_L}}{e^{\beta} - 1}\right) \tag{8.34}$$

com

$$\beta = \frac{\bar{v}_A \Delta P}{RT} \tag{8.35}$$

Ao supor a nulidade para o fluxo molar, $J_{A,z} = 0$, a Equação (8.34) é retomada como

$$\frac{x_{A_L}}{x_{A_0}} = e^{\beta\pi} = \exp\left(\frac{\bar{v}_A \pi}{RT}\right) \tag{8.36}$$

Em tal situação $\pi = \Delta P$, que é a diferença da pressão osmótica entre a solução e o permeado. Quando $\beta << 1$, a Equação (8.34) reduz-se a (RUTHVEN, 2009)

$$J_{A,z}\left(\frac{\ell}{RTL_{11}}\right) \approx e^{\beta} - e^{\beta\pi} \approx \frac{\bar{v}_A}{RT}(\Delta P - \pi) \tag{8.37}$$

que é o ponto de partida para a avaliação de processos de osmose inversa.

Na situação em que $\beta >> 1$ e $x_{A_0} \rightarrow 1$, a Equação (8.34) é reescrita como (RUTHVEN, 2009)

$$J_{A,z} \approx \Pi \frac{\Delta P}{\ell} \tag{8.38}$$

reconhecida como a expressão básica para a ultrafiltração, na qual se identifica a constante de permeabilidade como

$$\Pi = \overline{v}_A L_{11} \tag{8.39}$$

ou, em termos de coeficiente de difusão na membrana, D_m, e da solubilidade, S, do soluto na membrana,

$$\Pi = D_m S \tag{8.40}$$

Os processos de osmose inversa e de ultrafiltração são similares, distinguindo-se, entretanto, na ultrafiltração, porque o valor da massa molar do soluto (ou a massa da partícula coloidal; veja a Tabela 8.1) é elevado o suficiente para que o valor da atividade do solvente, frequentemente, venha a ser próximo à unidade, tornando desprezível o efeito da pressão osmótica e ocasionando o fluxo diretamente proporcional ao gradiente de pressão (RUTHVEN, 2009).

Na intenção de se avaliar o valor do coeficiente de difusão de determinado soluto em membranas densas, lembrando que tal coeficiente está associado à mobilidade de segmentos da cadeia polimérica, esta, conforme relatado, relaciona-se com o volume livre do sistema, o qual caracteriza a teoria do volume livre e cujo coeficiente de difusão pode ser calculado pela correlação de Mackie e Meares (1955), Equação (7.5). Ainda com base na teoria do volume livre, o coeficiente característico de difusão advém de

$$D_m \propto e^{-\left(\frac{V_A}{V_L}\right)} \tag{8.41}$$

recordando-se que V_A é o volume característico para acomodar a molécula do permeante e V_L é o volume livre da amostra. Ao se assumir a variação linear do volume livre com a fração volumétrica do diluente, espera-se que o coeficiente de difusão associado varie exponencialmente com a fração volumétrica do diluente. Yasuda, Lamaze e Ikenberry (1968) assumem que a fração volumétrica do diluente, no caso de membranas poliméricas hidratadas, pode ser expressa pela hidratação, H, de modo que o volume do sistema possa ser obtido por

$$V_L = HV_{L,H_2O} + (1-H)V_{L,\text{polímero}} \tag{8.42}$$

Na hipótese de o soluto, determinado sal, por exemplo, não penetrar na matriz polimérica, o volume livre destinado à permeação é

$$V_L = HV_{L,H_2O} \tag{8.43}$$

Dessa forma, o coeficiente de difusão do penetrante através de determinada membrana hidratada é escrito como (YASUDA; LAMAZE; IKENBERRY, 1968)

$$\ell nD_m = \ell nD_0 - K\left(\frac{1}{H} - 1\right) \tag{8.44}$$

em que o coeficiente D_0 está associado à difusão livre do soluto A em água pura à temperatura do sistema; K refere-se a uma constante de proporcionalidade associada ao volume V_A e ao volume livre na forma da Equação (8.43).

A teoria do estado ativado (ou do salto energético) é amplamente empregada para a descrição do mecanismo da difusão do soluto nos sítios vazios da membrana, fruto do entrelaçamento da cadeia polimérica. Além do soluto, a região amorfa da matriz polimérica também se movimenta em virtude da ação térmica. Admitindo-se que a mobilidade do soluto, ao atravessá-la, venha a ser muito menor do que a mobilidade de um segmento da cadeia polimérica, e desde que não ocorra variação do volume da matriz, a difusão do soluto é regida pela 1ª lei de Fick, em que o coeficiente efetivo de difusão segue a equação de Dushman-Langmuir, à semelhança da Equação (6.17),

$$D_m = D_0 \exp\left(-\frac{Q}{RT}\right) \tag{8.45}$$

Baner et al. (1996) propuseram a seguinte correlação

$$D_m = D_0 \exp\left(A_p - \alpha M_A - \frac{b}{T}\right) \tag{8.46}$$

com a temperatura de processo, T, em Kelvin; M_A é a massa molar do difundente, em g/mol; o fator pré-exponencial, $D_0 = 1\ m^2/s$ ou $1 \times 10^4\ m^2/s$. O parâmetro adimensional A_p está associado à facilidade (ou "condutância") que a matriz polimérica oferece à difusão do soluto; a constante α está associada à interação matriz polimérica e difundente; a constante b está associada à energia de ativação. Outra correlação é aquela proposta por Welle (2013),

$$D_m = D_0 \left(\frac{1{,}13M_A}{\beta}\right)^{\gamma} \tag{8.47}$$

com

$$\gamma = \frac{1}{c}\left(d - \frac{1}{T}\right) \tag{8.48}$$

Na correlação (8.47) o termo D_0 é um parâmetro de ajuste pré-exponencial; o termo $1,13\ M_A$ refere-se ao volume do difundente, assim como a constante β, que depende da natureza do difundente; o termo γ está intimamente relacionado à energia de ativação.

Exemplo 8.2

O poli(etileno tereftalato) (*PET*) é encontrado em diversas aplicações envolvendo embalagens, em particular, para acondicionar bebidas, tais como refrigerantes e água mineral (WELLE; FRANZ, 2012). *PET* é um polímero altamente inerte, implicando sua quase nulidade interativa com aquilo que armazena. A água, em contato com o *PET*, não provoca inchamento significativo na matriz polimérica, facilitando a obtenção do valor do coeficiente de difusão em abordagem fickiana. Assim sendo, obtenha o valor do coeficiente de difusão da água, a $40\ ^oC$, em uma matriz polimérica desse material, considerando:

a) Equação (8.45), em que $Q = 42\ kJ/mol$; $D_0 = 0,16\ cm^2/s$, para $T < 60\ ^oC$ (LAUNAY; THOMINETTE; VERDU, 1999);

b) Equação (8.46), sabendo que $M_A = 18,015\ g/mol$ e, para PET, $A_p = -3,0$; $b = 10.454\ K$ (WELLE, 2013);

c) Equação (8.47) para $M_A = 18,015\ g/mol$; $D_0 = 2,37 \times 10^{-6}\ cm^2/s$; $c = 1,50 \times 10^{-4}\ K^{-1}$; $d = 1,93 \times 10^{-3}\ K^{-1}$ (WELLE, 2013).

Compare os resultados obtidos com aquele experimental que é $D_m = 1,6 \times 10^{-8}\ cm^2/s$ (WELLE, 2013). Considere, para este exemplo, os valores das constantes α, Equação (8.46), e β, Equação (8.47), apresentados na Tabela 8.2 para diversas moléculas. Tais resultados foram obtidos considerando-se as informações contidas em Welle e Franz (2012), para $40\ ^oC$.

Tabela 8.2 – Constantes a serem utilizadas nas Equações (8.47) e (8.48)

	água	oxigênio	etanol	benzeno	tolueno	fenol
α	−0,51	−0,24	−0,011	0,022	0,0047	0,042
β	11,25	16,73	10,26	13,34	11,45	12,27

Solução:

a) Neste item é utilizada a Equação (8.45) ou

$$D_m = D_0 \exp\left(-\frac{Q}{RT}\right) \tag{1}$$

Da Tabela 2.1, *R = 8,3145 J/(mol.K)*. A temperatura é igual a *40 °C = 313,15 K*. Tendo em vista que *Q = 42 kJ/mol = 42.000 J/mol* e $D_0 = 0,16\ cm^2/s$, tem-se na Equação (1)

$$D_m = 0,16\exp\left[-\frac{42.000}{(8,3145)(313,15)}\right] = 1,58\times10^{-8}\ \text{cm}^2/\text{s} \tag{2}$$

o que resulta em desvio relativo, em relação ao valor experimental, de

$$\text{Desvio} = \left(\frac{D_{m_{cal.}} - D_{m_{exp.}}}{D_{m_{exp.}}}\right)\times100\% = \left(\frac{1,58\times10^{-8} - 1,6\times10^{-8}}{1,6\times10^{-8}}\right)\times100\% = -1,25\% \tag{3}$$

b) Será avaliada, neste item, a correlação de Baner et al. (1996), Equação (8.46), aqui retomada considerando-se $M_A = 18,015\ g/mol$, $A_p = -3,0$; $b = 10.454\ K$.

$$D_m = 1\times10^4 \exp\left(-3,0 - 18,015\alpha - \frac{10.454}{T}\right) \tag{4}$$

Da Tabela 8.2: $\alpha = -0,51$. Sabendo que *T = 313,15 K*

$$D_m = 1\times10^4 \exp\left[-3,0 - (18,015)(-0,51) - \frac{10.454}{313,15}\right] = 1,55\times10^{-8}\ \text{cm}^2/\text{s} \tag{5}$$

levando ao desvio relativo, em relação ao valor experimental, de

$$\text{Desvio} = \left(\frac{D_{m_{cal.}} - D_{m_{exp.}}}{D_{m_{exp.}}}\right)\times100\% = \left(\frac{1,55\times10^{-8} - 1,6\times10^{-8}}{1,6\times10^{-8}}\right)\times100\% = -3,13\% \tag{6}$$

c) O modelo de Welle (2013) advém da Equação (8.47),

$$D_m = D_0\left(\frac{1{,}13M_A}{\beta}\right)^{\gamma} \tag{7}$$

com

$$\gamma = \frac{1}{c}\left(d - \frac{1}{T}\right) \tag{8}$$

Tendo em vista que $T = 313{,}15\ K$; $c = 1{,}50 \times 10^{-4}\ K$; $d = 1{,}93 \times 10^{-3}\ K^{-1}$, tem-se

$$\gamma = \frac{1}{1{,}5\times10^{-4}}\left(1{,}93\times10^{-3} - \frac{1}{313{,}15}\right) = -8{,}42 \tag{9}$$

Pode-se substituir esse valor em conjunto com $M_A = 18{,}015\ g/mol$, $D_0 = 2{,}37 \times 10^{-6}\ cm^2/s$ e $\beta = 11{,}25$ na Equação (7):

$$D_m = \left(2{,}37\times10^{-6}\right)\left[\frac{(1{,}13)(18{,}015)}{11{,}25}\right]^{-8{,}42} = 1{,}61\times10^{-8}\ cm^2/s \tag{10}$$

que aponta para o desvio relativo, em relação ao valor experimental, de

$$\text{Desvio} = \left(\frac{D_{m_{cal.}} - D_{m_{exp.}}}{D_{m_{exp.}}}\right)\times100\% = \left(\frac{1{,}61\times10^{-8} - 1{,}6\times10^{-8}}{1{,}6\times10^{-8}}\right)\times100\% = 0{,}63\% \tag{11}$$

CAPÍTULO 9
DIFUSÃO MÁSSICA EM SISTEMAS MULTICOMPONENTES

9.1 RELAÇÕES DE ONSAGER PARA SISTEMAS MULTICOMPONENTES

Do ponto de vista teórico, a difusão mássica em meios que contêm vários componentes, enquanto solutos, pode ser abordada, basicamente, por duas estratégias: generalização da 1ª lei de Fick e aplicação da equação de Maxwell-Stefan. O modelo de Maxwell-Stefan trata do enfoque híbrido entre as relações de Onsager e conceitos de fluxos, os quais guardam a interação, através de velocidades, entre os componentes e o meio em que estão inseridos. A Equação (2.23) é retomada para os diversos gradientes relativos à difusão mássica para *n-1* espécies presentes no sistema multicomponente, enquanto para a N-espécie o fluxo é decorrente de informações sobre os fluxos das *n-1* espécies, na seguinte sistematização

$$\vec{j}_1 = L_{11}\vec{X}_1 + L_{12}\vec{X}_2 + ... + L_{1,N-1}\vec{X}_{N-1} \tag{9.1}$$

$$\vec{j}_2 = L_{21}\vec{X}_1 + L_{22}\vec{X}_2 + ... + L_{2,N-1}\vec{X}_{N-1} \tag{9.2}$$

$$\vdots$$

$$\vec{j}_{N-1} = L_{N-1,1}\vec{X}_1 + L_{N-1,2}\vec{X}_2 + ...L_{N-1,N-1}\vec{X}_{N-1} \tag{9.3}$$

$$\vec{j}_N = -\sum_{i=1}^{N-1}\vec{j}_i \tag{9.4}$$

em que se identificam os fenômenos i e j às difusões mássicas das espécies i e j; as forças motrizes $\vec{X}_i$ e $\vec{X}_j$ estão associadas aos respectivos gradientes de potencial químico, enquanto os coeficientes L_{ii} e L_{jj} estão relacionados com as difusividades mássicas de i em j e de j em i, e os coeficientes L_{ij} e L_{ji} são os coeficientes cruzados. Essa formulação possibilita a inclusão de outros fatores que influenciam a difusão mássica, tais como os efeitos eletrostáticos, magnéticos, osmóticos, entre outros. Assim, é imperativo destacar que a abordagem de Maxwell-Stefan considera, necessariamente, os efeitos cruzados de transferência de matéria e, por conseguinte, eles são importantes quando se observam as presenças de campos eletrostáticos, magnéticos, bem como situações em que há osmose inversa, ultrafiltração, influenciando sobremaneira a definição do coeficiente de difusão, associados a L_{ii}, uma vez que contêm os coeficientes cruzados, L_{ij}, que não, necessariamente, guardam o mesmo significado físico de L_{ii}.

9.2 CONCENTRAÇÃO EM SISTEMAS MULTICOMPONENTES

Ao se identificar os atores da difusão mássica em um meio multicomponente, o seu volume de controle pode ser representado, de igual forma à Figura 2.3, pela Figura 9.1. São válidas as definições para as concentrações apresentadas na Tabela 2.3. Encontra-se na Tabela 9.1 as relações básicas para o meio multicomponente.

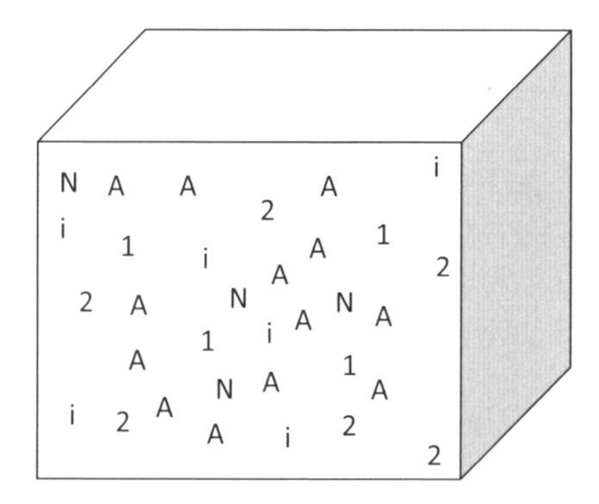

Figura 9.1 – Elemento de volume que contém distribuição contínua de matéria (adaptada de CREMASCO, 2015).

Tabela 9.1 – Relações básicas para a concentração do soluto i

Nomenclatura	Solução ou mistura multicomponente	
Concentração mássica da solução ou da mistura	$\rho = \sum_{i=1}^{N} \rho_i$	(9.5)
Concentração molar da solução ou da mistura	$C = \sum_{i=1}^{N} C_i$	(9.6)

(continua)

Tabela 9.1 – Relações básicas para a concentração do soluto *i (continuação)*

Nomenclatura	Solução ou mistura multicomponente
Concentração molar mistura (gás ideal)	$C = \frac{\rho}{M}$ (9.7)
Somatório das frações mássicas	$\sum_{i=1}^{N} w_i = 1$ (9.8)
Somatório das frações molares	$\sum_{i=1}^{N} x_i = 1$ (líquido) (9.9) $\sum_{i=1}^{N} y_i = 1$ (gás, vapor) (9.10)
Massa molar da solução ou da mistura em base mássica	$\frac{1}{M} = \sum_{i=1}^{N} \frac{w_i}{M_i}$ (9.11)
Massa molar da solução ou da mistura em base molar	$M = \sum_{i=1}^{N} x_i M_i$ (líquido) (9.12) $M = \sum_{i=1}^{N} y_i M_i$ (gás, vapor) (9.13)

Exemplo 9.1

Considere o enunciado do Exemplo 2.3 supondo, todavia, que o ar venha a ser constituído pelos elementos apresentados na Tabela 1. Pedem-se os valores de:

a) concentração mássica do ar seco;

b) massa molar do ar seco;

c) fração molar de cada espécie química que compõe o ar.

Tabela 1 – Moléculas presentes na troposfera – ar seco (RAMOS; LEITÃO, 1991)

Componentes	Fórmula molecular	M (g/mol)	Massa (g)
nitrogênio	N_2	28,0134	$3{,}866 \times 10^{21}$
oxigênio	O_2	31,9988	$1{,}185 \times 10^{21}$

(continua)

Tabela 1 – Moléculas presentes na troposfera – ar seco (RAMOS; LEITÃO, 1991) *(continuação)*

Componentes	Fórmula molecular	M (g/mol)	Massa (g)
argônio	ar	39,948	$6{,}590 \text{x} 10^{19}$
dióxido de carbono	CO_2	44,00995	$2{,}450 \text{x} 10^{18}$
neônio	Ne	20,183	$6{,}480 \text{x} 10^{16}$
hélio	He	4,0026	$3{,}710 \text{x} 10^{15}$
criptônio	Kr	83,80	$1{,}690 \text{x} 10^{16}$
xenônio	Xe	131,30	$2{,}020 \text{x} 10^{15}$
metano	CH_4	16,04303	$4{,}300 \text{x} 10^{15}$
hidrogênio	H_2	2,01594	$1{,}800 \text{x} 10^{14}$
óxido nitroso	N_2O	44,0128	$2{,}300 \text{x} 10^{15}$
monóxido de carbono	CO	28,0106	$5{,}900 \text{x} 10^{14}$
amônia	NH_3	17,0306	$3{,}000 \text{x} 10^{13}$
dióxido de nitrogênio	NO_2	46,0055	$8{,}100 \text{x} 10^{12}$
dióxido de enxofre	SO_2	64,063	$2{,}300 \text{x} 10^{12}$
sulfeto de hidrogênio	H_2S	34,08	$1{,}200 \text{x} 10^{12}$
ozônio	O_3	47,9982	[(a)] $3{,}300 \text{x} 10^{15}$

[(a)] massa variável.

Solução: será empregado, neste exemplo, procedimento de cálculo semelhante ao encontrado no Exemplo 2.3. Sendo assim:

a) *Concentração mássica do ar seco*. Da definição de concentração mássica:

$$\rho = \frac{m_{total}}{V_{mistura}} \tag{1}$$

ou

$$\rho = \frac{1}{V_{mistura}} \sum_{i=1}^{N} m_i \tag{2}$$

Da Tabela 1:

$$\sum_{i=1}^{N} m_i = 3{,}866 \times 10^{21} + 1{,}185 \times 10^{21} + 6{,}590 \times 10^{19} + 2{,}450 \times 10^{18} + 6{,}480 \times 10^{16} + 3{,}710 \times 10^{15} +$$
$$+ 1{,}690 \times 10^{16} + 2{,}020 \times 10^{15} + 4{,}300 \times 10^{15} + 1{,}800 \times 10^{14} + 2{,}300 \times 10^{15} + 5{,}900 \times 10^{14} +$$
$$+ 3{,}000 \times 10^{13} + 8{,}100 \times 10^{12} + 2{,}300 \times 10^{12} + 1{,}200 \times 10^{12} = 5{,}119 \times 10^{21}\,\text{g} \tag{3}$$

Devido a $V_{mistura} = 4{,}324 \times 10^{18}\ m^3$, tem-se na Equação (1)

$$\rho = \frac{5{,}119 \times 10^{21}}{4{,}3241 \times 10^{24}} = 1{,}184 \times 10^{-3}\ \mathrm{g/cm^3} \quad (4)$$

b) *Massa molar do ar seco*. O valor da massa molar do ar seco, em base mássica, é oriundo da Equação (9.11):

$$\frac{1}{M} = \sum_{i=1}^{N} \frac{w_i}{M_i} \quad (5)$$

Já a fração mássica do constituinte *i* é fornecida pela Equação (2.78),

$$w_i = \frac{\rho_i}{\rho} \quad (6)$$

Como $\rho_i = m_i/V_{mistura}$ e $\rho = m_{mistura}/V_{mistura}$, tem-se

$$w_i = \frac{m_i}{m_{mistura}} \quad (7)$$

De posse do valor da massa da mistura, $m_{mistura} = 5{,}119 \times 10^{21}\ g$, e do valor da massa de cada constituinte apresentado na Tabela 1 são obtidos os valores da fração mássica de cada espécie química do ar seco, cujos resultados estão apresentados na Tabela 2.

Tabela 2 – Fração mássica dos constituintes do ar seco

Espécie	N_2	O_2	Ar	CO_2	Ne	He	Kr	Xe	CH_4
w_i	0,755	0,232	0,013	$4{,}79\text{x}10^{-4}$	$1{,}27\text{x}10^{-4}$	$7{,}25\text{x}10^{-7}$	$3{,}30\text{x}10^{-6}$	$3{,}95\text{x}10^{-7}$	$8{,}40\text{x}10^{-7}$

Espécie	H_2	N_2O	CO	NH_3	NO_2	SO_2	H_2S	O_3
w_i	$3{,}52\text{x}10^{-8}$	$4{,}49\text{x}10^{-7}$	$1{,}15\text{x}10^{-7}$	$5{,}86\text{x}10^{-9}$	$1{,}58\text{x}10^{-9}$	$4{,}49\text{x}10^{-10}$	$2{,}34\text{x}10^{-10}$	$6{,}45\text{x}10^{-7}$

Dessa maneira,

$$\frac{1}{M} = \frac{0{,}755}{28{,}0134} + \frac{0{,}232}{31{,}9988} + \frac{0{,}013}{39{,}948} + \frac{4{,}79 \times 10^{-4}}{44{,}00995} + \frac{1{,}27 \times 10^{-4}}{20{,}183} + \frac{7{,}25 \times 10^{-7}}{4{,}0026} + \frac{3{,}30 \times 10^{-8}}{83{,}80} +$$
$$+ \frac{3{,}95 \times 10^{-7}}{131{,}30} + \frac{8{,}40 \times 10^{-7}}{16{,}04303} + \frac{3{,}52 \times 10^{-8}}{2{,}01594} + \frac{4{,}49 \times 10^{-7}}{44{,}0128} + \frac{1{,}150 \times 10^{-7}}{28{,}0106} + \frac{5{,}86 \times 10^{-9}}{17{,}0306} +$$
$$+ \frac{1{,}58 \times 10^{-9}}{46{,}0055} + \frac{4{,}49 \times 10^{-10}}{64{,}063} + \frac{2{,}34 \times 10^{-10}}{34{,}08} + \frac{6{,}45 \times 10^{-7}}{47{,}9982} = 3{,}454 \times 10^{-2}\ \mathrm{mol/g}$$

ou

$$M = 28{,}952\ g/mol \tag{8}$$

cujo valor é ligeiramente inferior ao encontrado no Exemplo 2.3.

c) Os valores de fração molar para cada espécie química que compõe o ar seco são obtidos a partir da Equação (2.82),

$$y_i = \frac{C_i}{C} \tag{9}$$

Assim, substituem-se as Equações (2.88) e (2.82) na Equação (9), resultando em

$$w_i = \frac{C_i M_i}{CM} \tag{10}$$

Identificando-se a Equação (9), para a espécie *i* na Equação (10), tem-se

$$y_i = w_i \frac{M}{M_i} \tag{11}$$

A obtenção da fração molar do constituinte *i* advém dos valores das respectivas massas molares e frações mássicas contidas, respectivamente, nas Tabelas 1 e 2, em conjunto com o valor da massa molar do ar seco, advindo da Equação (8). Os resultados estão na Tabela 3.

Tabela 3 – Fração molar dos constituintes do ar seco

Espécie	N_2	O_2	Ar	CO_2	Ne	He	Kr	Xe	CH_4
y_i	0,78	0,21	$9{,}42 \times 10^{-3}$	$3{,}15 \times 10^{-4}$	$1{,}82 \times 10^{-5}$	$5{,}24 \times 10^{-6}$	$1{,}14 \times 10^{-6}$	$8{,}71 \times 10^{-8}$	$1{,}52 \times 10^{-6}$

Espécie	H_2	N_2O	CO	NH_3	NO_2	SO_2	H_2S	O_3
y_i	$5{,}06 \times 10^{-7}$	$2{,}95 \times 10^{-7}$	$1{,}19 \times 10^{-7}$	$9{,}96 \times 10^{-9}$	$9{,}94 \times 10^{-10}$	$2{,}03 \times 10^{-10}$	$1{,}99 \times 10^{-10}$	$3{,}89 \times 10^{-7}$

9.3 VELOCIDADES E FLUXOS EM SISTEMAS MULTICOMPONENTES

No modelo de Maxwell-Stefan preconiza-se que a força motriz à difusão mássica de certa espécie *i*, por meio de seu gradiente de potencial químico, é balanceada pela força de arraste entre os componentes *i* e *j*, que é proporcional à diferença de suas velocidades absolutas ($v_{i,z} - v_{j,z}$). Sendo assim, é fundamental a definição de velocidade no contexto fluidodinâmico. Ressalte-se que, ao se mencionar velocidade, esta não diz respeito a apenas uma molécula de determinada espécie química *A*, e sim da média de *n* moléculas dessa espécie contidas em um elemento de volume, como aquele ilustrado na Figura 9.1. Dessa maneira, definem-se as velocidades do meio, em base mássica e molar, como aquelas apresentadas na Tabela 9.2. Nessa tabela, $\vec{v}_i$ refere-se à velocidade absoluta de determinada espécie química *i* referenciada a eixos estacionários; $v_{i,z}$ é a velocidade absoluta da espécie química *i* na direção *z*. Outro conceito importante é quanto à velocidade de difusão, referente à velocidade relativa entre aquela da espécie de interesse, no caso o soluto *i*, e a velocidade do meio. A velocidade de difusão estabelece a interação soluto-meio por meio das respectivas velocidades, as quais também estão apresentadas na Tabela 9.2. Ainda nessa tabela, são apresentados o resultado do produto entre a concentração do soluto e a sua velocidade absoluta, resultando na definição de fluxo global do soluto considerado. Já o produto entre a concentração do soluto *i* e a sua velocidade de difusão acarreta o seu fluxo difusivo, e o produto entre a concentração do soluto *i* e a velocidade do meio estabelece o fluxo advectivo, o qual se refere ao arraste do soluto pelo meio devido, tão somente, à velocidade deste. Tais fluxos estão, também, apresentados na Tabela 9.2. É necessário destacar que o fluxo global do soluto *i* também é resultado da soma entre os seus fluxos difusivo e advectivo.

Tabela 9.2 – Definições de velocidades e de fluxos

	Base mássica		**Base molar**	
Velocidade do meio (vetorial)	$\vec{v} = \frac{\sum_{i=1}^{N} \rho_i \vec{v}_i}{\sum_{i=1}^{N} \rho_i}$	(9.14)	$\vec{V} = \frac{\sum_{i=1}^{N} C_i \vec{v}_i}{\sum_{i=1}^{N} C_i}$	(9.15)
Velocidade do meio (unidirecional)	$v_z = \frac{\sum_{i=1}^{N} \rho_i v_{i,z}}{\sum_{i=1}^{N} \rho_i}$	(9.16)	$V_i = \frac{\sum_{i=1}^{N} C_i v_{i,z}}{\sum_{i=1}^{N} C_i}$	(9.17)
Velocidade de difusão de i (vetorial)	$\left(\vec{v}_i - \vec{v}\right)$	(9.18)	$\left(\vec{v}_i - \vec{V}\right)$	(9.19)
Velocidade de difusão de i (unidirecional)	$\left(v_{i,z} - v_z\right)$	(9.20)	$\left(v_{i,z} - V_z\right)$	(9.21)
Fluxo global de i (vetorial)	$\vec{n}_i = \rho_i \vec{v}_i$	(9.22)	$\vec{N}_i = C_i \vec{v}_i$	(9.23)
Fluxo global de i (unidirecional)	$n_{i,z} = \rho_i v_{i,z}$	(9.24)	$N_{i,z} = C_i v_{i,z}$	(9.25)

(continua)

Tabela 9.2 – Definições de velocidades e de fluxos *(continuação)*

	Base mássica		Base molar	
Fluxo difusivo de i (vetorial)	$\vec{j}_i = \rho_i\left(\vec{v}_i - \vec{v}\right)$	(9.26)	$\vec{J}_i = C_i\left(\vec{v}_i - \vec{V}\right)$	(9.27)
Fluxo difusivo de i (unidirecional)	$j_{i,z} = \rho_i\left(v_{i,z} - v_z\right)$	(9.28)	$J_{i,z} = C_i\left(v_{i,z} - V_z\right)$	(9.29)
Fluxo advectivo de i (vetorial)	$\vec{j}_i^{\,c} = \rho_i\vec{v}$	(9.30)	$\vec{J}_i^{\,c} = C_i\vec{V}$	(9.31)
Fluxo advectivo de i (unidirecional)	$j_{i,z}^{c} = \rho_i v_z$	(9.32)	$J_{i,z}^{c} = C_i V_z$	(9.33)

Exemplo 9.2

Tendo em vista a importância da utilização das relações fenomenológicas de Onsager no modelo de Maxwell-Stefan para a difusão multicomponente, demonstre, a partir da definição de fluxo difusivo, Equação (9.27), que $\sum_{i=1}^{N}\vec{J}_i = 0$ e, por conseguinte, constate a consistência da Equação (9.4). Verifique que $D_{12} = D_{21}$, para mistura binária, desde que siga a 1ª lei de Fick.

Solução: tomando-se como premissa que

$$\sum_{i=1}^{N}\vec{J}_i = 0 \tag{9.34}$$

Substitui-se, nesta, a Equação (9.27) para *n* componentes,

$$\sum_{i=1}^{N}\vec{J}_i = \sum_{i=1}^{N}C_i\left(\vec{v}_i - \vec{V}\right) = 0 \tag{1}$$

ou

$$\sum_{i=1}^{N}\vec{J}_i = C_1\left(\vec{v}_1 - \vec{V}\right) + \ldots + C_{N-1}\left(\vec{v}_{N-1} - \vec{V}\right) + C_N\left(\vec{v}_N - \vec{V}\right) = 0 \tag{2}$$

que pode ser retomada como

$$\sum_{i=1}^{N}\vec{J}_i = C_1\vec{v}_1 - C_1\vec{V} + \ldots + C_{N-1}\vec{v}_{N-1} - C_{N-1}\vec{V} + C_N\vec{v}_N - C_N\vec{V} = 0 \tag{3}$$

Ao ser rearranjada, a Equação (3) é vista como

$$\sum_{i=1}^{N}\vec{J}_i = \sum_{i=1}^{N}C_i\vec{v}_i - \vec{V}\sum_{i=1}^{N}C_i = 0 \tag{4}$$

Observando-se a Equação (9.6) na Equação (4), tem-se

$$\sum_{i=1}^{N}\vec{J}_i = \sum_{i=1}^{N}C_i\vec{v}_i - \vec{V}C = 0 \tag{5}$$

ou

$$C\vec{V} = \sum_{i=1}^{N}C_i\vec{v}_i \tag{9.35}$$

que pode ser substituída na Equação (5)

$$\sum_{i=1}^{N}\vec{J}_i = \sum_{i=1}^{N}C_i\vec{v}_i - \sum_{i=1}^{N}C_i\vec{v}_i = 0 \tag{6}$$

Na intenção de se avaliar a consistência da Equação (9.4), admitindo-a em termos dos diversos fluxos difusivos presentes no sistema multicomponente e identificando o fluxo difusivo da espécie *N* no meio em análise,

$$\vec{J}_N = C_N\left(\vec{v}_N - \vec{V}\right) \tag{7}$$

tem-se na Equação (3)

$$C_1\vec{v}_1 - C_1\vec{V} + \ldots + C_{N-1}\vec{v}_{N-1} - C_{N-1}\vec{V} + \vec{J}_N = 0$$

ou

$$\sum_{i=1}^{N-1}C_i\left(\vec{v}_i - \vec{V}\right) + \vec{J}_N = 0 \tag{8}$$

que pode ser vista como

$$\vec{J}_N = -\sum_{i=1}^{N-1}C_i\left(\vec{v}_i - \vec{V}\right) \tag{9}$$

Ao substituir a Equação (9.27) na Equação (9), resulta em uma equação semelhante à Equação (9.4), na forma

$$\vec{J}_N = -\sum_{i=1}^{N-1} \vec{J}_i \qquad (10)$$

Para mistura binária, $N = 2$, a Equação (10) é posta segundo

$$\vec{J}_2 = -\vec{J}_1 \qquad (11)$$

Identificando-se a 1ª lei de Fick, em termos de fração molar, na Equação (11)

$$-CD_{21}\vec{\nabla}y_2 = CD_{12}\vec{\nabla}y_1$$

ou

$$-D_{21}\vec{\nabla}y_2 = D_{12}\vec{\nabla}y_1 \qquad (12)$$

Para mistura binária, a Equação (9.10) é retomada como

$$y_1 + y_2 = 1 \qquad (13)$$

cujo resultado, após diferenciar a Equação (13), é

$$\vec{\nabla}y_2 = -\vec{\nabla}y_1 \qquad (14)$$

que, substituída na Equação (14), fornece, finalmente

$$D_{21} = D_{12} \qquad (9.36)$$

9.4 EQUAÇÃO DE MAXWELL-STEFAN

Na intenção de se obter uma relação entre o gradiente de potencial químico do soluto i e a diferença das velocidades absolutas dos componentes i e j, retoma-se a Equação (9.27) segundo

$$\vec{J}_i = C_i\vec{v}_i - C_i\vec{V} \qquad (9.37)$$

na qual se utiliza a Equação (2.83)

$$\vec{J}_i = Cx_i\vec{v}_i - x_iC\vec{V} \tag{9.38}$$

Identifica-se a Equação (9.35) na Equação (9.38), que é posta como

$$\vec{J}_i = Cx_i\vec{v}_i - x_i\sum_{j=1}^{N} C_j\vec{v}_j \tag{9.39}$$

em que se observa, novamente, a Equação (2.83); possibilitando escrever

$$\vec{J}_i = Cx_i\vec{v}_i - Cx_i\sum_{j=1}^{N} x_j\vec{v}_j$$

ou

$$\vec{J}_i = C\sum_{j=1\neq i}^{N} x_ix_j\left(\vec{v}_i - \vec{v}_j\right) \tag{9.40}$$

Para solução binária e termodinamicamente ideal, o fluxo molar do soluto *i* pode ser escrito em termos da 1ª lei de Fick

$$-D_{ij}\vec{\nabla}C_i = Cx_ix_j\left(\vec{v}_i - \vec{v}_j\right)$$

ou

$$-D_{ij}\vec{\nabla}x_i = x_ix_j\left(\vec{v}_i - \vec{v}_j\right) \tag{9.41}$$

Da Equação (2.59), na sua forma vetorial para $A = i$ e em solução ideal ($\Gamma = 1$), associa-se o gradiente de fração molar ao gradiente de potencial químico, de maneira que a Equação (9.41) é reescrita como

$$-D_{ij}\frac{x_i}{RT}\vec{\nabla}\mu_i = x_ix_j\left(\vec{v}_i - \vec{v}_j\right) \tag{9.42}$$

Para mistura binária em que $i = 1$, a Equação (9.42) é vista como

$$-D_{ij}\frac{x_i}{RT}\vec{\nabla}\mu_i = \sum_{j=1,j\neq i}^{2}\frac{x_ix_j\left(\vec{v}_i - \vec{v}_j\right)}{D_{ij}} \tag{9.43}$$

Para uma solução ou mistura multicomponente, $n \geq 3$, o coeficiente binário de difusão, presente no somatório, é identificado à difusividade ou ao coeficiente de difusão de Maxwell-Stefan $D_{ij} \equiv Đ_{ij}$, sendo a Equação (9.43) retomada como

$$-D_{ij}\frac{x_i}{RT}\vec{\nabla}\mu_i = \sum_{j=1,\ j\neq i}^{N}\frac{x_i x_j\left(\vec{v}_i - \vec{v}_j\right)}{Đ_{ij}} \tag{9.44}$$

que é conhecida como equação de Maxwell-Stefan, em que a força de arraste entre os componentes i e j é proporcional à diferença de suas velocidades absolutas $\left(\vec{v}_i - \vec{v}_j\right)$, enquanto a difusividade atua contrariamente ao efeito desta força (VLUGT; LIU; BARDOW, 2011). Para a obtenção do coeficiente de difusão de Maxwell-Stefan para situações distintas daquelas de diluição do soluto, retomando-se a Equação (9.44) em termos de gradiente de fração molar e multiplicando-a pela concentração molar total da solução, tem-se

$$C\vec{\nabla}x_i = \sum_{j=1,\ j\neq i}^{N}\frac{Cx_i x_j\left(\vec{v}_j - \vec{v}_i\right)}{Đ_{ij}}$$

ou

$$C\vec{\nabla}x_i = \sum_{j=1,\ j\neq i}^{N}\frac{\left(x_i C_j \vec{v}_j - x_j C_i \vec{v}_i\right)}{Đ_{ij}} \tag{9.45}$$

Identificando-se o fluxo molar global de cada espécie, segundo a Equação (9.23), na Equação (9.45),

$$C\vec{\nabla}x_i = \sum_{j=1,\ j\neq i}^{N}\frac{\left(x_i\vec{N}_j - x_j\vec{N}_i\right)}{Đ_{ij}} \tag{9.46}$$

Uma vez que $\vec{J}_i^c + \vec{J}_j^c = 0$ (possível de demonstração), tem-se

$$x_i\vec{N}_j - x_j\vec{N}_i = x_i\vec{J}_j - x_j\vec{J}_i \tag{9.47}$$

de forma que a Equação (9.46) é retomada em termos de fluxos difusivos como

$$C\vec{\nabla}x_i = \sum_{j=1,\ j\neq i}^{N}\frac{\left(x_i\vec{J}_j - x_j\vec{J}_i\right)}{Đ_{ij}} \tag{9.48}$$

Por intermédio da inspeção do modelo de Maxwell-Stefan, Equações (9.1) a (9.4), observa-se que existem *n-1* equações independentes, o que faz a Equação (9.48) ser posta como

$$C\vec{\nabla}x_i = \frac{\left(x_i\vec{J}_N - x_N\vec{J}_i\right)}{Ð_{iN}} + \sum_{j=1,\ j\neq i}^{N-1} \frac{\left(x_i\vec{J}_j - x_j\vec{J}_i\right)}{Ð_{ij}} \tag{9.49}$$

Isolando-se o fluxo difusivo $\vec{J}_i$ na Equação (9.49) e retomando-a na forma matricial, tem-se (DAL'TOÉ, 2014)

$$\left(\vec{J}\right) = -C\left[\mathbf{B}\right]^{-1}\left(\vec{\nabla}x\right) \tag{9.50}$$

em que os elementos da matriz ***B*** são (PAREZ; GUEVARA; VRABEC, 2013; DAL'TOÉ, 2014)

$$B_{ii} = \frac{x_i}{Ð_{in}} + \sum_{j=1, j\neq i}^{N-1} \frac{x_j}{Ð_{ij}} \tag{9.51}$$

e

$$B_{ij} = -x_i\left(\frac{1}{Ð_{ij}} - \frac{1}{Ð_{iN}}\right) \tag{9.52}$$

De igual modo que em soluções binárias, em se tratando de situação não ideal, a Equação (9.50) é corrigida por uma matriz do fator termodinâmico, *[Γ]*:

$$\left(\vec{J}\right) = -C\left[\mathbf{B}\right]^{-1}\left[\mathbf{\Gamma}\right]\left(\vec{\nabla}x\right) \tag{9.53}$$

em que (PAREZ; GUEVARA; VRABEC, 2013)

$$\Gamma_{ij} = \delta + x_i \left.\frac{d\ell n\gamma_i}{dx_j}\right|_{T,P,x_k,k\neq j=1,\ldots,N-1} \tag{9.54}$$

sendo δ o delta de Kronecker. Assim, identifica-se a matriz dos coeficientes de difusão termodinâmicos segundo (DAL'TOÉ, 2014)

$$\left[\mathbf{D}\right] = \left[\mathbf{B}\right]^{-1}\left[\mathbf{\Gamma}\right] \tag{9.55}$$

O coeficiente de difusão advindo da 1ª lei de Fick pode ser obtido experimentalmente, enquanto os coeficientes de Maxwell-Stefan são decorrentes de simulação numérica, empregando-se, por exemplo, simulação molecular (PAREZ; GUEVARA; VRABEC, 2013). Contudo, para situações de difusão em líquidos em diluição infinita, existe a proposição do cálculo dos coeficientes binários ou mútuos, $Đ_{ij}$, uma equação semelhante àquela de Darken (1948), Equação (4.14), aqui retomada como

$$Đ_{ij} = x_i D_{\underset{j}{o}} + x_j D_{\underset{i}{o}} \tag{9.56}$$

Sendo, para a estimativa do coeficiente de difusão, em diluição infinita, da espécie *i* em determinada espécie *j*, válida a seguinte formulação (LIU; BARDOW; VLUGT, 2011)

$$\frac{1}{D_{\underset{i}{o}}} = \sum_{j=1}^{N} \frac{x_j}{D_{\underset{ij}{o}}} \tag{9.57}$$

Utiliza-se a Equação (9.57) para a obtenção do valor do coeficiente de difusão de Maxwell-Stefan para cada par *ij* presente na mistura multicomponente, empregando-se em tal equação a Equação (9.56).

Exemplo 9.3

No Exemplo 4.1 foi apresentada a importância da produção do etanol para a indústria brasileira no final do século XX e início do século XXI. Além de ser empregado como combustível, encontra utilização na indústria farmacêutica e como solvente químico. Outro álcool igualmente importante e da mesma família do etanol é o metanol, uma das matérias-primas mais consumidas na indústria química. Cerca de 70% do metanol produzido no mundo é usado na síntese química, como matéria-prima na fabricação de várias substâncias, incluindo o biodiesel. Entretanto, o metanol apresenta alta toxidade, o que é uma desvantagem quando de seu manuseio. Para tanto, estudos são feitos para o emprego da mistura metanol-etanol na reação dos triacilgliceróis, visando a produção de biodiesel. Por outro lado, o emprego de etanol, devido à sua característica higroscópica e de azeotopria com água, direciona parte da reação de transesterificação, por catálise alcalina homogênea, para a formação de sabões. Um desafio tecnológico, portanto, está na separação ternária envolvendo água-etanol-metanol, e um dos primeiros passos para a compreensão de tal separação está na obtenção dos valores dos coeficientes mútuos de difusão, Equação (9.56), considerando-se, todavia, a presença das três espécies químicas. Para tanto, assuma a existência de uma solução dessas espécies químicas, a *25 °C*, contidas na proporção molar de *20%* de água, *50%* de etanol e *30%* de metanol.

Solução: do Exemplo 4.1, pode-se identificar *A* ao etanol e *B* à água. Em tal situação, foram fornecidos os valores das viscosidades dinâmicas $\eta_A = 1{,}087\ cP$ e $\eta_B = 0{,}8911\ cP$, bem como, da Tabela 4.2, $V_{bB} = 18{,}9\ cm^3/mol$, e pelo volume de Les Bas calculou-se $V_{bA} = 59{,}3\ cm^3/mol$. Para a determinação dos coeficientes de difusão em diluição infinita, utilizou-se as correlações de Siddiq e Lucas (1986), obtendo-se $D^o_{AB} = 1{,}09 \times 10^{-5}\ cm^2/s$ e $D^o_{BA} = 2{,}17 \times 10^{-5}\ cm^2/s$. Nesse exemplo, o procedimento de cálculo é exatamente aquele apresentado no Exemplo 4.1, sendo aqui estendido para o sistema metanol (*A*)-água (*B*) e etanol (*A*)-metanol (*B*), em que o valor da viscosidade dinâmica do metanol é $\eta = 0{,}541\ cP$ (WENSINK et al., 2003). Para a obtenção dos valores dos coeficientes binários (mútuos) de difusão supondo a presença das três espécies químicas, é utilizado o modelo de Liu, Bardow e Vlugt (2011) por meio das Equações (9.56) e (9.57), aqui retomadas como

$$Đ_{ij} = x_i D^o_j + x_j D^o_i \tag{1}$$

e

$$\frac{1}{D^o_i} = \sum_{j=1}^{N} \frac{x_j}{D^o_{ij}} \tag{2}$$

Tendo em vista o sistema ser ternário, devem ser identificados: água (*1*), etanol (*2*) e metanol (*3*), de forma a se ter, a partir das Equações (1) e (2):

- Para o par água (*1*) e etanol (*2*)

$$Đ_{12} = x_1 D^o_2 + x_2 D^o_1 \tag{3}$$

com

$$\frac{1}{D^o_1} = \frac{x_2}{D^o_{12}} + \frac{x_3}{D^o_{13}} \tag{4}$$

$$\frac{1}{D^o_2} = \frac{x_1}{D^o_{21}} + \frac{x_3}{D^o_{23}} \tag{5}$$

- Para o par água (*1*) e metanol (*3*)

$$Đ_{13} = x_1 D^o_3 + x_3 D^o_1 \tag{6}$$

com o valor de D_{o_1} obtido da Equação (4) e

$$\frac{1}{D_{o_3}} = \frac{x_1}{D_{o_{31}}} + \frac{x_2}{D_{o_{32}}} \tag{7}$$

- Para o par etanol (2) e metanol (3)

$$Đ_{23} = x_2 D_{o_3} + x_3 D_{o_2} \tag{8}$$

com o valor de D_{o_2} obtido da Equação (5), e o valor de D_{o_3}, da Equação (7). Os valores dos coeficientes de difusão $D_{o_{ij}}$ são calculados por meio do modelo de Siddiq e Lucas (1986). Os valores de $D_{o_{12}}$ e $D_{o_{21}}$ advêm do Exemplo 4.1 ($D_{o_{12}} = 2,17 \times 10^{-5}\ cm^2/s$ e $D_{o_{21}} = 1,09 \times 10^{-5}\ cm^2/s$). Para a difusão do metanol diluído em água, utiliza-se a Equação (4.9); para a difusão da água diluída em metanol, etanol diluído em metanol e etanol diluído em metanol, utiliza-se a Equação (4.10); ou

$$\frac{D_{o_{j1}} \eta_1}{T} = 2,98 \times 10^{-7} \frac{1}{V_{b_j}^{0,5473} \eta_1^{0,026}} \tag{9}$$

$$\frac{D_{o_{ij}} \eta_j}{T} = 9,89 \times 10^{-8} \eta_j^{0,093} \left(\frac{V_{b_j}^{0,265}}{V_{b_i}^{0,45}} \right) \tag{10}$$

Tendo em vista que o sistema está a *25 °C* (= *298,15 K*), foram fornecidos os valores da viscosidade dinâmica para água (*1*), etanol (*2*) e metanol (*3*), sendo, respectivamente, $\eta_1 = 0,8911\ cP$, $\eta_2 = 1,087\ cP$ e $\eta_3 = 0,541\ cP$. São conhecidos também $V_{b1} = 18,9\ cm^3/mol$ e $V_{b2} = 59,3\ cm^3/mol$. Resta obter o volume molar à temperatura normal de ebulição do metanol. Como a fórmula molecular do metanol é CH_4O e o átomo presente na molécula está associado a uma hidroxila, o volume de Les Bas é calculado por

$$V_{b_3} = V_{b_C} + 4V_{b_H} + \underset{\text{O em hidroxila}}{7,4} \tag{11}$$

Identificando-se a contribuição dos átomos de carbono e de hidrogênio, pode-se escrever a partir da Tabela 4.3:

$$V_{b_3} = (1)(14,8) + (4)(3,7) + 7,4 = 27,0\ cm^3/mol \tag{12}$$

Substituindo-se as informações conhecidas nas Equações (9) e (10), tem-se os resultados para $D_{o_{ij}}$ apresentados na Tabela 1.

Tabela 1 – Valores dos coeficientes binários de difusão em condição de diluição infinita

D^o_{12} x10^5 (cm²/s)	D^o_{21} x10^5 (cm²/s)	D^o_{13} x10^5 (cm²/s)	D^o_{31} x10^5 (cm²/s)	D^o_{23} x10^5 (cm²/s)	D^o_{32} x10^5 (cm²/s)
2,17	1,09	3,28	1,65	1,96	1,83

Sabendo que $x_1 = 0{,}20$; $x_2 = 0{,}5$ e $x_3 = 0{,}3$, e com os valores de $D_{o_{ij}}$ apresentados na Tabela 1, tem-se, das Equações (4), (5) e (7), os valores de D_{o_i} que estão contidos na Tabela 2.

Tabela 2 – Coeficiente de difusão da espécie diluída

Espécie química	Água	Etanol	Metanol
D_{o_i} x 10^5 (cm²/s)	3,11	2,97	2,54

De posse dos valores presentes na Tabela 2 com aqueles de fração molar, x_i, pode-se substituí-los nas Equações (3), (6) e (8), obtendo-se:

- Para o par água (*1*) e etanol (*2*)

$$Đ_{12} = x_1 D_{o_2} + x_2 D_{o_1} = (0,2)(2,97\times10^{-5}) + (0,5)(3,11\times10^{-5}) = 2,15\times10^{-5}\,\text{cm}^2/\text{s} \quad (13)$$

- Para o par água (*1*) e metanol (*3*)

$$Đ_{13} = x_1 D_{o_3} + x_3 D_{o_1} = (0,2)(2,54\times10^{-5}) + (0,3)(3,11\times10^{-5}) = 1,44\times10^{-5}\,\text{cm}^2/\text{s} \quad (14)$$

- Para o par etanol (*2*) e metanol (*3*)

$$Đ_{23} = x_2 D_{o_3} + x_3 D_{o_2} = (0,5)(2,54\times10^{-5}) + (0,3)(2,97\times10^{-5}) = 2,16\times10^{-5}\,\text{cm}^2/\text{s} \quad (15)$$

9.5 COEFICIENTE GENERALIZADO DE DIFUSÃO EM SISTEMAS MULTICOMPONENTES

Como pode ser observado, a obtenção dos coeficientes de difusão por meio do modelo de Maxwell-Stefan não é trivial. Além disso, em aplicações usuais – até então –, para a descrição de fenômenos de difusão mássica, em que se empregam modelos, mesmo que complexos, com base em equações diferenciais, como aqueles a serem vistos no próximo capítulo, o fenômeno difusivo, em sua grande maioria, aparece em termos de coeficiente de transporte, como aqueles apresentados em misturas binárias ou como coeficientes efetivos de difusão. Torna-se necessário, desse modo, buscar uma ligação entre a robustez do modelo de Maxwell-Stefan com tal abordagem, configurando-se no modelo generalizado da 1ª lei de Fick para multicomponentes. Para tanto, retoma-se a situação em que o fluxo global do soluto *i*, referenciado a eixos estacionários, também é resultado da soma de seus fluxos difusivo e advectivo que, em base molar e na forma vetorial, é posto como

$$\vec{N}_i = \vec{J}_i + \vec{J}_i^c \tag{9.58}$$

Substitui-se a 1ª lei de Fick para a contribuição difusiva, considerando-se o meio *M* multicomponentes, e a Equação (9.31) para o fluxo advectivo, na Equação (9.58), resultando em:

$$\vec{N}_i = -CD_{iM}\vec{\nabla}x_i + C_i\vec{V} \tag{9.59}$$

Identifica-se a Equação (2.83) no termo advectivo da Equação (9.59),

$$\vec{N}_i = -CD_{iM}\vec{\nabla}x_i + x_iC\vec{V} \tag{9.60}$$

Observando-se a Equação (9.35) na contribuição advectiva da Equação (9.60), obtém-se

$$\vec{N}_i = -CD_{iM}\vec{\nabla}x_i + x_i\sum_{j=1}^{N}C_j\vec{v}_j \tag{9.61}$$

Pode-se substituir a definição de fluxo global da espécie *j*, Equação (9.23), na Equação (9.61), em:

$$\vec{N}_i = -CD_{iM}\vec{\nabla}x_i + x_i\sum_{j=1}^{N}\vec{N}_j \tag{9.62}$$

ou

$$\vec{N}_i = -CD_{iM}\vec{\nabla}x_i + x_i\vec{N}_i + x_i\sum_{j=1, j\neq 1}^{N}\vec{N}_j$$

que, rearranjada, fornece, após manipulações algébricas, a seguinte equação para o coeficiente generalizado de difusão

$$D_{iM} = \frac{\sum\limits_{j=1, j\neq 1}^{N} \vec{N}_j - (1 - x_i)\vec{N}_i}{C\vec{\nabla}x_i} \qquad (9.63)$$

Dessa maneira, substitui-se a equação de Maxwell-Stefan, na forma da Equação (9.46), na Equação (9.63), resultando em

$$D_{iM} = \frac{\sum\limits_{j=1, j\neq 1}^{N} \vec{N}_j - (1 - x_i)\vec{N}_i}{\sum\limits_{j=1, j\neq i}^{N} \frac{\left(x_i\vec{N}_j - x_j\vec{N}_i\right)}{Ð_{ij}}} \qquad (9.64)$$

A importância da Equação (9.64) reside na exposição da relação entre o coeficiente de difusão generalizado, presente na 1ª lei de Fick, D_{iM}, e os coeficientes de difusão de Maxwell-Stefan, $Ð_{ij}$. Na situação em que o soluto se difunde em um gás estagnado, ou seja, os fluxos líquidos das espécies *j* são nulos, a Equação (9.64) é simplificada para

$$D_{iM} = \frac{(1 - x_i)}{\sum\limits_{j=1, j\neq i}^{N} \frac{x_j}{Ð_{ij}}} \qquad (9.65)$$

Para mistura binária, $x_i + x_j = 1$, decorre da Equação (9.65) que:

$$D_{iM} = Ð_{ij} \qquad (9.66)$$

que é um resultado importante na medida em que, para misturas binárias, os coeficientes de difusão e os de Maxwell-Stefan são iguais (veja a Equação 9.36).

Exemplo 9.4

Admitindo-se o enunciado do Exemplo (9.3), obtenha o valor do:

a) coeficiente de difusão generalizado da água na solução apresentada;
b) coeficiente de difusão termodinâmico generalizado da água na solução, admitindo-se a correção de não idealidade segundo

$$D_{ij} = Ð_{ij}\Gamma_{ij} \qquad (9.67)$$

de modo que a Equação (9.65) seja posta em termos do coeficiente de difusão termodinâmico, D_{ij}, como

$$D_{iM} = \frac{(1 - x_i)}{\sum_{j=1 j \neq i}^{N} \frac{x_j}{D_{ij}}} \tag{9.68}$$

Para o fator termodinâmico, utilize a Equação (2.66), aqui reescrita como

$$\Gamma_{ij} = 1 - 2x_i x_j \frac{(A_{ij}A_{ji})^2}{(x_i A_{ij} + x_j A_{ji})^3} \tag{9.69}$$

Para a solução água (i)-etanol (j), foram obtidos no Exemplo 4.1 $A_{ij} = 0{,}999$ e $A_{ji} = 1{,}482$. Para o sistema água-metanol, as constantes são $A_{ij} = 0{,}5617$ e $A_{ji} = 0{,}8892$ (HOLMES; VAN WINKLE, 1970).

Solução:

a) Utiliza-se, neste item, a Equação (9.65), aqui retomada para a solução ternária como

$$D_{1M} = \frac{(1 - x_1)}{\frac{x_2}{Đ_{12}} + \frac{x_3}{Đ_{13}}} \tag{1}$$

De posse dos resultados apresentados nas Equações (13) e (14) do exemplo anterior e conhecendo-se $x_1 = 0{,}20$; $x_2 = 0{,}5$ e $x_3 = 0{,}3$, tem-se

$$D_{1M} = \frac{(1 - 0{,}2)}{\frac{0{,}5}{2{,}15 \times 10^{-5}} + \frac{0{,}3}{1{,}44 \times 10^{-5}}} = 1{,}81 \times 10^{-5}\ \mathrm{cm^2/s} \tag{2}$$

b) Considerando-se a aplicação da Equação (9.67), utiliza-se a Equação (9.68) na forma

$$D_{1M} = \frac{(1 - x_1)}{\frac{x_2}{D_{12}} + \frac{x_3}{D_{13}}} \tag{3}$$

Visto que $x_1 = 0{,}20$; $x_2 = 0{,}5$; e $x_3 = 0{,}3$, tem-se, a partir da Equação (9.69), para os sistemas água (*1*)-etanol (*2*) e água (*1*)-metanol (*3*):

$$\Gamma_{12} = 1-(2)(0,2)(0,5)\frac{(0,999\times 1,482)^2}{(0,2\times 0,999+0,5\times 1,482)^3} = 0,474 \tag{4}$$

$$\Gamma_{13} = 1-(2)(0,2)(0,3)\frac{(0,5617\times 0,8892)^2}{(0,2\times 0,5617+0,3\times 0,8892)^3} = 0,451 \tag{5}$$

Dos resultados conhecidos, verificam-se, a partir da Equação (9.67),

$$D_{12} = Đ_{12}\Gamma_{12} = (2,15\times 10^{-5})(0,474) = 1,02\times 10^{-5}\ cm^2/s \tag{6}$$

$$D_{13} = Đ_{13}\Gamma_{13} = (1,44\times 10^{-5})(0,451) = 0,65\times 10^{-5}\ cm^2/s \tag{7}$$

de modo que

$$D_{1M} = \frac{(1-0,2)}{\dfrac{0,5}{1,02\times 10^{-5}}+\dfrac{0,3}{0,65\times 10^{-5}}} = 0,84\times 10^{-5}\ cm^2/s \tag{8}$$

que é um resultado distinto daquele em que não se considera o efeito do fator termodinâmico, e o qual deve ser utilizado, uma vez que, tendo em vista o menor valor, o fenômeno associado apresenta maior resistência à difusão mássica.

É necessária a lembrança de que a Equação (9.68), conhecida como lei de Blanck (PRAUSNITZ; LICHTENTHALER; AZEVEDO, 1999), remete à equação proposta por Wilke (1950) para meio gasoso estagnado, na qual, no lugar dos coeficientes de difusão de Maxwell-Stefan, são empregados os coeficientes de difusão mútua,

$$D_{iM} = \frac{(1-y_i)}{\displaystyle\sum_{j=1 j\neq i}^{N}\frac{y_j}{D_{ij}}} \tag{9.70}$$

Exemplo 9.5

Retome o enunciado do Exemplo 3.1, ou seja, a difusão de vapor de água em ar seco, considerando $T = 25\ ^oC$ e $P = 1\ atm$. Assuma que o ar seco é uma mistura ideal das espécies contidas na Tabela 1 do Exemplo 9.1.

Solução: trata-se de um problema da difusão de um soluto em uma mistura gasosa multicomponente, cujo valor do coeficiente de difusão é calculado por meio da Equação (9.70),

$$D_{iM}=\frac{(1-y_i)}{\sum\limits_{j=1 j\neq i}^{N}\frac{y_j}{D_{ij}}} \tag{1}$$

e, por se tratar de gás ideal, da Equação (9.67),

$$D_{ij}=Đ_{ij} \tag{2}$$

O valor do coeficiente de difusão do vapor de água, na mistura considerada, depende da difusão binária dessa espécie em cada uma das espécies químicas que compõem o ar seco. Para o par *ij*, sendo $i = 1$ e $i \neq j$, deve-se utilizar a correlação de Fuller, Schetter e Giddings (1966), Equação (3.36), na forma

$$D_{1j}=1{,}053\times10^{-3}\frac{T^{1,75}}{Pd_{1j}^2}\left[\frac{1}{M_1}+\frac{1}{M_j}\right]^{1/2} \tag{3}$$

com

$$d_{1j}=\left(\sum v\right)_1^{1/3}+\left(\sum v\right)_j^{1/3} \tag{4}$$

em que se identificam 1 a H_2O, 2 a N_2, 3 a O_2, 4 a Ar, 5 a CO_2, 6 a Ne, 7 a He, 8 a Kr, 9 a Xe, 10 a CH_4, 11 a H_2, 12 a N_2O, 13 a CO, 14 a NH_3, 15 a NO_2, 16 a SO_2, 17 a H_2S e 18 a O_3. Da Tabela 3.4, $\left(\sum v\right)_{H_2O}=13{,}1\ cm^3/mol$. No que diz respeito ao restante dos constituintes do ar seco, são utilizados os seus volumes conforme a Tabela 3.5, exceto para CH_4, NO_2, H_2S e O_3, para os quais é admitida a contribuição do volume atômico na molécula considerada (Tabela 3.6).

Para o metano (CH_4),

$$\left(\sum v\right)_{CH_4}=(1)\times v_C+(4)\times v_H=(1)\times(15{,}9)+(4)\times(2{,}31)=25{,}14\ cm^3/mol \tag{5}$$

Para o dióxido de nitrogênio (NO_2),

$$\left(\sum v\right)_{NO_2}=(1)\times v_N+(2)\times v_O=(1)\times(4{,}54)+(2)\times(6{,}11)=16{,}76\ cm^3/mol \tag{6}$$

Para o sulfeto de hidrogênio (H_2S),

$$\left(\sum v\right)_{H_2S} = (2)\times v_H + (2)\times v_S = (2)\times(2,31)+(1)\times(22,9) = 27,52\ cm^3/mol \quad (7)$$

Para o ozônio (O_3),

$$\left(\sum v\right)_{O_3} = (3)\times v_O = 18,33\ cm^3/mol \quad (8)$$

Determina-se o valor do diâmetro de difusão, d_{1j}, para cada par *1j*. Ao se utilizarem os valores apresentados na Tabela 3 do Exemplo 9.1 e aqueles oriundos das Equações 4 a 7, pode-se elaborar a Tabela 1.

Tabela 1 – Valores do diâmetro de difusão – Equação (4)

par	d_{12}	d_{13}	d_{14}	d_{15}	d_{16}	d_{17}	d_{18}	d_{19}	$d_{1,10}$
d_{1j} (Å)	5,00	4,89	4,89	5,35	4,17	3,74	5,26	5,56	5,29

par	$d_{1,11}$	$d_{1,12}$	$d_{1,13}$	$d_{1,14}$	$d_{1,15}$	$d_{1,16}$	$d_{1,17}$	$d_{1,18}$
d_{1j} (Å)	4,19	5,66	4,98	5,1	4,92	5,83	5,38	4,99

Os valores da massa molar das espécies envolvidas na difusão mássica encontram-se no enunciado do Exemplo 9.1, e os valores da temperatura e a pressão do sistema são *25 °C* e *1 atm*. Deve-se recordar que a temperatura utilizada na Equação (3) deve ser em Kelvin ($T = 25 + 273,15 = 298,15\ K$). Retoma-se a Equação (3), para cada par *1j*, admitindo-se os valores presentes na Tabela 1, resultando os valores dos coeficientes binários de difusão apresentados na Tabela 2.

Tabela 2 – Valores do coeficiente binário de difusão – Equação (3)

par	D_{12}	D_{13}	D_{14}	D_{15}	D_{16}	D_{17}	D_{18}	D_{19}	$D_{1,10}$
D_{1j} (cm^2/s)	0,272	0,277	0,267	0,220	0,419	0,890	0,211	0,183	0,272

par	$D_{1,11}$	$D_{1,12}$	$D_{1,13}$	$D_{1,14}$	$D_{1,15}$	$D_{1,16}$	$D_{1,17}$	$D_{1,18}$
D_{1j} (cm^2/s)	0,953	0,197	0,274	0,293	0,259	0,177	0,227	0,250

O cálculo do valor do coeficiente de difusão do vapor de água no ar seco advém da substituição dos valores de fração molar, Tabela 3 do Exemplo 9.1, e dos coeficientes binários de difusão, Tabela 2, no denominador da Equação (1),

$$\sum_{\substack{i=2\\ i\neq 1}}^{N}\frac{y_i}{D_{1,i}}=\frac{0,78}{0,272}+\frac{0,21}{0,277}+\frac{9,42\times10^{-3}}{0,267}+\frac{3,15\times10^{-3}}{0,220}+\frac{1,82\times10^{-5}}{0,419}+\frac{5,24\times10^{-6}}{0,890}+$$
$$+\frac{1,14\times10^{-6}}{0,221}+\frac{8,71\times10^{-8}}{0,183}+\frac{1,52\times10^{-6}}{0,272}+\frac{5,06\times10^{-7}}{0,953}+\frac{2,95\times10^{-7}}{0,197}+\frac{1,19\times10^{-7}}{0,274}+ \tag{9}$$
$$+\frac{9,96\times10^{-10}}{0,293}+\frac{9,94\times10^{-10}}{0,259}+\frac{2,03\times10^{-10}}{0,177}+\frac{1,99\times10^{-10}}{0,227}+\frac{3,89\times10^{-7}}{0,250}=3,675\ \mathrm{s/cm^2}$$

Tendo em vista que se trata de ar seco, $y_1 = 0$, tem-se do numerador da Equação (1):

$$1-y_1=1-0,0=1,0 \tag{10}$$

Substituindo-se os resultados (9) e (10) na Equação (1):

$$D_{1M}=\frac{1}{3,675}=0,272\ \mathrm{cm^2/s} \tag{11}$$

acarretando em desvio relativo, em relação ao valor experimental, de

$$\text{Desvio}=\left(\frac{D_{1M_{cal.}}-D_{1M_{exp.}}}{D_{1M_{exp.}}}\right)\times100\%=\left(\frac{0,272-0,26}{0,26}\right)\times100\%=4,62\%$$

É necessária a menção de que o ar seco, enquanto meio difusivo, apresenta – praticamente – apenas O_2 e N_2, o que pode ser tratado como uma mistura pseudobinária, do modo como foi abordado no Exemplo 3.1, corroborando a observação de Taylor e Krishna (1993) enunciada na seção 1.7.

CAPÍTULO 10
DESCRIÇÃO DA DIFUSÃO MÁSSICA EM MEIO CONTÍNUO

A abordagem sobre difusão mássica apresentada nos capítulos anteriores está centrada, basicamente, nos mecanismos de transporte de matéria, sem a preocupação de se descrever a distribuição de concentração do soluto, sua concentração média e seu fluxo presentes em determinadas situações físicas, como aquelas encontradas enquanto exemplos nos capítulos anteriores. Intenta-se, no presente capítulo, a descrição de fenômenos de difusão mássica por meio de modelos matemáticos. Cabe ressaltar que a proposição desses modelos pressupõe a descrição de difusão mássica no âmbito do contínuo, como nas equações de conservação. Esses modelos são delineados em termos de equações diferenciais que, em conjunto com condições de fronteira apropriadas, permitem relatar determinado fenômeno, como a difusão mássica binária em meio gasoso; a difusão mássica acompanhada de reação química em meio líquido ou em sólido cristalino; e a difusão mássica em sólido poroso, esta direcionada tanto para a adsorção física quanto para a difusão mássica acompanhada de reação química heterogênea.

10.1 HIPÓTESE DO CONTÍNUO E A EQUAÇÃO DA CONTINUIDADE DO SOLUTO *A*

Ao se retomar os volumes de controle ilustrados nas Figuras 2.3 e 9.1, é necessário que se reforce o conceito de que as moléculas presentes em tais elementos de volume perdem suas características individuais, assumindo propriedades médias para a população considerada. Além disso, diferentemente do enfoque dos capítulos que apresentaram os mecanismos difusivos mássicos em escala molecular (ou atômica) e nos quais o soluto foi identificado ou a uma molécula ou a um átomo ou a um íon, em que se observava distanciamento entre, por exemplo, duas moléculas gasosas na iminência da colisão por meio do caminho livre médio, neste capítulo admite-se a hipótese do contínuo. Para essa hipótese são assumidos que não existem espaços vazios entre os atores da difusão; cada volume de controle em que ocorre a difusão mássica é preenchido por número considerável de partículas, de modo a se considerar, como escrito anteriormente, propriedades médias da população, tais como concentração e velocidade. Tais propriedades são representadas por funções contínuas da posição e do tempo. Por consequência, a descrição da difusão mássica em meio continuo dá-se por meio de proposições de equações da continuidade que permitem o conhecimento da distribuição de concentração de determinado soluto no tempo e no espaço, sujeito ou não a transformações, a partir da qual se torna possível a obtenção de fluxos (ou taxas) de matéria e concentração média da espécie considerada. Para tanto, a equação da continuidade mássica do soluto *A* nasce do balanço de taxa de matéria, que flui através das fronteiras de um elemento de volume, eleito no meio contínuo, e da taxa mássica que varia no interior desse volume, considerando-o em coordenadas cartesianas, como representado na Figura 10.1.

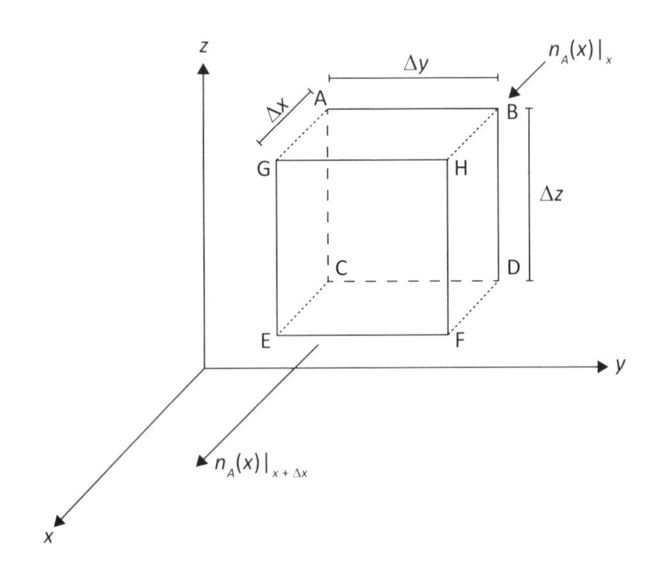

Figura 10.1 – Fluxo mássico global de *A*, na direção *x*, através do volume de controle (CREMASCO, 2015).

O balanço material para o soluto *A* através do volume de controle, representado na Figura 10.1, é

$$\begin{pmatrix}\text{Taxa de massa}\\ \text{que entra no}\\ \text{volume de controle}\end{pmatrix} - \begin{pmatrix}\text{Taxa de massa}\\ \text{que sai do}\\ \text{volume de controle}\end{pmatrix} + \\ + \begin{pmatrix}\text{Taxa de produção}\\ \text{de massa no}\\ \text{volume de controle}\end{pmatrix} = \begin{pmatrix}\text{Taxa de acúmulo}\\ \text{de massa no}\\ \text{volume de controle}\end{pmatrix} \quad (10.1)$$

Sabendo que o fluxo mássico absoluto de A, na direção cartesiana $k = x, y$ ou z, que migra para o elemento de volume é $n_{A,k}$, e aquele que o abandona, $n_{A,k+\Delta k}$, realiza-se o balanço material desta espécie em termos de taxa mássica (*fluxo* vs. *área da seção transversal do elemento de volume de controle*), segundo

$$\begin{aligned}&\left(n_{A,x} - n_{A,x+\Delta x}\right)\Delta y \Delta z + \left(n_{A,y} - n_{A,y+\Delta y}\right)\Delta x \Delta z + \\ &+\left(n_{A,z} - n_{A,z+\Delta z}\right)\Delta x \Delta y + r_A''' \Delta x \Delta y \Delta z = \frac{\partial}{\partial t}\rho_A \Delta x \Delta y \Delta z\end{aligned} \tag{10.2}$$

A partir da definição de derivada parcial, aplicada para o fluxo mássico absoluto de A na direção k,

$$n_{A,k+\Delta k} \cong n_{A,k} + \frac{\partial}{\partial k} n_A \Big|_k \Delta k \tag{10.3}$$

ou

$$n_{A,k} - n_{A,k+\Delta k} \cong -\frac{\partial n_{A,k}}{\partial k} \Delta k \tag{10.4}$$

Substituindo-se a definição (10.4), assumindo-a como igualdade, na Equação (10.2), resulta em

$$-\frac{\partial n_{A,x}}{\partial x} \Delta x \Delta y \Delta z - \frac{\partial n_{A,y}}{\partial y} \Delta x \Delta y \Delta z - \frac{\partial n_{A,z}}{\partial z} \Delta x \Delta y \Delta z + r_A''' \Delta x \Delta y \Delta z = \frac{\partial}{\partial t}\rho_A \Delta x \Delta y \Delta z \tag{10.5}$$

ou

$$\frac{\partial \rho_A}{\partial t} = -\left[\frac{\partial n_{A,x}}{\partial x} + \frac{\partial n_{A,y}}{\partial y} + \frac{\partial n_{A,z}}{\partial z}\right] + r_A''' \tag{10.6}$$

A identidade entre colchetes na Equação (10.6) é conhecida como operador divergente. Desse modo, essa equação é reescrita como

$$\frac{\partial \rho_A}{\partial t} + \vec{\nabla} \cdot \vec{n}_A = r_A''' \tag{10.7}$$

Além das coordenadas retangulares (ou cartesianas), explicitadas na Equação (10.6), têm-se, a partir da Equação (10.7), as equações da continuidade mássica para a espécie A nas coordenadas cilíndricas e esféricas do modo como segue (BIRD; STEWART; LIGHTFOOT, 1960):

$$\frac{\partial \rho_A}{\partial t} + \left[\frac{1}{r}\frac{\partial\left(r n_{A,r}\right)}{\partial r} + \frac{1}{r\,\text{sen}\,\theta}\frac{\partial n_{A,\theta}}{\partial \theta} + \frac{\partial n_{A,z}}{\partial z}\right] = r_A''' \tag{10.8}$$

$$\frac{\partial \rho_A}{\partial t}+\left[\frac{1}{r^2}\frac{\partial\left(r^2 n_{A,r}\right)}{\partial r}+\frac{1}{r\,\text{sen}\,\theta}\frac{\partial\left(\text{sen}\,\theta\, n_{A,\theta}\right)}{\partial \theta}+\frac{1}{r\,\text{sen}\,\theta}\frac{\partial n_{A,\phi}}{\partial \phi}\right]=r_A''' \quad (10.9)$$

A obtenção da equação da continuidade, em base molar, para a espécie A advém da Equação (10.7). Neste caso, divide-se essa equação pela massa molar do soluto, M_A, além de definir $R_A''' \equiv r_A'''/M_A$ (o que é válido para reações químicas irreversíveis de primeira e pseudoprimeira ordem), resultando em

$$\frac{\partial C_A}{\partial t}+\vec{\nabla}\cdot\vec{N}_A=R_A''' \quad (10.10)$$

que, em termos de coordenadas retangulares, cilíndricas e esféricas, é reescrita na forma

$$\frac{\partial C_A}{\partial t}+\left(\frac{\partial N_{A,x}}{\partial x}+\frac{\partial N_{A,y}}{\partial y}+\frac{\partial N_{A,z}}{\partial z}\right)=R_A''' \quad (10.11)$$

$$\frac{\partial C_A}{\partial t}+\left[\frac{1}{r}\frac{\partial\left(r N_{A,r}\right)}{\partial r}+\frac{1}{r\,\text{sen}\,\theta}\frac{\partial N_{A,\theta}}{\partial \theta}+\frac{\partial N_{A,z}}{\partial z}\right]=R_A''' \quad (10.12)$$

$$\frac{\partial C_A}{\partial t}+\left[\frac{1}{r^2}\frac{\partial\left(r^2 N_{A,r}\right)}{\partial r}+\frac{1}{r\,\text{sen}\,\theta}\frac{\partial\left(\text{sen}\,\theta\, N_{A,\theta}\right)}{\partial \theta}+\frac{1}{r\,\text{sen}\,\theta}\frac{\partial N_{A,\phi}}{\partial \phi}\right]=R_A''' \quad (10.13)$$

Para a obtenção da distribuição espacial e temporal do soluto A em determinado meio, assim como a sua concentração média e fluxo, torna-se crucial o conhecimento da equação da continuidade para a espécie considerada em termos da 1ª lei de Fick. Para tanto, toma-se o fluxo global do soluto A, referenciado a eixos estacionários, em base mássica, à semelhança da Equação (9.58), ou

$$\vec{n}_A=\vec{j}_A+\vec{j}_A^{\,c} \quad (10.14)$$

em que a parcela referente à contribuição difusiva é dada pela Equação (2.76), enquanto aquela associada à contribuição advectiva é contemplada pela Equação (9.30), para mistura binária, as quais, substituídas na Equação (10.14), fornecem

$$\vec{n}_A=-D_{AB}\vec{\nabla}\rho_A+\rho_A\vec{v} \quad (10.15)$$

Substituindo-se a Equação (10.15) na Equação (10.7), obtém-se

$$\underbrace{\frac{\partial \rho_A}{\partial t}}_{\text{acúmulo}} + \underbrace{\vec{\nabla}.[\rho_A \vec{v}]}_{\text{contribuição advectiva}} = \underbrace{\vec{\nabla}.\left[D_{AB}\vec{\nabla}\rho_A\right]}_{\text{contribuição difusiva}} + \underbrace{r_A'''}_{\text{geração ou consumo de matéria}} \tag{10.16}$$

A obtenção da equação da continuidade em base molar para a espécie *A*, considerando-se a variação da concentração do soluto, advém da Equação (10.16), dividindo-a pela massa molar do soluto M_A,

$$\underbrace{\frac{\partial C_A}{\partial t}}_{\text{acúmulo}} + \underbrace{\vec{\nabla}.[C_A \vec{v}]}_{\text{contribuição advectiva}} = \underbrace{\vec{\nabla}.\left[D_{AB}\vec{\nabla}C_A\right]}_{\text{contribuição difusiva}} + \underbrace{R_A'''}_{\text{geração ou consumo de matéria}} \tag{10.17}$$

As Equações (10.16) e (10.17), além daquelas que as resultaram, são passíveis de simplificações, dentre as quais as mais comuns são aquelas que consideram constantes temperatura, pressão do sistema, bem como a concentração da solução (ou da mistura), implicando $\vec{\nabla} \cdot \vec{v} = 0$ e o valor do coeficiente de difusão, portanto, a validade da 1ª lei de Fick. Os Quadros 10.1 e 10.2 apresentam, após tais considerações, as equações da continuidade de *A* em base mássica e molar, respectivamente.

Quadro 10.1 – Equação da continuidade mássica do soluto *A*, considerando-se a 1ª lei de Fick (CREMASCO, 2015)

Coordenadas retangulares

$$\frac{\partial \rho_A}{\partial t} + \left(v_x \frac{\partial \rho_A}{\partial x} + v_y \frac{\partial \rho_A}{\partial y} + v_z \frac{\partial \rho_A}{\partial z} \right) = D_{AB} \left(\frac{\partial^2 \rho_A}{\partial x^2} + \frac{\partial^2 \rho_A}{\partial y^2} + \frac{\partial^2 \rho_A}{\partial z^2} \right) + r_A''' \tag{10.18}$$

Coordenadas cilíndricas

$$\frac{\partial \rho_A}{\partial t} + \left(v_r \frac{\partial \rho_A}{\partial r} + \frac{v_\theta}{r} \frac{\partial \rho_A}{\partial \theta} + v_z \frac{\partial \rho_A}{\partial z} \right) = D_{AB} \left[\frac{1}{r} \frac{\partial}{\partial r} \left(r \frac{\partial \rho_A}{\partial r} \right) + \frac{1}{r} \frac{\partial^2 \rho_A}{\partial \theta^2} + \frac{\partial^2 \rho_A}{\partial z^2} \right] + r_A''' \tag{10.19}$$

Coordenadas esféricas

$$\frac{\partial \rho_A}{\partial t} + \left(v_r \frac{\partial \rho_A}{\partial r} + \frac{v_\theta}{r} \frac{\partial \rho_A}{\partial \theta} + \frac{v_\varphi}{r \operatorname{sen}\theta} \frac{\partial \rho_A}{\partial \phi} \right) = D_{AB} \left[\frac{1}{r^2} \frac{\partial}{\partial r} \left(r^2 \frac{\partial \rho_A}{\partial r} \right) + \frac{1}{r^2 \operatorname{sen}\theta} \frac{\partial}{\partial \theta} \left(\operatorname{sen}\theta \frac{\partial \rho_A}{\partial \theta} \right) + \frac{1}{r^2 \operatorname{sen}^2\theta} \frac{\partial^2 \rho_A}{\partial \phi^2} \right] + r_A''' \tag{10.20}$$

Quadro 10.2 – Equação da continuidade molar da espécie *A*, considerando-se a 1ª lei de Fick (CREMASCO, 2015)

Coordenadas retangulares

$$\frac{\partial C_A}{\partial t}+\left(v_x\frac{\partial C_A}{\partial x}+v_y\frac{\partial C_A}{\partial y}+v_z\frac{\partial C_A}{\partial z}\right)=D_{AB}\left(\frac{\partial^2 C_A}{\partial x^2}+\frac{\partial^2 C_A}{\partial y^2}+\frac{\partial^2 C_A}{\partial z^2}\right)+R_A''' \quad (10.21)$$

Coordenadas cilíndricas

$$\frac{\partial C_A}{\partial t}+\left(v_r\frac{\partial C_A}{\partial r}+\frac{v_\theta}{r}\frac{\partial C_A}{\partial \theta}+v_z\frac{\partial C_A}{\partial z}\right)=$$

$$=D_{AB}\left[\frac{1}{r}\frac{\partial}{\partial r}\left(r\frac{\partial C_A}{\partial r}\right)+\frac{1}{r}\frac{\partial^2 C_A}{\partial \theta^2}+\frac{\partial^2 C_A}{\partial z^2}\right]+R_A''' \quad (10.22)$$

Coordenadas esféricas

$$\frac{\partial C_A}{\partial t}+\left(v_r\frac{\partial C_A}{\partial r}+\frac{v_\theta}{r}\frac{\partial C_A}{\partial \theta}+\frac{v_\phi}{r\,\text{sen}\theta}\frac{\partial C_A}{\partial \phi}\right)=$$

$$=D_{AB}\left[\frac{1}{r^2}\frac{\partial}{\partial r}\left(r^2\frac{\partial C_A}{\partial r}\right)+\frac{1}{r^2\text{sen}\theta}\frac{\partial}{\partial \theta}\left(\text{sen}\theta\frac{\partial C_A}{\partial \theta}\right)+\frac{1}{r^2\text{sen}^2\theta}\frac{\partial^2 C_A}{\partial \phi^2}\right]+R_A''' \quad (10.23)$$

10.2 CONDIÇÕES DE FRONTEIRA

As equações da continuidade da espécie *A* devem, para efeitos práticos, ser passíveis de solução analítica e/ou numérica. Qualquer que seja o método de solução, tais equações estão sujeitas às condições iniciais e de contorno (conhecidas como condições de fronteira) referentes à propriedade $\psi[\mathbf{k}(t),t]$, sendo esta $\psi = \rho_A$ ou $\psi = w_A$ ou $\psi = C_A$ ou $\psi = x_A$ ou $\psi = y_A$.

Condição inicial: esta condição de fronteira refere-se ao conhecimento da concentração do soluto $\psi[\mathbf{k}(t),t]$ no início do processo, ou seja,

$$t=0,\quad \psi\left[\mathbf{k}(t=0),t=0\right]=\psi_0 \quad (10.24)$$

Condições de contorno: tais condições de fronteira referem-se ao valor ou informação sobre a propriedade $\psi[\mathbf{k}(t),t]$ em posições específicas no volume de controle ou na fronteira desse volume. As condições de contorno mais comuns são as do tipo Dirichlet e de Newman.

Condição de contorno de Dirichlet. Identificada à fronteira de interesse ***k***, têm-se valores conhecidos para a propriedade $\psi[\mathbf{k}(t),t]$, como, por exemplo, a concentração (uniforme) do soluto em determinada posição k:

$$\vee t, \ \psi = \psi_k \tag{10.25}$$

Um exemplo típico é a evaporação de determinada espécie A a partir da fase líquida constituída da própria espécie A. A sua concentração, $\psi = y_A$, na interface k, advém de

$$y_A^{vap} = \frac{P_A^{vap}}{P} \tag{10.26}$$

Condição de contorno de Newman. As informações apresentadas até então referem-se a valores especificados da propriedade $\psi[\mathbf{k}(t),t]$. Existem aquelas em que se trabalha com o fluxo de matéria do soluto A em condição de simetria de transporte em certa fronteira k, na forma

$$\vee t, \ \frac{\partial \psi}{\partial k}\Big|_{k=0} = 0 \tag{10.27}$$

Existem situações em que se conhece o valor do fluxo do soluto em determinada posição k, seja por difusão mássica, Equação (10.28), seja por convecção mássica, Equação (10.29), respectivamente:

$$\vee t, \ n_{A,k} = -D_{ef} \frac{\partial \psi}{\partial k}\Big|_k \tag{10.28}$$

$$\vee t, \ n_{A,k} = k_m \left(\psi_k - \psi_\infty\right) \tag{10.29}$$

Ressalte-se na Equação (10.28) que se considera uma matriz porosa (observe o D_{ef}), contudo, tal matriz pode ser uma fase fluida ou sólida cristalina. Nesse caso, basta substituir o coeficiente de difusão apropriado. Ao se considerar o contato entre duas fases, em que o soluto migra da fase *1* para a fase *2*, de modo que a interface não ofereça resistência, torna-se possível a igualdade entre as Equações (10.28) e (10.29), segundo

$$\vee t, \ -D_{ef_1} \frac{\partial \psi}{\partial k}\Big|_k = k_{m_2} \left(\psi_{k_2} - \psi_\infty\right) \tag{10.30}$$

Ao se considerar a existência de uma fase externa (fase *2*) que envolve determinada fase *1*, na qual o volume de controle está contido, Figura 10.2, fase esta em que ocorre o fenômeno de difusão mássica (fase *1*), torna-se possível especificá-la (a fase *2*) com as características físicas (geométricas) e fluidodinâmicas de um filme que circunda a fase *1*. Conforme comentado na seção 1.2, a descrição da fluidodinâmica da fase *2* pode advir do conhecimento de regimes de escoamento causado por agentes externos, como a ação de um ventilador, caracterizando a convecção mássica forçada. Caso esse movimento venha a ser provocado pela pressão parcial do soluto (presente na fase *1* e que migra para a fase *2*), alterando a densidade do meio *2*, associado à ação de um campo de força externo, determina-se o surgimento da convecção mássica natural. A distribuição de concentração do soluto na fase *1*, por consequência, pode ser afetada por aquilo que acontece na fase *2*. Seja qual for o mecanismo de convecção mássica, o seu fluxo mássico é definido pela Equação (10.29), sendo o coeficiente convectivo de transferência de massa, k_m, um parâmetro cinemático, que abarca diversas influências, tais como a combinação das características físicas da fase *2*, tipo de equipamento em que ocorre determinada operação de transferência de matéria, velocidade do meio, assim como as condições operacionais de temperatura e de pressão, bem como o próprio efeito difusivo na fase *2*. Na situação em que se considera o escoamento de fluido newtoniano sobre uma placa plana parada, tem-se, respectivamente, para os regimes laminar e turbulento (CREMASCO, 2015),

$$\mathrm{Sh} = 0{,}664\,\mathrm{Re}^{1/2}\,\mathrm{Sc}^{1/3}, \text{ válida para } \mathrm{Re} \leq 3{,}0\times10^5;\ 0{,}6 < \mathrm{Sc} < 2.500 \qquad (10.31)$$

$$\mathrm{Sh} = 0{,}073\,\mathrm{Re}^{4/5}\,\mathrm{Sc}^{1/3}, \text{ válida para } 3\times10^4 < \mathrm{Re} < 1\times10^6;\ 0{,}6 < \mathrm{Sc} < 2.500 \qquad (10.32)$$

nas quais o número de Sherwood, $Sh = k_m L/D_{AB}$ (L refere-se ao comprimento da placa plana), estabelece a relação entre as resistências aos fenômenos de difusão mássica e convecção mássica que ocorre no mesmo meio (ou fase; fase *2* na Figura 10.2); o número de Reynolds, $Re = u_\infty L/\nu$, indica a relação entre as forças inerciais e viscosas presentes no escoamento da fase considerada; e o número de Schmidt, $Sc = \nu/D_{AB}$, que aponta a relação entre a força viscosa e a difusão mássica presentes na mesma fase.

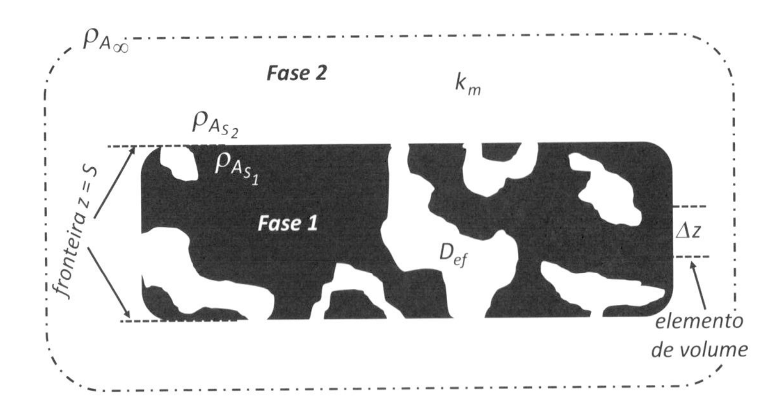

Figura 10.2 – Ilustração da condição de contorno de Newman considerando-se a igualdade dos fluxos difusivo e convectivo na interface de uma matriz porosa cartesiana para $\psi = \rho_A$ e $k = z$.

10.3 DESCRIÇÃO DA DIFUSÃO MÁSSICA EM MEIO GASOSO ESTAGNADO: O MODELO PSEUDOESTACIONÁRIO

Existem diversas técnicas experimentais para a obtenção do coeficiente de difusão em gases, dentre as quais aquela que se baseia na difusão mássica, em regime permanente, do soluto através de um filme gasoso e inerte, conforme ilustra a Figura 10.3, que representa a evaporação do soluto *A*.

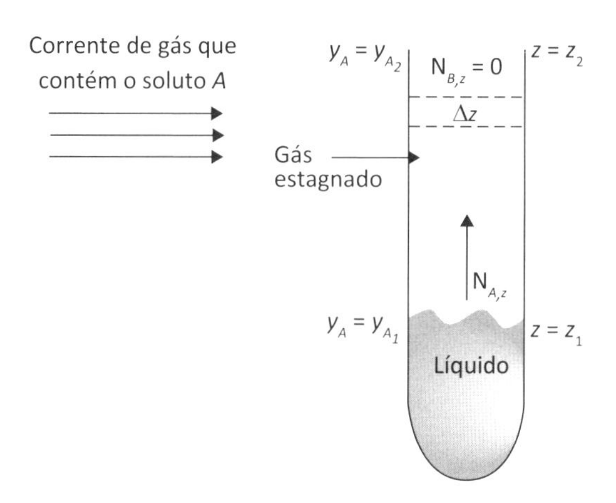

Figura 10.3 – Difusão mássica através de filme gasoso inerte e estagnado (baseada em CREMASCO, 2015).

Tendo em vista a natureza do capilar, representada na Figura 10.3, o fluxo do soluto – na fase gasosa – dá-se de maneira unidirecional, cuja equação diferencial é aquela descrita pela Equação (10.11), que, considerando-se regime permanente e sem reação química no meio em que se dá o transporte, é retomada como

$$\frac{d}{dz} N_{A,z} = 0 \tag{10.33}$$

De onde resulta o fluxo global do soluto ser constante,

$$N_{A,z} = cte$$

cujo fluxo advém da Equação (9.62), a qual, para mistura binária em meio gasoso, é

$$N_{A,z} = -CD_{AB} \frac{dy_A}{dz} + y_A \left(N_{A,z} + N_{B,z} \right) \tag{10.34}$$

Visto que o meio está estagnado, $N_{B,z} = 0$, tem-se

$$N_{A,z} = -\frac{CD_{AB}}{\left(1 - y_A\right)} \frac{dy_A}{dz} \tag{10.35}$$

em que a concentração molar do meio gasoso, assumindo-o ideal, relaciona-se com a pressão e temperatura tal como segue

$$C = \frac{P}{RT} \tag{10.36}$$

É possível obter a distribuição de concentração do soluto, em termos de fração molar, no meio considerado, com a substituição da Equação (10.35) na Equação (10.33):

$$\frac{d}{dz}\left(-\frac{CD_{AB}}{1-y_A}\frac{dy_A}{dz}\right)=0 \tag{10.37}$$

Tendo em vista que a temperatura e a pressão são constantes, sendo válida a 1ª lei de Fick ($D_{AB} = cte$), a Equação (10.37) assume a forma

$$\frac{d}{dz}\left(\frac{1}{1-y_A}\frac{dy_A}{dz}\right)=0 \tag{10.38}$$

que está sujeita às condições de contorno conforme a Equação (10.25):

$$\text{C.C. 1: } z = z_1;\ y_A = y_{A1} \tag{10.39}$$

$$\text{C.C. 2: } z = z_2;\ y_A = y_{A2} \tag{10.40}$$

Lembrando que, no caso de evaporação a partir de líquido puro, a condição de contorno (10.39) é identificada à Equação (10.26). Assim, a solução da Equação (10.38), admitindo-se as condições de contorno (10.39) e (10.40), é

$$\left(\frac{1-y_A}{1-y_{A_1}}\right)=\left(\frac{1-y_{A_2}}{1-y_{A_1}}\right)^{\frac{z-z_1}{z_2-z_1}} \tag{10.41}$$

A concentração média do soluto A, em termos de sua fração molar em todo o volume considerado, é definida por

$$\langle y_A \rangle = \frac{\int_{\upsilon} y_A d\upsilon}{\int_{\upsilon} d\upsilon} \tag{10.42}$$

Como se trata de difusão unidirecional em z, a Equação (10.42) é posta como

$$\langle y_A \rangle = \frac{1}{(z_2 - z_1)} \int_{z_1}^{z_2} y_A(z)\,dz \tag{10.43}$$

Depois de substituir o resultado (10.41) na Equação (10.43) e com as adequações necessárias, obtém-se

$$\langle y_A \rangle = 1 - \frac{\left(y_{A_1} - y_{A_2}\right)}{\ell n\left(\dfrac{1 - y_{A_2}}{1 - y_{A_1}}\right)} \tag{10.44}$$

A concentração molar média do soluto A será dada a partir do produto entre as Equações (10.36) e (10.44), que, para gases ideais, resulta em

$$\langle C_A \rangle = \langle y_A \rangle C = \langle y_A \rangle \frac{P}{RT} \tag{10.45}$$

Além da obtenção da distribuição de concentração do soluto A (em termos de fração molar no presente caso) e de seu valor médio, é possível obter o fluxo de evaporação desse soluto a partir da Equação (10.35), a qual é integrada supondo os limites de integração na forma das condições de contorno (10.39) e (10.40), ou

$$N_{A,z} \int_{z_1}^{z_2} dz = -CD_{AB} \int_{y_{A_1}}^{y_{A_2}} \left(\frac{dy_A}{1 - y_A}\right)$$

cuja solução para o fluxo é

$$N_{A,z} = \left(\frac{CD_{AB}}{z_2 - z_1}\right) \ell n\left(\frac{1 - y_{A_1}}{1 - y_{A_2}}\right) \tag{10.46}$$

Ao se retomar a Figura 10.3 na Figura 10.4, aventa-se a situação em que, devido à evaporação do soluto, há variação do nível do líquido (a partir do topo do capilar) segundo

- para $t = t_o$ (tempo inicial de observação), o nível está em $z_1 = z_1(t_0)$
- para $t = t$ (tempo final da observação), o nível está em $z_1 = z_1(t)$

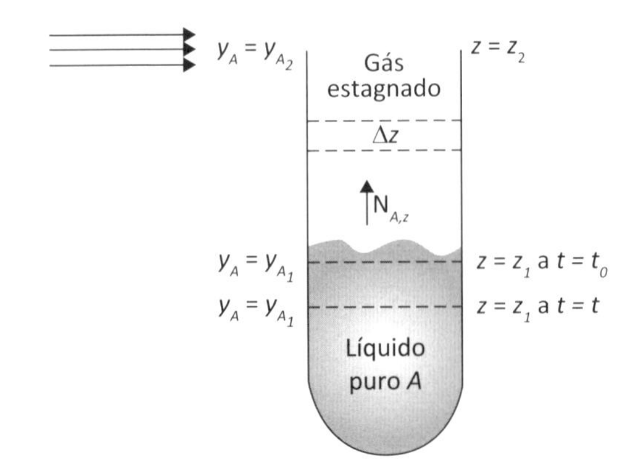

Figura 10.4 – Regime pseudoestacionário em coordenadas retangulares (CREMASCO, 2015).

Como o fenômeno difusivo ocorre na fase gasosa, a equação da continuidade do soluto é aquela descrita pela Equação (10.33), ou seja, o regime é permanente e o que varia, no tempo, é a fronteira do meio difusivo. Nesta, a concentração do soluto sempre será constante e estará descrita pela condição (10.39). Dessa maneira, o fenômeno difusivo ocorre em regime permanente com variação lenta da superfície de contorno, caracterizando o modelo pseudoestacionário. O fluxo global de matéria, dado pela Equação (10.46), é retomado como

$$N_{A,z} = \left(\frac{CD_{AB}}{z}\right)\ell n\left(\frac{1-y_{A_1}}{1-y_{A_2}}\right) \tag{10.47}$$

com $z = z_2 - z_1$. Há de se observar na Figura (10.4) a variação no tempo da fronteira $z = z_1$, de maneira que o fluxo molar em tal interface é definido como

$$N_{A,z}\Big|_{z=z_1} = \left(\frac{\rho_L}{M_A}\right)\left(\frac{dz}{dt}\right) \tag{10.48}$$

sendo ρ_L e M_A a massa específica de A, enquanto líquido, e a sua massa molar. Como a interface faz parte do meio gasoso, estagnado e inerte em que ocorre a difusão molar, o fluxo (10.47) é constante ao longo de todo o z desse meio, permitindo a igualdade entre as Equações (10.47) e (10.48):

$$\left(\frac{CD_{AB}}{z}\right)\ell n\left(\frac{1-y_{A_2}}{1-y_{A_1}}\right) = \left(\frac{\rho_L}{M_A}\right)\left(\frac{dz}{dt}\right) \tag{10.49}$$

A Equação (10.49) pode ser integrada de $t = 0$ a $t = t$ com $z = z(t_0) = z_{t_0}$ a $z = z(t) = z_t$:

$$CD_{AB}\ell n\left(\frac{1-y_{A_2}}{1-y_{A_1}}\right)\int_0^t dt = \left(\frac{\rho_L}{M_A}\right)\int_{z_{t_0}}^{z_t} zdz$$

Efetuando-se a integração e explicitando-se o termo relativo ao coeficiente de difusão,

$$D_{AB} = \frac{1}{Ct}\left(\frac{\rho_L}{M_A}\right)\left[\ell n\left(\frac{1-y_{A_2}}{1-y_{A_1}}\right)\right]^{-1}\left(\frac{z_t^2 - z_{t_0}^2}{2}\right) \tag{10.50}$$

determina-se facilmente o D_{AB} a partir da Equação (10.50). O experimento consiste em acompanhar o desnível do líquido após algum tempo (CREMASCO, 2015).

Exemplo 10.1

Após considerar o enunciado do Exemplo 3.1, suponha que o ar seco esteja estagnado e contido no interior de um capilar de *25 cm* de comprimento e mantido a *1 atm* e *25 °C*, de modo que o valor do coeficiente de difusão é igual a *0,26* cm^2/s. Pede-se:

a) obtenha a distribuição da fração molar do vapor de água no meio em que ocorre a sua evaporação;

b) estime o valor da concentração média do vapor de água;

c) estime o valor do fluxo molar do vapor de água no ar seco estagnado;

d) estime o valor do tempo necessário para que ocorra desnível do líquido de *0,01 cm* e *0,1 cm*.

Informações adicionais sobre a água: $M_A = 18{,}015\ g/mol$; $\rho_L = 0{,}996\ g/cm^3$;

$$\ell nP_A^{vap} = 18{,}3096 - \frac{3.816{,}44}{(T - 46{,}13)} \tag{10.51}$$

em que T é a temperatura da mistura, em Kelvin, e o resultado para o valor da pressão de vapor é dado em *mmHg* (REID; PRAUSNITZ; SHERWOOD, 1977).

Solução:

a) A distribuição de concentração advém da utilização da Equação (10.41), ou

$$y_A = 1 - \left(1 - y_{A_1}\right)\left(\frac{1-y_{A_2}}{1-y_{A_1}}\right)^{\left(\frac{z-z_1}{z_2-z_1}\right)} \tag{1}$$

sujeita às seguintes condições de contorno

$$z = z_2 = 25 \text{ cm}; \ \ y_A = y_{A_2} = 0 \ \text{(o ar está seco)}$$

$$z = z_1 = 0 \ ; y_A = y_{A_1} = y_A^{vap}$$

sendo, a partir da Equação (10.26),

$$y_A^{vap} = \frac{P_A^{vap}}{P} \tag{2}$$

com a Equação (10.51) posta segundo

$$\ell n P_A^{vap} = 18,3096 - \frac{3.816,44}{(T - 46,13)} \tag{3}$$

Visto que a temperatura do sistema é *25 ºC* e sabendo que a temperatura utilizada na Equação (3) deve ser em Kelvin (*T = 25 + 273,15 = 298,15 K*), tem-se, nesta equação,

$$\ell n P_A^{vap} = 18,3096 - \frac{3.816,44}{(298,15 - 46,13)} = 3,1662 \tag{4}$$

ou

$$P_A^{vap} = 23,717 \text{ mmHg} \tag{5}$$

A pressão total do sistema é igual a *1,0 atm* (ou *760 mmHg*), permitindo obter o valor da fração molar do vapor de água, na temperatura de saturação, na mistura gasosa como

$$y_{A_1} = y_A^{vap} = \frac{23,717}{760} = 0,0312 \tag{6}$$

de modo que a Equação (1) é retomada como

$$\left(\frac{1 - y_A}{1 - 0,0312}\right) = \left(\frac{1 - 0}{1 - 0,0312}\right)^{\left(\frac{z-0}{25-0}\right)}$$

ou

$$y_A = 1 - 0,9688\left(\frac{1}{0,9688}\right)^{z/25} \tag{7}$$

da qual se constrói a Tabela 1.

Tabela 1 – Distribuição da fração molar de vapor de água em ar seco a *25 °C* e *1 atm*

z (cm)	0,0	2,5	5,0	7,5	10,0	12,5	15,0	17,5	20,0	22,5	25,0
y_A	0,0312	0,0281	0,025	0,0219	0,0188	0,0157	0,0126	0,0095	0,0063	0,0032	0,0

b) O valor médio da concentração do vapor de água em ar seco advém da Equação (10.45):

$$\langle C_A \rangle = \langle y_A \rangle C = \langle y_A \rangle \frac{P}{RT} \tag{8}$$

Da Tabela (2.1), $R = 82,058\ atm.cm^3/(mol.K)$ e, como $P = 1\ atm$, $T = 298,15\ K$, tem-se

$$C = \frac{P}{RT} = \frac{1,0}{(82,058)(298,15)} = 40,87 \times 10^{-6}\ \mathrm{mol/cm^3} \tag{9}$$

de modo que a Equação (8) é reescrita segundo

$$\langle C_A \rangle = 40,87 \times 10^{-6} \langle y_A \rangle \tag{10}$$

O valor da fração molar média do soluto *A* advém do emprego da Equação (10.44),

$$\langle y_A \rangle = 1 - \frac{y_{A_1} - y_{A_2}}{\ell n\left[\left(1 - y_{A_2}\right)/\left(1 - y_{A_1}\right)\right]} \tag{11}$$

Como $y_{A_1} = 0,0312$ e $y_{A_2} = 0$, tem-se

$$\langle y_A \rangle = 1 - \frac{0,0312 - 0}{\ell n\left[(1-0)/(1-0,0312)\right]} = 0,0157 \tag{12}$$

Substituindo-se esse resultado na Equação (10):

$$\langle C_A \rangle = \langle y_A \rangle C = \left(40,87\times10^{-6}\right)\left(0,0157\right) = 0,642\times10^{-6}\ \text{mol}/\text{cm}^3 \qquad (13)$$

c) O valor do fluxo molar do vapor de água no ar seco estagnado é oriundo da utilização da Equação (10.47), ou

$$N_{A,z} = \frac{CD_{AB}}{z}\ell n\left(\frac{1-y_{A_2}}{1-y_{A_1}}\right) \qquad (14)$$

Sabendo que $z = z_2 - z_1 = 25\ cm$, $D_{AB} = 0,26\ cm^2/s$, $y_{A_1} = 0,0312$ e $y_{A_2} = 0$, traz-se o resultado (9) na Equação (14), obtendo-se

$$N_{A,z} = \frac{\left(40,87\times10^{-6}\right)\left(0,26\right)}{\left(25\right)}\ell n\left(\frac{1-0}{1-0,0312}\right) = 1,347\times10^{-8}\ \text{mol}/\text{cm}^2.\text{s} \qquad (15)$$

d) O valor do tempo necessário para que ocorra desnível do líquido será obtido a partir da Equação (10.50), aqui retomada como

$$t = \left(\frac{1}{CD_{AB}}\right)\left(\frac{\rho_L}{M_A}\right)\left[\ell n\left(\frac{1-y_{A_2}}{1-y_{A_1}}\right)\right]^{-1}\left(\frac{z_t^2 - z_{t_0}^2}{2}\right) \qquad (16)$$

ou

$$t = \gamma\times\left(z_t^2 - z_{t_0}^2\right) \qquad (17)$$

em que

$$\gamma = \frac{1}{2}\left(\frac{1}{CD_{AB}}\right)\left[\ell n\left(\frac{1-y_{A_2}}{1-y_{A_1}}\right)\right]^{-1} \qquad (18)$$

São conhecidos os valores: $M_A = 18,015\ g/mol$, $\rho_L = 0,996\ g/cm^3$, $D_{AB} = 0,26\ cm^2/s$, $C = 40,87\times10^{-6}\ mol/cm^3$, $y_{A_1} = 0,0312$ e $y_{A_2} = 0$, de maneira que

$$\gamma = \left(\frac{1}{2}\right)\frac{1}{\left(40,87\times10^{-6}\right)\left(0,26\right)}\left[\ell n\left(\frac{1-0}{1-0,0312}\right)\right]^{-1} = 125.822,81\ \text{s}/\text{cm}^2 \qquad (19)$$

a qual pode ser levada à Equação (17),

$$t = 125.822,81 \times \left(z_t^2 - z_{t_0}^2 \right) \tag{20}$$

tendo em vista que $z_{t_0} = 25\ cm$, tem-se

$$t = 125.822,81 \times \left(z_t^2 - 625 \right) \tag{21}$$

A partir da Equação (21) torna-se possível estimar o tempo necessário para atingir os desníveis da água, solicitados no problema, conforme apresenta a Tabela 2.

Tabela 2 – Tempo necessário para que ocorra desnível do líquido nas condições consideradas

desnível (cm)	z_t (cm)	t (s)
0,01	25,01	62.923,99
0,10	25,10	630.372,30

10.4 DESCRIÇÃO DA DIFUSÃO MÁSSICA EM MEIO LÍQUIDO COM REAÇÃO QUÍMICA HOMOGÊNEA

Encontra-se a difusão mássica em líquidos na situação, por exemplo, de absorção química. À medida que se difunde, o soluto sofre, simultaneamente, reação química, conforme ilustra a Figura 10.5. Pode-se supor a situação em que a espécie química *A* sofre reação química irreversível na forma

$$A(g) + B(\ell) \rightarrow L(g) \tag{10.52}$$

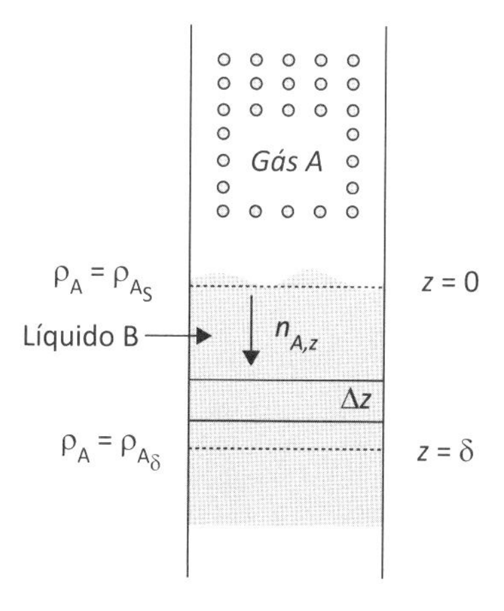

Figura 10.5 – Difusão com reação química homogênea de primeira ordem.

Assume-se que o líquido $B(\ell)$ esteja estagnado; o produto da reação, $L(g)$, não interfere na absorção de $A(g)$ por $B(\ell)$; o reagente gasoso penetra a uma pequena profundidade no líquido, $z = \delta$, de tal modo que a sua concentração em tal fronteira mantenha-se igual àquela que apresentava antes do início de sua difusão; o produto da reação L é altamente solúvel no líquido, o que o leva a não influenciar o curso do processo difusivo; a concentração do gás A dissolvido é pequena quando comparada ao do líquido B, ou seja, B está em excesso, caracterizando reação química homogênea irreversível de pseudoprimeira ordem, na forma

$$r_A''' = -k_D \rho_A \tag{10.53}$$

A absorção química, supondo fluxo unidirecional, advém da Equação (10.18), desconsiderando-se a contribuição advectiva e admitindo-se a natureza da reação química irreversível de pseudoprimeira ordem, Equação (10.53). Assim sendo, a equação da continuidade para o reagente gasoso A é

$$\frac{\partial \rho_A}{\partial t} = D_{\substack{o \\ AB}} \frac{\partial^2 \rho_A}{\partial z^2} - k_D \rho_A \tag{10.54}$$

sujeita às condições de contorno

$$\text{C.I: } t = 0; \ \rho_A = \rho_{A0} \tag{10.55}$$

$$\text{C.C.1: } z = 0; \ \rho_A = \rho_{As}, \text{ para qualquer distância } z \tag{10.56}$$

$$\text{C.C.1: } z \to \infty, \ \rho_A = \rho_{A0}, \text{ em qualquer tempo} \tag{10.57}$$

Resultando na solução (FROMENT; BISCHOFF, 1990)

$$\theta = \frac{\rho_A - \rho_{A0}}{\rho_{A_s} - \rho_{A0}} = \frac{1}{2} e^{(-\phi z)} \operatorname{erfc}\left[\eta - (k_D t)^{1/2}\right] + \frac{1}{2} e^{(\phi z)} \operatorname{erfc}\left[\eta + (k_D t)^{1/2}\right] \tag{10.58}$$

com o parâmetro de similaridade, η, definido por

$$\eta = \frac{z}{2\sqrt{D_{\substack{o \\ AB}}\, t}} \tag{10.59}$$

e a relação entre a resistência à difusão mássica e aquela devido à reação química obtida de

$$\phi = \left(\frac{k_D}{D_{o_{AB}}} \right)^{1/2} \quad (10.60)$$

Sendo a função erro complementar, *erfc(η) = 1 - erf(η)*, com os valores da função erro, *erf(η)*, apresentados na Tabela 10.1.

Tabela 10.1 – Função erro (CREMASCO, 2015)

η	erf(η)	η	erf(η)	η	erf(η)
0,00	0,00000	0,80	0,74210	1,60	0,97636
0,04	0,04511	0,84	0,76514	1,64	0,97636
0,08	0,09008	0,88	0,78669	1,68	0,97869
0,12	0,12479	0,92	0,80677	1,72	0,98249
0,16	0,17901	0,96	0,82542	1,76	0,98500
0,20	0,22270	1,00	0,84270	1,80	0,98719
0,24	0,26570	1,04	0,85865	1,84	0,98909
0,28	0,30788	1,08	0,87333	1,88	0,99074
0,32	0,34913	1,12	0,88079	1,92	0,99216
0,36	0,38933	1,16	0,89910	1,96	0,99338
0,40	0,42839	1,20	0,91031	2,00	0,99443
0,44	0,46622	1,24	0,92050	2,10	0,995322
0,48	0,50275	1,28	0,92973	2,20	0,997020
0,52	0,53790	1,32	0,93806	2,30	0,998137
0,56	0,57162	1,36	0,94556	2,40	0,998857
0,60	0,60386	1,40	0,95228	2,50	0,999311
0,61	0,63459	1,44	0,95830	2,60	0,999593
0,68	0,66278	1,48	0,96365	3,20	0,999764
0,72	0,69143	1,52	0,96841	3,40	0,999998
0,76	0,71754	1,56	0,97263	3,60	1,000000

Exemplo 10.2

O ozônio (O_3) é considerado um dos mais seguros e eficientes oxidantes no tratamento de água para consumo. O seu poder oxidante ($E° = 2,1\ V$) possibilita empregá-lo na oxidação de matéria orgânica; na redução dos teores de ferro e de manganês em águas residuárias; na redução de odor e de NO_x e na desintegração de fenóis. A sua versatilidade é encontrada no tratamento de efluentes de indústrias químicas e farmacêuticas; nas fábricas de papel, celulose e têxtil. A partir da compreensão da importância da operação de ozonização, considere a seguinte questão: assuma que uma quantidade de água, isenta de O_3 e mantida em $pH = 7$ e $21\ ^oC$, esteja acondicionada em uma proveta e sujeita ao contato de $12\ mg/L$ de O_3 gasoso. Considere que, à medida que o O_3 se difunde no líquido, este sofre decomposição, que pode ser aproximada por cinética de reação de primeira ordem, cuja constante da velocidade de reação, em s^{-1}, é (ERSHOV; MOROZOV, 2008)

$$k_D = 0,4583\left[OH^-\right]^{0,52} \tag{1}$$

Sabendo que a concentração O_3, na interface da fase líquida, ρ_A, refere-se à sua concentração mássica de saturação, $\rho^*_{A,L}$, a qual está associada com aquela da fase gasosa segundo (CREMASCO; MOCHI, 2012)

$$\rho_{A,G} = 3,118\rho^*_{A,L} \tag{2}$$

e que o valor do coeficiente de difusão do O_3 dissolvido no meio é igual a $1,02 \times 10^{-5}\ cm^2/s$, obtenha o valor da concentração mássica do O_3 em água, durante $15\ s$, nas profundidades de $0,001\ cm$, $0,005\ cm$, $0,010\ cm$ e $0,015\ cm$.

Solução: utiliza-se a Equação (10.58) para qualquer tempo e posição, ou

$$\theta = \frac{\rho_A - \rho_{A0}}{\rho_{A_s} - \rho_{A0}} = \frac{1}{2}e^{(-\phi z)}\text{erfc}\left[\eta - (k_D t)^{1/2}\right] + \frac{1}{2}e^{(\phi z)}\text{erfc}\left[\eta + (k_D t)^{1/2}\right] \tag{3}$$

com o parâmetro de similaridade dado pela Equação (10.59),

$$\eta = \frac{z}{2\sqrt{D_{\underset{AB}{o}}\ t}} \tag{4}$$

Tendo em vista que $D_{\underset{AB}{o}} = 1,02 \times 10^{-5}\ cm^2/s$, a Equação (4) é posta como

$$\eta = \frac{z}{2\sqrt{\left(1,02 \times 10^{-5}\right)t}} = 156,56\frac{z}{t^{1/2}} \tag{5}$$

A obtenção do valor para o parâmetro ϕ resulta da Equação (10.60):

$$\phi = \left(\frac{k_D}{D_{\underset{AB}{o}}}\right)^{1/2} \tag{6}$$

Cujo valor para a constante da velocidade da reação advém da Equação (1), que, para $pH = 7,0$, portanto $[OH^{-}] = 1,0 \times 10^{-7}$, é

$$k_D = 0,4583\left[OH^{-}\right]^{0,52} = (0,4583)\left(1,0\times10^{-7}\right)^{0,52} = 1,05\times10^{-4}\ 1/s \qquad (7)$$

Desse modo,

$$\phi = \left(\frac{1,05\times10^{-4}}{1,02\times10^{-5}}\right)^{1/2} = 3,208\ 1/cm \qquad (8)$$

O valor da concentração adimensional de O_3 é

$$\theta = \frac{\rho_A - \rho_{A0}}{\rho_{A_s} - \rho_{A0}} \qquad (9)$$

Uma vez que, inicialmente, a água é isenta de O_3, $\rho_{A0} = 0\ mg/L$, e $\rho_{As} = \rho^{*}_{A,L}$, essa concentração é obtida da Equação (2), para $\rho_{A,G} = 12\ mg/L$, ou

$$\rho_{A_s} = \rho^{*}_{A,L} = \frac{12}{3,118} = 3,489\ mg/L \qquad (10)$$

No que resulta, da Equação (9):

$$\theta = \frac{\rho_A}{3,849} \qquad (11)$$

Assim, a distribuição da concentração mássica de O_3 dissolvido em água é retomada como

$$\frac{\rho_A}{3,849} = \frac{1}{2}e^{(-3,208z)}\operatorname{erfc}\left[156,56\frac{z}{t^{1/2}} - 1,025\times10^{-2}t^{1/2}\right] + \frac{1}{2}e^{(3,208z)}\operatorname{erfc}\left[156,56\frac{z}{t^{1/2}} + 1,025\times10^{-2}t^{1/2}\right] \qquad (12)$$

Conhecendo-se a natureza da função erro complementar, *1-erf(η)*, tem-se, a partir da Tabela 10.1, os resultados para a concentração adimensional apresentados na Figura 1.

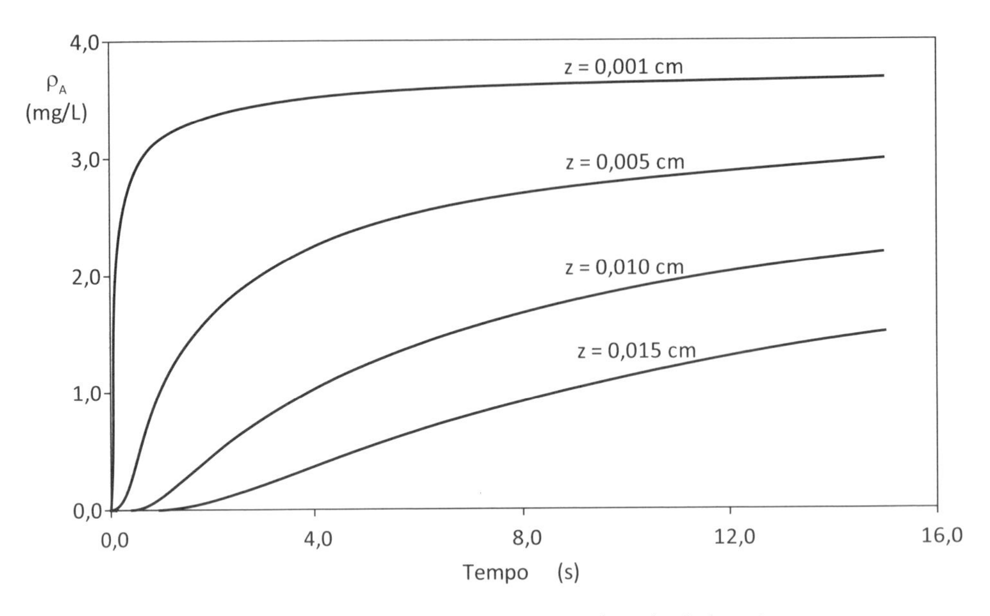

Figura 1 – Distribuição da concentração mássica de O_3 dissolvido na água.

10.5 DESCRIÇÃO DA DIFUSÃO MÁSSICA EM SÓLIDO CRISTALINO

Emprega-se este modelo na descrição, por exemplo, da cementação de metais por átomos, como o de ferro por carbono na obtenção da liga aço-carbono. Considera-se que a liga, na forma de barra, contenha concentração inicial de carbono, c_0, exposta a uma atmosfera carburante. Ao longo do tempo, o carbono penetra no meio metálico descrevendo diferentes espessuras de penetração, $\delta(t)$, conforme ilustra a Figura 10.6. Assume-se que o difundente, gasoso, penetre à ínfima distância da interface, ou seja, a hipótese do meio semi-infinito, cuja equação diferencial é descrita pela Equação (10.54), todavia sem reação química, assim como se admite a difusão atômica na forma da 2ª lei de Fick

$$\frac{\partial c}{\partial t} = D_a \frac{\partial^2 c}{\partial z^2} \tag{10.61}$$

sujeita às condições de fronteira explícitas nas Equações (10.55) a (10.57), retomadas como

$$\text{C.I: } t = 0;\ c = c_0. \tag{10.62}$$

$$\text{C.C.1: } z = 0;\ \ c = c_s, \text{ para qualquer z} \tag{10.63}$$

$$\text{C.C.2: } z \to \infty,\ c = c_0, \text{ para qualquer t} \tag{10.64}$$

cuja solução para a Equação (10.61) é (CREMASCO, 2015)

$$\theta = \frac{c - c_0}{c_s - c_0} = 1 - \text{erf}(\eta) \tag{10.65}$$

com o valor de η obtido da Equação (10.59), considerando-se nesta D_a no lugar de D^o_{AB} e os valores para a função erro apresentados na Tabela 10.1.

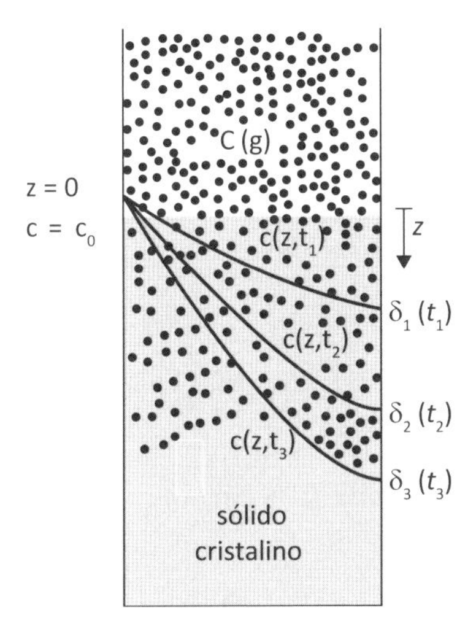

Figura 10.6 – Difusão mássica em um meio semi-infinito.

Exemplo 10.3

Considere o enunciado do Exemplo 6.1, assumindo, entretanto, a existência de uma barra de Ferro α, isenta de carbono, submetida ao processo de cementação em que a concentração de carbono na superfície do material é igual a *0,2515%* (em base mássica). Obtenha o valor do tempo de exposição da barra de ferrita (em horas) para que a concentração de carbono atinja *0,02%* (em base mássica) a *3,5 mm* de profundidade, considerando-se que as temperaturas de processo são *800 °C*, *850 °C* e *900 °C*.

Solução: utiliza-se, de pronto, a Equação (10.65),

$$\frac{c - c_0}{c_s - c_0} = 1 - \text{erf}(\eta) \tag{1}$$

com $c_0 = 0$ e $c_S = 0{,}002515$, resultando na Equação (1),

$$\frac{0{,}0002}{0{,}002515} = 1 - \text{erf}(\eta) = 0{,}0795$$

ou

$$\text{erf}(\eta) = 0{,}9205 \tag{2}$$

Da Tabela 10.1,

$$\eta = 1{,}24 \tag{3}$$

Da Equação (10.59),

$$\eta = \frac{1}{2}\left(\frac{z}{\sqrt{D_a t}}\right)$$

ou

$$t = \frac{1}{D_a}\left(\frac{1}{2}\frac{z}{\eta}\right)^2 \tag{4}$$

Visto que $\eta = 1{,}24$ e $z = 3{,}5\ mm = 0{,}35\ cm$, a Equação (4) é retomada como

$$t = \frac{1}{D_a}\left[\left(\frac{1}{2}\right)\frac{(0{,}35)}{(1{,}24)}\right]^2 = \frac{1{,}99 \times 10^{-2}}{D_a} \tag{5}$$

São conhecidos, do Exemplo 6.1, os valores do coeficiente de difusão nas temperaturas iguais a *800 °C*, *850 °C* e *900 °C*. Ao substituir tais valores na Equação (5), obtêm-se os respectivos valores de tempo de exposição, os quais estão apresentados na Tabela 1.

Tabela 1 – Valores de tempo de exposição de carbono em Ferro α

T (°C)	T (K)	D_a x 10^3 (cm^2/h)	t (h)
800	1073,15	2,849	6h59
850	1123,15	4,246	4h41
900	1173,15	6,117	3h25

10.6 DESCRIÇÃO DA DIFUSÃO MÁSSICA EM SÓLIDO POROSO

10.6.1 DIFUSÃO INTRAPARTICULAR: ADSORÇÃO FÍSICA

Para a descrição da difusão intraparticular envolvendo adsorção física, pode-se retomar a Figura 1.4, para a qual foram identificadas cinco etapas de transporte de matéria, conforme retomado na Figura 10.7. Além de atravessar as regiões de dispersão mássica e de convecção mássica, etapas *1* e *2* (veja a seção 1.2), o soluto, ao entrar em contato com a matriz porosa, etapa *3*, passa a sofrer a ação decisiva de um ou mais mecanismos difusivos, como aqueles descritos no Capítulo 7. Na etapa *4*, o sorvato, ao atingir os sítios disponíveis, é adsorvido e difunde-se na superfície interna do adsorvente, etapa *5*, como também, na dependência do diâmetro médio dos poros, por difusão nestes, caracterizando a difusão mássica em paralelo. O transporte de matéria pode ocasionar gradientes de concentração do soluto no interior da matriz porosa, no seu exterior ou em ambas as regiões. Normalmente, uma ou mais das etapas são denominadas limitantes e influenciam a taxa global de adsorção no adsorvente. O sistema é controlado pelo transporte intraparticular: na situação em que a difusão mássica oferece maior resistência à ocorrência do fenômeno como um todo, como o caso das etapas *3* e *5*; a taxa de adsorção é a etapa limitante e a etapa *4* controla o fenômeno. Na situação em que os fenômenos de transporte ocorrem externamente, etapas *1* e *2*, ao adsorvente, oferecendo resistências relativas maiores dos que as etapas que ocorrem intrapartículas diz-se que a resistência externa ao transporte controla o processo em análise. A etapa *1* é uma etapa importante a ser considerada na medida em que se identifica o nível de mistura que ocorre no reator por meio da dispersão axial. Normalmente, limita-se a análise, em se tratando de resistência externa, à influência da convecção mássica, ou seja, à etapa *2*. Na presente situação, considera-se desprezível a resistência oferecida pela etapa *1*, ou seja, efeitos dispersivos negligenciados.

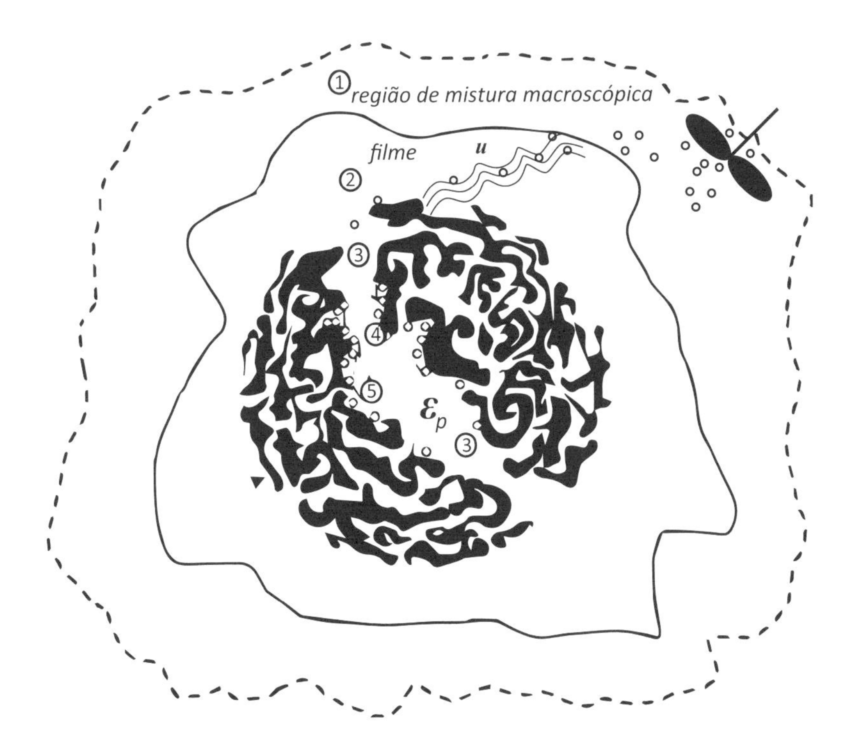

Figura 10.7 – Etapas usuais da adsorção: (1) dispersão mássica; (2) convecção mássica; (3) difusão mássica; (4) sorção; (5) difusão superficial ou difusão em paralelo.

Difusão em paralelo

A forma diferencial do balanço da continuidade da espécie *A* para a fase porosa, considerando-a esférica, advém da Equação (10.20), aqui, todavia, supondo a porosidade do elemento de volume ε_p, bem como admitindo ser importante apenas a contribuição difusiva e sem reação química,

$$\frac{\partial A_p}{\partial t} = \varepsilon_p D_p \frac{1}{r^2} \frac{\partial}{\partial r}\left(r^2 \frac{\partial \rho_A}{\partial r} \right) \tag{10.66}$$

com o termo de acúmulo na forma (CREMASCO, 2016b)

$$\underbrace{\frac{\partial A_p}{\partial t}}_{\text{acúmulo}} = \underbrace{\varepsilon_p \frac{\partial \rho_A}{\partial t}}_{\text{fase porosa}} + \left(1-\varepsilon_p\right) \underbrace{\frac{\partial q_A}{\partial t}}_{\text{fase sólida}} \tag{10.67}$$

O termo adicional de acúmulo, $\partial q_A / \partial t$, refere-se à difusão superficial segundo

$$\frac{\partial q_A}{\partial t} = D_S \frac{1}{r^2} \frac{\partial}{\partial r}\left(r^2 \frac{\partial q_A}{\partial r} \right) \tag{10.68}$$

Substituindo-se a Equação (10.68) na Equação (10.67) e o resultado obtido na Equação (10.66),

$$\varepsilon_p \frac{\partial \rho_A}{\partial t} - \varepsilon_p D_p \frac{1}{r^2} \frac{\partial}{\partial r}\left(r^2 \frac{\partial \rho_A}{\partial r} \right) = \left(1-\varepsilon_p\right) D_S \frac{1}{r^2} \frac{\partial}{\partial r}\left(r^2 \frac{\partial q_A}{\partial r} \right) \tag{10.69}$$

Ao se admitir o equilíbrio de partição de concentração entre soluto-sítio ativo por intermédio de isoterma de equilíbrio, $\partial q_A/\partial \rho_A$, que, para isotermas lineares, $\partial q_A/\partial \rho_A = k_p$, tem-se na Equação (10.69)

$$\varepsilon_p \frac{\partial \rho_A}{\partial t} = \left[\varepsilon_p D_p + \left(1-\varepsilon_p\right) D_S k_p \right] \frac{1}{r^2} \frac{\partial}{\partial r}\left(r^2 \frac{\partial \rho_A}{\partial r} \right) \tag{10.70}$$

Pode-se identificar a Equação (7.15) na Equação (10.70):

$$\frac{\partial \rho_A}{\partial t} = D_{ef} \frac{1}{r^2} \frac{\partial}{\partial r}\left(r^2 \frac{\partial \rho_A}{\partial r} \right) \tag{10.71}$$

em que

$$D_{ef} = \varepsilon_p D_p + \left(1 - \varepsilon_p\right) D_S k_p \tag{7.15}$$

Difusão simples

Na situação em que a difusão superficial for negligenciada, contudo admitindo a presença da adsorção segundo a Equação (10.67), bem como o equilíbrio local, a Equação (10.66) é posta como

$$\frac{\partial \rho_A}{\partial t} = D_p \frac{1}{r^2} \frac{\partial}{\partial r}\left(r^2 \frac{\partial \rho_A}{\partial r}\right) - \left(\frac{1-\varepsilon_p}{\varepsilon_p}\right) \frac{\partial q_A}{\partial t} \tag{10.72}$$

Considerando-se a descrição do equilíbrio local na forma $\partial q_A / \partial \rho_A$, para isoterma linear, a Equação (10.72) fica

$$\frac{\partial \rho_A}{\partial t} = D_p \frac{1}{r^2} \frac{\partial}{\partial r}\left(r^2 \frac{\partial \rho_A}{\partial r}\right) - \left(\frac{1-\varepsilon_p}{\varepsilon_p}\right) k_p \frac{\partial \rho_A}{\partial t} \tag{10.73}$$

que pode ser reescrita conforme a Equação (10.71), entretanto com

$$D_{ef} = \frac{D_p}{1 + \left(\frac{1-\varepsilon_p}{\varepsilon_p}\right) k_p} \tag{10.74}$$

Modelagem

A descrição da difusão mássica passa pela solução da Equação (10.71), a qual está sujeita às condições de fronteira apresentadas na seção 10.2, em que a condição inicial advém da Equação (10.25) e a condição de contorno, para $r = 0$, resulta da Equação (10.27), ou

$$\text{C.I: para} \vee \text{ r, em } t = 0 \rightarrow \rho_A = \rho_{A0} \tag{10.75}$$

$$\text{C.C.1: para} \vee \text{ t, em } r = 0 \rightarrow \frac{d\rho_A}{dr} = 0 \tag{10.76}$$

Há de se notar a necessidade de estabelecer a condição de contorno para $r = R$.

Essa fronteira é caracterizada como a interface entre a matriz porosa, Figura 10.2, para a qual foi escrita a Equação (10.71), e o filme que a envolve, regido pela etapa *2*, e pela região de mistura, etapa *1*, ilustradas na Figura 10.7. Normalmente, aborda-se a influência externa ao fenômeno difusivo intrapartícula, considerando-se apenas a etapa *2* (veja a Figura 10.2). Em tal situação, a condição de contorno, para $r = R$, advém diretamente da Equação (10.30), retomada segundo

$$-D_{ef_1}\frac{\partial \rho_A}{\partial r}\Big|_{r=R} = k_{m_2}\left(c_{AS} - c_{A\infty}\right) \tag{10.77}$$

na qual c_A se refere à concentração mássica do soluto no filme, e os subscritos S e ∞ indicam interface (do lado do filme) e na região de mistura (que é constante). Pode-se aproximar que as concentrações mássicas do soluto na interface filme/vazio dos poros da matriz são as mesmas. Essa aproximação é razoável na existência de sólidos macroporosos e no caso de a difusão superficial não ser importante. Não se aplica, por exemplo, em caso de secagem, maceração, para as quais se deve considerar a relação de equilíbrio. Isso posto, a Equação (10.77) é retomada, considerando-se as concentrações na fase porosa, como

$$-D_{ef_1}\frac{\partial \rho_A}{\partial r}\Big|_{r=R} = k_{m_2}\left(\rho_{AS} - \rho_A^*\right) \tag{10.78}$$

Depois de definir a concentração adimensional do soluto e o comprimento adimensional nas formas

$$\theta = \frac{\rho_A - \rho_A^*}{\rho_{A_0} - \rho_A^*} \tag{10.79}$$

$$\xi = \frac{r}{R} \tag{10.80}$$

a Equação (10.78) fica

$$\theta = \frac{\rho_A - \rho_A^*}{\rho_{A_0} - \rho_A^*}\ \frac{\partial \theta}{\partial \xi}\Big|_{\xi=1} = -\theta_M Bi_M \tag{10.81}$$

na qual a concentração mássica adimensional na superfície da matriz porosa e o número de Biot mássico são definidos, respectivamente, como

$$\theta_M = \frac{\rho_A^* - \rho_{A_S}}{\rho_A^* - \rho_{A_0}} \tag{10.82}$$

e

$$Bi_M = \frac{Rk_{m_2}}{D_{ef_1}} \tag{10.83}$$

O número Biot mássico, Bi_M, representa a relação entre a resistência intraparticular à difusão mássica do soluto no sólido poroso e àquela oferecida pelo filme. Para $Bi_M \to 0$, diz-se que a resistência oferecida pelo filme (ou resistência externa à convecção mássica) controla o fenômeno de transferência de massa, e a condição de contorno em $r = R$ é a Equação (10.78) ou (10.81). Na situação em que $Bi_M \to \infty$, diz-se que a resistência intrapartícula (resistência interna à difusão mássica) é a etapa limitante e, portanto, controla o fenômeno de transferência de massa. Nesse caso, a condição de contorno, em $r = R$, é

$$\rho_A = \rho_A^* = c_{AS} = c_{A\infty} \tag{10.84}$$

Há de se notar que a formulação empregada foi baseada em coordenadas esféricas. Contudo, é possível generalizar a Equação (10.71) para as coordenadas retangulares, considerando-se placa plana infinita; e cilíndricas, admitindo-se corpo infinito, empregando-se as Equações (10.18) e (10.19), unidimensionais e sem reação química, em termos de comprimento generalizado segundo

$$\xi = \frac{k}{M} \tag{10.85}$$

sendo $k = z$ e $M = a$ (semiespessura da placa) para a placa plana infinita; $k = r$ e $M = R$ (R, raio do cilindro) para o cilindro infinito; $k = r$ e $M = R$ (raio da esfera); assim como o tempo adimensional na forma do número de Fourier mássico

$$Fo_M = \frac{D_{ef}t}{M^2} \tag{10.86}$$

Desse modo, a Equação (10.71) é reescrita como (RAWLINGS; EKERDT, 2002)

$$\frac{\partial\theta}{\partial Fo_M} = \frac{1}{\xi^q}\frac{\partial}{\partial\xi}\left(\xi^q\frac{\partial\theta}{d\xi}\right) \tag{10.87}$$

sendo $q = 0$ para placa plana infinita; $q = 1$ para cilindro infinito; e $q = 2$ para esfera. As condições de fronteira inicial e em $\xi = 0$, independentemente da etapa limitante, são

$$\text{C.I: } Fo_M = 0 \to \theta = 1 \tag{10.88}$$

$$\text{C.C.1: } Fo_M > \text{em } \xi = 0 \to \frac{\partial\theta}{\partial\xi} = 0 \tag{10.89}$$

Em $\xi = 1$, para qualquer $Bi_M = Mk_{m_2}/D_{ef}$, utiliza-se a condição (10.81):

$$\text{C.C.2: } Fo_M > 0;\ \text{em } \xi = 1 \rightarrow \theta = 0 \tag{10.90}$$

As soluções da Equação (10.80) estão apresentadas no Quadro 10.3, enquanto o Quadro 10.4 apresenta os resultados das concentrações médias adimensionais. Ressalte-se que J_0 é a função de Bessel de primeira classe e de ordem zero e que J_1 é a função de Bessel de primeira classe e primeira ordem.

Quadro 10.3 – Distribuição de concentração adimensional do soluto para $Bi_M \rightarrow 0$ (CREMASCO, 2015)

Geometria	$\theta = \theta(\xi, Fo_M) =$		Autovalores
placa plana infinita	$2\sum_{n=1}^{\infty}\frac{Bi_M}{\left[\gamma_n^2 + Bi_M^2 + Bi_M\right]}\frac{\cos(\gamma_n\xi)}{\cos(\gamma_n)}e^{-\gamma_n^2 Fo_M}$	(10.91)	Tabela 10.2
cilindro infinito	$2\sum_{i=1}^{\infty}\frac{Bi_M}{\left(\gamma_n^2 + Bi_M^2\right)}\left[\frac{J_0(\gamma_n\xi)}{J_0(\gamma_n)}\right]e^{-\gamma_n^2 Fo_M}$	(10.92)	Tabela 10.3
esfera	$\frac{2}{\xi}\sum_{n=1}^{\infty}\frac{Bi_M}{\left[\gamma_n^2 + Bi_M(Bi_M - 1)\right]}\frac{\text{sen}(\gamma_n\xi)}{\text{sen}(\gamma_n)}e^{-\gamma_n^2 Fo_M}$	(10.93)	Tabela 10.4

Quadro 10.4 – Distribuição de concentração adimensional média do soluto (CREMASCO, 2015)

Geometria	$\langle\theta\rangle = \frac{\langle\rho_A\rangle - \rho_A^*}{\rho_{A_0} - \rho_A^*} =$		Autovalores
placa plana infinita	$2\sum_{n=1}^{\infty}\frac{Bi_M^2}{\gamma_n^2\left(\gamma_n^2 + Bi_M^2 + Bi_M\right)}e^{-\gamma_n^2 Fo_M}$	(10.94)	Tabela 10.2
cilindro infinito	$4\sum_{i=1}^{\infty}\frac{Bi_M^2}{\gamma_n^2\left(\gamma_n^2 + Bi_M^2\right)}e^{-\gamma_n^2 Fo_M}$	(10.95)	Tabela 10.3
esfera	$6\sum_{n=1}^{\infty}\frac{Bi_M^2}{\gamma_n^2\left[\gamma_n^2 + Bi_M(Bi_M - 1)\right]}e^{-\gamma_n^2 Fo_M}$	(10.96)	Tabela 10.4

Tabela 10.2 – Autovalores das Equações (10.91) e (10.94) (CRANK, 1956)

Bi_M	γ_1	γ_2	γ_3	γ_4	γ_5	γ_6
0	0	3,1416	6,2832	9,4248	12,5664	15,7080
0,01	0,0998	3,1448	6,2848	9,4258	12,5672	15,7086
0,1	0,3111	3,1731	6,2991	9,4354	12,5743	15,7143
0,2	0,4328	3,2039	6,3148	9,4459	12,5823	15,7207
0,5	0,6533	3,2923	6,3616	9,4775	12,6060	15,7397
1,0	0,8603	3,4256	6,4373	9,5293	12,6453	15,7713
2,0	1,0769	3,6436	6,5783	9,6296	12,7223	15,8336
5,0	1,3138	4,0336	6,9096	9,8928	12,9352	16,0107
10,0	1,4289	4,3058	7,2281	10,2003	13,2142	16,2594
100,0	1,5552	4,6658	7,7764	10,8871	13,9981	17,1093
∞	1,5708	4,7124	7,8540	10,9956	14,1372	17,2788

Tabela 10.3 – Autovalores das Equações (10.92) e (10.95) (CRANK, 1956)

Bi_M	γ_1	γ_2	γ_3	γ_4	γ_5	γ_6
0	0	3,8137	7,0156	10,1735	13,3237	16,4706
0,01	0,1412	3,8343	7,0170	10,1745	13,3244	16,4712
0,1	0,4417	3,8577	7,0298	10,1833	13,3312	16,4767
0,2	0,6170	3,8835	7,0440	10,1931	13,3387	16,4828
0,5	0,9408	3,9594	7,0864	10,2225	13,3611	16,5010
1,0	1,2558	4,0795	7,1558	10,2710	13,3984	16,5312
2,0	1,5994	4,2910	7,2884	10,3658	13,4719	16,5910
5,0	1,9898	4,7131	7,6177	10,6223	13,6786	16,7630
10,0	2,1795	5,0332	7,9569	10,9363	13,9580	17,0099
100,0	2,3809	5,4652	8,5678	11,6747	14.7834	17,8931
∞	2,4048	5,5201	8,6537	11,7915	14,9309	18,0711

Tabela 10.4 – Autovalores das Equações (10.93) e (10.96) (CRANK, 1956)

Bi_M	γ_1	γ_2	γ_3	γ_4	γ_5	γ_6
[10]0	0	4,4934	7,7253	10,9041	14,0662	17,2208
0,01	0,1730	4,4956	7,7256	10,9050	14,0669	17,2213
0,1	0,5423	4,5157	7,7382	10,9133	14,0733	17,2266
0,2	0,7593	4,5379	7,7511	10,9225	14,0804	17,2324
0,5	1,1656	4,6042	7,7899	10,9499	14,1017	17,2498

(continua)

Tabela 10.4 – Autovalores das Equações (10.93) e (10.96) (CRANK, 1956) *(continuação)*

Bi_M	γ_1	γ_2	γ_3	γ_4	γ_5	γ_6
1,0	1,5708	4,7124	7,8540	10,9956	14,1372	17,2788
2,0	2,0288	4,9132	7,9787	11,0856	14,2075	17,3364
5,0	2,5704	5,3540	8,3029	11,3349	14,4080	17,5034
10,0	2,8363	5,7172	8,6587	11,6532	14,6870	17,7481
100,0	3,1102	6,2204	9,3309	12,4414	15,5522	18,6633
∞	3,1416	6,2832	9,4248	12,5664	15,7080	18,8496

Exemplo 10.4

O Taxol®, nome comercial do paclitaxel, é um complexo alcaloide diterpenoide que apresenta a fórmula molecular $C_{47}H_{51}NO_{14}$, a qual está representada na Figura 1. Este agente anticancerígeno, que pode ser extraído da casca do teixo-americano, *Taxus brevifolia*, bem como de outras coníferas da família das Taxáceas (*T. canadensis*, *T. baccata*, *T. wallichiana*, *T. cuspidata*), interfere na multiplicação das células cancerígenas, reduzindo ou interrompendo o seu crescimento e disseminação no corpo. Estudos pré-clínicos *in vivo* mostraram que essa droga tem atividade antitumoral contra xenotransplantes de carcinomas humanos (cólon, mama e pulmão). Uma pessoa acometida por câncer necessita de, aproximadamente, *2 g* de Taxol® por ano. A concentração mássica de Taxol® na casca do teixo-americano é extremamente baixa, cerca de *100 mg/kg* de casca (CREMASCO et al., 2000). Em razão disso, são necessárias várias árvores para suprir o tratamento anual de uma pessoa. Por conseguinte, existe a preocupação no que se refere ao consumo de Taxol® em relação à renovação de sua matéria-prima, bem como ao impacto ambiental. Felizmente foi possível descobrir a descrição de sua estrutura molecular e sintetizá-lo ou mesmo obtê-lo por meio de culturas de células vegetais. Seja qual for a técnica de síntese ou de biossíntese, obtém-se esse fármaco em conjunto com outras espécies, necessitando-se, desta feita, da sua separação e purificação.

Com a intenção de procurar entender a cinética de transferência de massa da adsorção do Taxol®, suponha que um adsorvente esférico de *0,030 cm* de diâmetro, predominantemente constituído de macroporos, é submetido à adsorção empregando-se uma corrente de fase móvel que apresenta *20 mg/L* de Taxol®. Sabendo que $D_{AB} = 2{,}54 \times 10^{-4}\ cm^2/min$ e $D_{ef} = 0{,}59 \times 10^{-4}\ cm^2/min$ (CREMASCO; WANG, 2012), assim como $k_m \sim D_{AB}/R$ (o que é razoável para baixas velocidades da fase móvel), obtenha o valor da concentração média desse fármaco no tempo igual a *1 min*.

Solução: por se tratar de adsorvente esférico, utiliza-se a Equação (10.96),

$$\langle\theta\rangle = 6\sum_{n=1}^{\infty} \frac{\mathrm{Bi}_M^2}{\gamma_n^2\left[\gamma_n^2 + \mathrm{Bi}_M\left(\mathrm{Bi}_M - 1\right)\right]} e^{-\gamma_n^2 \mathrm{Fo}_M} \tag{1}$$

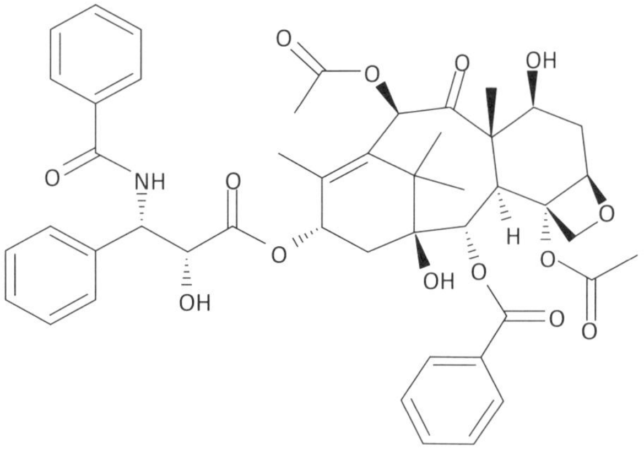

Figura 1 – Estrutura molecular do Taxol®.

em que o número de Biot mássico advém da Equação (10.83)

$$Bi_M = \frac{Rk_{m_2}}{D_{ef_1}} \quad (2)$$

Tendo em vista que

$$k_{m_2} \approx \frac{D_{AB}}{R} \quad (3)$$

O valor do número de Biot mássico é obtido, aproximadamente, após substituir a Equação (3) na Equação (2),

$$Bi_M \approx \frac{D_{AB}}{D_{ef_1}} \quad (4)$$

Como $D_{AB} = 2,54 \times 10^{-4}\ cm^2/min$ e $D_{ef} = 0,59 \times 10^{-4}\ cm^2/min$, tem-se na Equação (4)

$$Bi_M \approx \frac{\left(2,54 \times 10^{-4}\right)}{\left(0,59 \times 10^{-4}\right)} = 4,3 \quad (5)$$

Esse resultado indica que tanto a resistência à difusão mássica no interior do adsorvente quanto a externa, devido à convecção mássica, são importantes para o fenômeno de transferência de massa. Como o número de Fourier mássico é

$$\text{Fo}_M = \frac{D_{ef}t}{R^2} \tag{6}$$

e sabendo que $R = 0{,}015\ cm$, $D_{ef} = 0{,}59 \times 10^{-4}\ cm^2/min$, $t = 1\ min$, tem-se na Equação (6)

$$\text{Fo}_M = \frac{\left(0{,}59\times10^{-4}\right)(1)}{(0{,}015)^2} = 0{,}262 \tag{7}$$

Devido a $Fo_M \geq 0{,}2$, a série presente na Equação (1) pode ser truncada logo no primeiro termo. Assumindo essa possibilidade, tem-se

$$\langle\theta\rangle = \frac{\langle\rho_A\rangle - \rho_A^*}{\rho_{A_0} - \rho_A^*} = 6\frac{\text{Bi}_M^2}{\gamma_1^2\left[\gamma_1^2 + \text{Bi}_M(\text{Bi}_M - 1)\right]}e^{-\gamma_1^2\text{Fo}_M} \tag{8}$$

em que, para $Bi_M = 4{,}3$, $\gamma_1 = 2{,}41$ (por interpolação na Tabela 10.4). Visto que $Fo_M = 0{,}262$, tem-se na Equação (8)

$$\frac{\langle\rho_A\rangle - \rho_A^*}{\rho_{A_0} - \rho_A^*} = 6\frac{(4{,}3)^2\exp\left[-(2{,}41)^2(0{,}262)\right]}{(2{,}41)^2\left[(2{,}41)^2 + (4{,}3)(4{,}3-1)\right]} = 0{,}209 \tag{9}$$

Tendo em vista que $\rho_{A_0} = 0\ mg/L$ e, por se tratar de difusão mássica em macroporos, $\rho_A^* = c_{A_\infty} = 20\ mg/L$, tem-se na Equação (9)

$$\frac{\langle\rho_A\rangle - 20}{0 - 20} = 0{,}209$$

ou

$$\langle\rho_A\rangle = 15{,}82\ \text{mg/L} \tag{10}$$

10.6.2 DESCRIÇÃO DA DIFUSÃO MÁSSICA INTRAPARTICULAR COM REAÇÃO QUÍMICA HETEROGÊNEA

De igual modo ao fenômeno da adsorção física apresentado na seção anterior, durante a reação catalítica, pode-se identificar as etapas representadas na Figura 10.7, com a diferença de que, na etapa *4*, os reagentes, ao atingir os sítios catalíticos, são adsorvidos e reagem, ocasionando a etapa *5*, conforme ilustra a Figura 10.8.

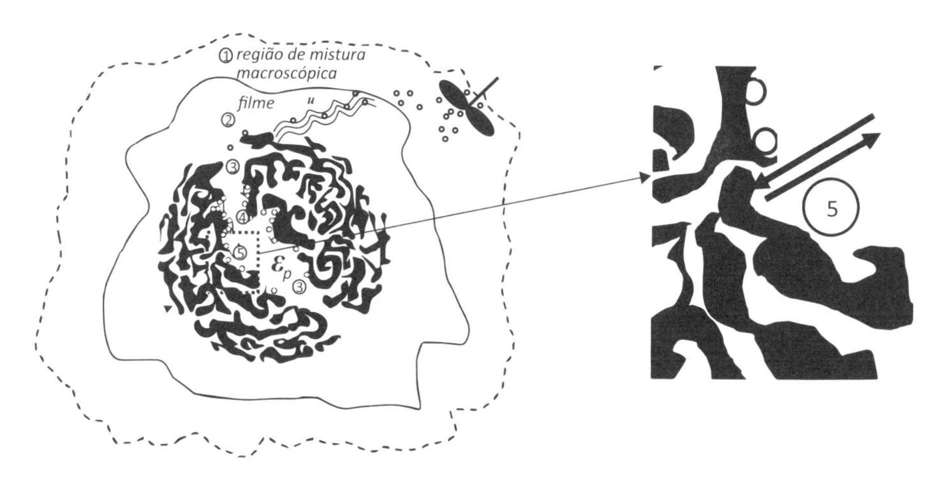

Figura 10.8 – Etapas usuais da difusão com reação química em um catalisador. (1) Dispersão mássica; (2) convecção mássica; (3) difusão mássica do reagente; (4) sorção; (5) reação química.

Neste item, assume-se sistema isotérmico, de forma que o fenômeno de transporte considerado é tão somente o de transferência de massa. Além disso, considera-se desprezível a resistência oferecida pela etapa *1*, ou seja, os efeitos dispersivos são negligenciados. Na intenção de apresentar o problema, assume-se – na etapa *4* – reação química heterogênea irreversível de primeira ou pseudoprimeira ordem descrita por

$$r''_A = -k_s \rho_A \tag{10.97}$$

Tendo em vista que a reação, ainda que heterogênea, ocorra nos sítios disponíveis no interior do catalisador, o termo reacional, necessariamente, aparece na equação da continuidade do soluto. Nesse caso, a taxa de reação química deve ser corrigida pela relação entre volume e área superficial da partícula que, em se tratando de um catalisador esférico, advém da relação entre o volume da esfera de raio R ($4\pi R^3/3$) e a sua área superficial ($4\pi R^2$), resultando em

$$\ell = \frac{R}{3} \tag{10.98}$$

Admitindo-se, portanto, catalisador esférico, com taxa de matéria fluindo preferencialmente na direção radial, a equação da continuidade mássica do reagente *A* que descreve esse fenômeno em regime permanente, considerando reação química heterogênea irreversível de pseudoprimeira ordem, advém da Equação (10.20), que, após as simplificações, fornece

$$\frac{1}{r^2}\frac{d}{dr}\left(r^2\frac{d\rho_A}{dr}\right)=\Phi^2\rho_A \tag{10.99}$$

sendo

$$\Phi=\left(\frac{k_s\ell^2}{D_{ef}}\right)^{1/2} \tag{10.100}$$

conhecido como *módulo de Thiele*, que indica a relação entre a taxa de reação química de primeira ordem e a taxa de difusão mássica, importante para a definição da etapa limitante do processo (etapas *3* ou *5*, representadas na Figura 10.8). A Equação (10.99) está sujeita às condições de contorno,

$$\text{C.C.1: em } r=R\rightarrow\rho_A=\rho_{As} \tag{10.101}$$

$$\text{C.C.2: em } r=0\rightarrow\frac{d\rho_A}{dr}=0 \tag{10.102}$$

Para efeito de análise e tendo em vista que a concentração de referência é aquela na superfície do catalisador, definem-se a concentração e distância adimensionais como

$$\theta=\frac{\rho_A}{\rho_{A_S}} \tag{10.103}$$

$$\xi=\frac{r}{\ell} \tag{10.104}$$

Assim sendo, as Equações de (10.99), (10.101) e (10.102) ficam

$$\frac{1}{\xi^2}\frac{d}{d\xi}\left(\xi^2\frac{d\theta}{d\xi}\right)=\Phi^2\theta \tag{10.105}$$

$$\text{C.C.1: em } \xi=3\rightarrow\theta=1 \tag{10.106}$$

$$\text{C.C.2: em } \xi=0\rightarrow\frac{d\theta}{d\xi}=0 \tag{10.107}$$

A solução da distribuição adimensional de concentração do reagente *A* no interior do catalisador advém da solução da Equação (10.105) ou

$$\theta(\xi) = \frac{3}{\xi}\frac{\operatorname{senh}(\Phi\xi)}{\operatorname{senh}(3\Phi)} \tag{10.108}$$

Fator de efetividade

O fator de efetividade, η, informa o efeito que a taxa de matéria exerce na taxa de reação química em um catalisador, sendo definido como a razão entre a taxa real de reação química (com a presença da resistência à difusão mássica nos poros), W_R, e a taxa de reação baseada nas condições da superfície externa da partícula, como se toda a superfície ativa estivesse exposta nas mesmas condições da superfície, W_S. Assim (CREMASCO, 2015)

$$\eta = \frac{W_R}{W_S} \tag{10.109}$$

com

$$W_R = 4\pi R^2 n_{A,R} = -4\pi R^2 D_{ef}\frac{d\rho_A}{dr}\Big|_{r=R} \tag{10.110}$$

e

$$W_S = -\frac{4}{3}\pi R^3(\ell k_s)\rho_A \tag{10.111}$$

A igualdade (10.110) representa que, em regime permanente, todo o reagente *A* consumido na superfície externa da partícula deve ser transportado para dentro dessa partícula. Utilizando-se as definições (10.103) e (10.104) nas Equações (10.110) e (10.111), assim como derivando a Equação (10.108) em $\xi = 3$, tem-se, da Equação (10.109), o fator de efetividade na forma (RAWLINGS; EKERDT, 2002)

$$\eta = \frac{1}{\Phi}\left[\frac{1}{\tanh(3\Phi)} - \frac{1}{(3\Phi)}\right] \tag{10.112}$$

A Figura (10.9) ilustra a Equação (10.13). Verifica-se, a partir da análise tanto da Equação (10.112) quanto da Figura (10.9), que valores $\Phi > 10$ conduzem a baixos valores para η. Nesse caso, diz-se que a taxa de reação química é limitada pelo efeito difusivo, de forma que os efeitos de resistência à difusão mássica na fase porosa são importantes. Na situação em que $\Phi < 1$, tem-se altos valores para η em virtude de se utilizar quase toda a área interna do catalisador, além de a fase porosa oferecer baixa resistência à difusão do soluto, indicando que o fenômeno é controlado pela reação química.

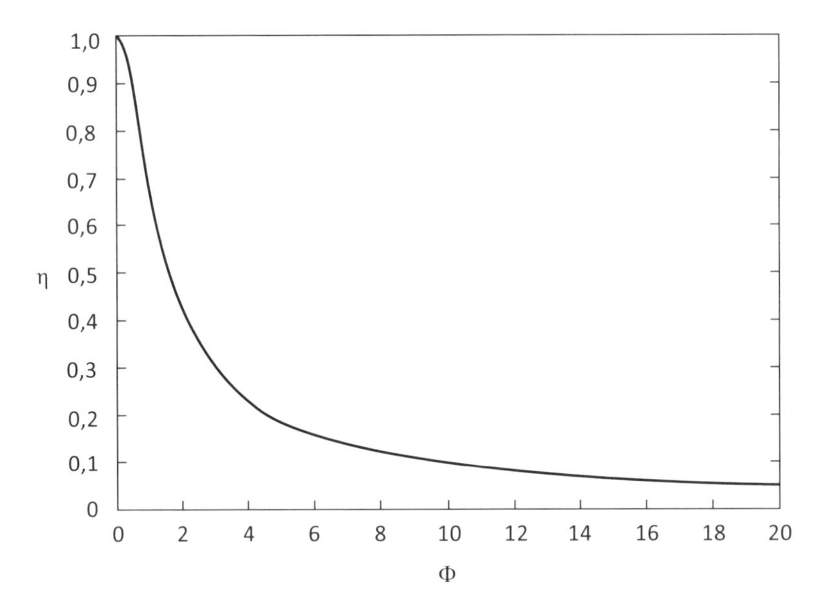

Figura 10.9 – Fator de efetividade em função do módulo de Thiele para geometria esférica e reação química irreversível de primeira ordem (RAWLINGS; EKERDT, 2002).

Efeito da geometria do catalisador

A geometria para o catalisador até então foi baseada em coordenadas esféricas, porém é possível generalizar as Equações (10.105) a (10.107) para as coordenadas retangulares e cilíndricas, admitindo-se corpos infinitos, na forma (RAWLINGS; EKERDT, 2002)

$$\frac{1}{\xi^q}\frac{d}{d\xi}\left(\xi^q\frac{d\theta}{d\xi}\right)=\Phi^2\theta \tag{10.113}$$

$$\text{C.C.1: em } \xi = q+1 \rightarrow \theta = 1 \tag{10.114}$$

$$\text{C.C.2: em } \xi = 0 \rightarrow \frac{d\theta}{d\xi} = 0 \tag{10.115}$$

sendo $q = 0$ e $\ell = a$ (espessura da placa) para placa plana infinita; $q = 1$ e $\ell = R/2$ (R, raio do cilindro) para cilindro infinito; $q = 2$ e $\ell = R/3$ (R, raio da esfera) para esfera. O fator de efetividade generalizado advém de

$$\eta = \frac{1}{\Phi^2} \frac{d\theta}{d\xi}\bigg|_{\xi = q+1} \tag{10.116}$$

cujo resultado para a esfera é aquele fornecido pela Equação (10.112), enquanto para placa plana infinita e cilindro infinito os resultados são (RAWLINGS; EKERDT, 2002)

$$\eta = \frac{\tanh(\Phi)}{\Phi} \tag{10.117}$$

$$\eta = \frac{1}{\Phi}\left[\frac{I_1(2\Phi)}{I_0(2\Phi)}\right] \tag{10.118}$$

em que I_0 é a função modificada de Bessel de primeira espécie e ordem *0*; e I_1, a função de modificada Bessel de primeira espécie e ordem *1*. A Figura 10.10 ilustra as Equações (10.112), (10.117) e (10.118). Para valores de $\Phi < 0{,}5$ e $\Phi > 7$, as diferenças de fator de efetividade entre as três geometrias são menores do que *5,0%*.

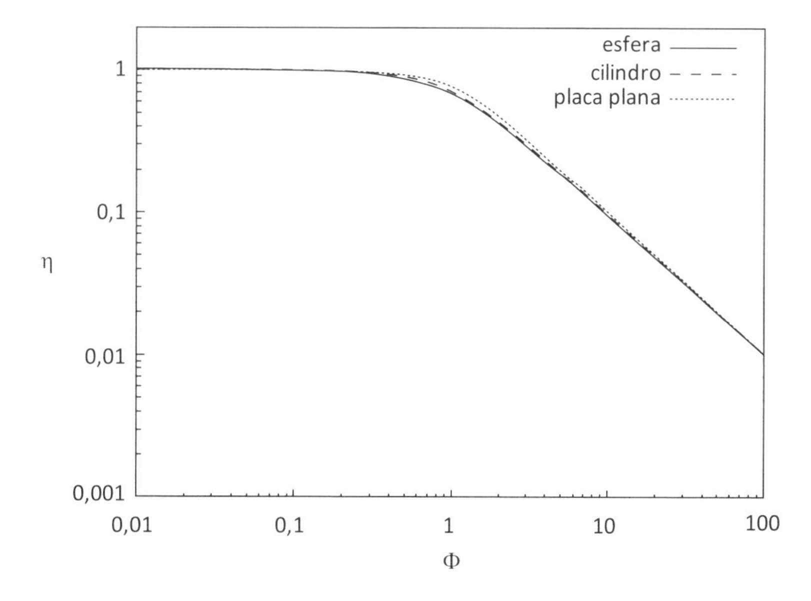

Figura 10.10 – Fator de efetividade em função do módulo de Thiele para três geometrias e reação química irreversível de primeira ordem (RAWLINGS; EKERDT, 2002).

Efeito da resistência da região externa ao catalisador

De igual modo à seção anterior, a presença da resistência externa ao fenômeno difusivo intrapartícula surge para a situação em que $Bi_M \to 0$. Considerando-se a definição da concentração adimensional do soluto na forma da Equação (10.103), na presente situação, a condição de contorno para $\xi = 3$ é (RAWLINGS; EKERDT, 2002)

$$\frac{d\theta}{\partial\xi}\bigg|_{\xi=3} = Bi_M(1-\theta) \tag{10.119}$$

em que o número de Biot mássico é definido como

$$Bi_M = \frac{\ell k_{m_2}}{D_{ef_1}} \tag{10.120}$$

A solução da Equação (10.113) sujeita às condições de contorno (10.114) e (10.119) é

$$\theta(\xi) = \left(\frac{3}{\xi}\right)\frac{\operatorname{senh}(\Phi\xi)}{\operatorname{senh}(3\Phi) + \left[\Phi\cosh(3\Phi) - \frac{1}{3}\operatorname{senh}(3\Phi)\right]\Big/Bi_M} \tag{10.121}$$

Há de se notar que, caso a resistência externa seja desprezível, $Bi_M \to \infty$, a Equação (10.121) reduz-se à Equação (10.108). O fator de efetividade, η, na presença de resistência externa ao fenômeno intraparticular advém da razão entre a taxa real de reação química e a taxa que seria alcançada caso o catalisador sofresse reação à concentração presente na região de filme, resultando em

$$\eta = \left(\frac{1}{\Phi}\right)\frac{\left[1/\tanh(3\Phi) - 1/(3\Phi)\right]}{\left\{1 + \Phi\left[1/\tanh(3\Phi) - 1/(3\Phi)\right]/Bi_M\right\}} \tag{10.122}$$

Observa-se, para $Bi_M \to \infty$, que a Equação (10.122) é reduzida à Equação (10.112). A Figura 10.11 ilustra a Equação (10.122). A partir da análise detalhada dessa figura torna-se possível sintetizar, por meio do estudo do fator de efetividade, quais mecanismos controlam a taxa de reação química no catalisador, conforme apontado no Quadro 10.5.

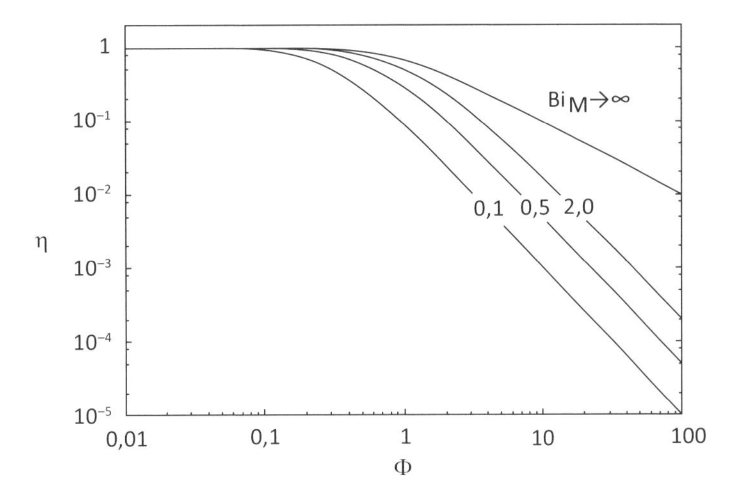

Figura 10.11 – Fator de efetividade em função do módulo de Thiele para geometria esférica e reação química irreversível de primeira ordem, considerando-se o efeito da resistência externa (baseada em RAWLINGS; EKERDT, 2002).

Quadro 10.5 – Mecanismos que controlam a taxa de reação química no catalisador (RAWLINGS; EKERDT, 2002)

Número de Biot mássico	Módulo de Thiele	Mecanismo dominante no catalisador
$Bi_M < 1$	$\Phi < Bi_M$	Taxa de reação química
	$Bi_M < \Phi < 1$	Transferência de massa externa (no filme)
	$\Phi > 1$	Difusão mássica interna e transferência de massa externa
$Bi_M > 1$	$\Phi < 1$	Taxa de reação química
	$1 < \Phi < Bi_M$	Difusão mássica interna
	$\Phi > Bi_M$	Difusão mássica interna e transferência de massa externa

Exemplo 10.5

Tendo em vista as boas condições climáticas que o Brasil oferece para o plantio de cana-de-açúcar, essa gramínea oferece alto teor de açúcar, entre *15%* e *20%*. O açúcar de mesa é identificado à forma refinada de sucrose ($C_{12}H_{22}O_{11}$; Figura 1), que é um dissacarídeo formado pela união de uma molécula de glicose e outra de frutose.

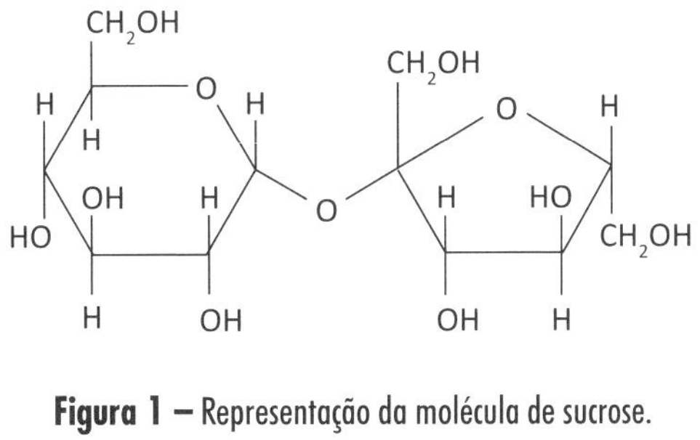

Figura 1 – Representação da molécula de sucrose.

A sucrose é hidrolisada por ácidos diluídos na forma

$$\underset{\text{(sucrose)}}{C_{12}H_{22}O_{11}} + H_2O \overset{H^+}{\rightarrow} \underset{\text{(glucose)}}{C_6H_{12}O_6} + \underset{\text{(frutose)}}{C_6H_{12}O_6}$$

resultando da reação o "açúcar invertido", o qual se refere à mistura equimolar de D--glicose e D-frutose. A inversão da sucrose pode ser descrita por cinética de primeira ordem, que, em determinadas condições, apresenta constante igual $4{,}87 \times 10^{-3}\ s^{-1}$, empregando-se como catalisador uma resina esférica apropriada de diâmetro *0,77 mm*.

Considerando-se que os valores da difusividade efetiva e do coeficiente convectivo de transferência de massa são iguais a $2{,}69 \times 10^{-7}\ cm^2/s$ e $4{,}20 \times 10^{-5}\ cm/s$, obtenha o valor do fator de efetividade e verifique qual mecanismo controla a taxa de reação química no catalisador.

Solução: este exemplo refere-se à identificação do mecanismo que controla a inversão da sucrose, utilizando-se o Quadro 10.5. Visto que o catalisador empregado apresenta formato esférico, o fator de efetividade advém da Equação (10.122),

$$\eta = \left(\frac{1}{\Phi}\right)\frac{\left[1/\tanh(3\Phi) - 1/(3\Phi)\right]}{\left\{1 + \Phi\left[1/\tanh(3\Phi) - 1/(3\Phi)\right]/Bi_M\right\}} \tag{1}$$

sendo os valores do *módulo de Thiele* e do número de Biot mássico obtidos de

$$\Phi = \left(\frac{k_s \ell^2}{D_{ef}}\right)^{1/2} \tag{2}$$

$$Bi_M = \frac{\ell k_{m_2}}{D_{ef_1}} \tag{3}$$

em que

$$\ell = \frac{R}{3} \tag{4}$$

O diâmetro da partícula é igual a *0,77 mm* ou $R = 0{,}0385\ cm$, o comprimento característico é $\ell = R/3 = 0{,}01283\ cm$. Com os valores de $k_S = 4{,}87 \times 10^{-3}\ s^{-1}$ e de $D_{ef} = 2{,}69 \times 10^{-7}\ cm^2/s$, tem-se da Equação (2)

$$\Phi = \left[\frac{\left(4{,}87 \times 10^{-3}\right)\left(0{,}01283\right)^2}{\left(2{,}69 \times 10^{-7}\right)}\right]^{1/2} = 1{,}727 \tag{5}$$

Com os valores $\ell = 0{,}01283\ cm$, $D_{ef} = 2{,}69 \times 10^{-7}\ cm^2/s$ e $k_m = 4{,}20 \times 10^{-5}\ cm/s$, o valor do número de Biot mássico é obtido utilizando-se a Equação (3),

$$\mathrm{Bi_M} = \frac{(0{,}01283)\left(4{,}2\times10^{-5}\right)}{\left(2{,}69\times10^{-7}\right)} = 2{,}0 \qquad (6)$$

O valor do fator de efetividade é obtido substituindo-se os resultados (5) e (6) na Equação (1)

$$\eta = \left(\frac{1}{1{,}727}\right)\frac{\left[1/\tanh(3\times1{,}727) - 1/(33\times1{,}727)\right]}{\left\{1+(1{,}727)\left[1/\tanh(3\times1{,}727) - 1/(3\times1{,}727)\right]/(2{,}0)\right\}} = 0{,}276 \qquad (7)$$

Note que é possível utilizar a Figura 10.11 para obter o valor de η. Para tanto, basta entrar nessa figura com as coordenadas $\Phi = 1{,}7$ e $Bi_M = 2{,}0$. O valor obtido para η é aproximadamente igual a $0{,}3$, próximo daquele obtido por via analítica. Seja por método gráfico, seja por método analítico, verifica-se que $Bi_M > 1$ e que o valor de Φ situa-se no intervalo $1 < \Phi < Bi_M$. Por inspeção do Quadro 10.5, conclui-se que a difusão mássica interna é o mecanismo que controla a taxa de reação química no catalisador.

CAPÍTULO 11

INTRODUÇÃO À DIFUSÃO MÁSSICA ESTOCÁSTICA

11.1 ABORDAGEM DETERMINÍSTICA *vs.* ESTOCÁSTICA PARA A DIFUSÃO MÁSSICA

A descrição de fenômenos de difusão mássica, contida no Capítulo 10, deveu-se ao emprego de modelos matemáticos determinísticos por meio de equações diferenciais e respectivas condições de fronteira, considerando-se o meio em que ocorre o transporte de matéria como contínuo. Além desse enfoque, o fenômeno de difusão mássica, principalmente quando se intenciona acompanhar a trajetória de determinado soluto, pode ser considerado segundo modelos estocásticos, que se baseiam em variáveis aleatórias.

A eleição da abordagem determinística ou estocástica depende da natureza do processo a ser modelado. Dechsiri (2004) menciona alguns indicadores para tal escolha, podendo-se citar: o processo apresenta alta dose de movimento errático de partículas materiais (átomos, íons, moléculas); o processo é complexo, envolvendo inúmeros eventos discretos. O enfoque determinístico, admitindo-o via equações diferenciais para acompanhar a trajetória de partículas em meio discreto, conhecido como referencial lagrangeniano (CREMASCO, 2014), exige quantas equações diferenciais sejam necessárias para descrevê-lo na dependência do número de moléculas do soluto envolvido, tornando, muitas vezes, a abordagem de extrema complexidade e, às vezes, desaconselhável. Para o enfoque estocástico, o modelo pode ser formulado diretamente, feito a descrição do caminho percorrido por número reduzido de moléculas, como na situação do movimento browniano, facilitando a sua formulação.

O fenômeno da difusão mássica, portanto, pode ser abordado por modelos determinísticos, via equações diferenciais e com vasta literatura técnica (CRANK, 1956, 1975; BIRD; STEWART; LIGHTFOOT, 1960; WELTY; WILSON; WICKS, 1976), e por modelos estocásticos, com estudos restritos, principalmente em se tratando de aplicações de engenharia. Devido a difusão mássica ser tratada, no presente capítulo, como processo estocástico, entende-se ser necessária a introdução a elementos básicos de probabilidade.

11.2 PROBABILIDADE

Emprega-se o estudo probabilístico em sistemas que apresentam diferentes resultados, ainda que as condições iniciais sejam praticamente as mesmas (CORREA, 2003). Além disso, o emprego desse tipo de estudo destina-se ao preenchimento de lacunas sobre o que acontece em microescala (ALVES, 2006). Assim, a introdução do conceito de evento se faz importante, pois se refere a um conjunto em que as relações e resultados da teoria elementar dos conjuntos são reconhecidos. A união entre dois eventos é representada por $A \cup B$. Desse modo, em determinado espaço amostral *S*, existirá uma função probabilidade *P(A)*, definida como a probabilidade de ocorrer o evento *A* na forma

$$P(A) \equiv \frac{\text{n. de casos favoráveis à ocorrência do evento A}}{\text{n. total de casos}} \tag{11.1}$$

Para ocorrer o evento *A* no espaço amostral *S*, os seguintes axiomas devem ser satisfeitos (SPIEGEL, 1978; OLOFSSON; ANDERSSON, 2011):

Axioma 1. Para todo evento *A*,

$$P(A) \geq 0 \tag{11.2}$$

Axioma 2. Para certo *S* ou a contabilização de todos os eventos,

$$P(S) = 1 \tag{11.3}$$

Axioma 3. Para um número qualquer de eventos mutuamente exclusivos, ou seja, aqueles que não possuem elementos em comum, $A_1, A_2, A_3, \ldots, A_N$,

$$P(A_1 \cup A_2 \cup \ldots A_N) = P(A_1) + P(A_2) + \ldots + P(A_N) \tag{11.4}$$

O enfoque probabilístico surge para o caso em que ocorra dependência de eventos. Nessa situação, é importante retomar o conceito de intersecção entre dois eventos,

$A \cap B$, o qual se refere à possibilidade de os eventos ocorrerem de forma sucessiva ou simultânea. Dentro, portanto, do espaço amostral S, a probabilidade de $A \cap B$ é

$$P(A \cap B) = P(B|A).P(A) = P(A).P(A|B) \tag{11.5}$$

em que $P(B|A)$ se refere à probabilidade de ocorrer o evento B, conhecendo-se a ocorrência do evento A, assim como $P(A|B)$ diz respeito à probabilidade de ocorrer o evento A, sabendo-se da ocorrência do evento B, configurando a definição de probabilidade condicional. Verifica-se, da Equação (11.5), para $P(B|A)$, que

$$P(B|A) = \frac{P(A \cap B)}{P(A)} \tag{11.6}$$

No caso de os eventos A e B não interferirem na probabilidade da ocorrência do outro, ou seja, eventos independentes, tem-se

$$P(A \cap B) = P(A).P(B) \tag{11.7}$$

11.3 VARIÁVEIS ALEATÓRIAS

As variáveis aleatórias, X, auxiliam no estudo da estrutura probabilística do espaço amostral S de determinado fenômeno (PEREIRA JR.; FREITAS; LACERDA, 2002), sendo, portanto, um objeto definido por um conjunto de possíveis realizações, denominado espaço de fases, cuja evolução é governada por leis probabilísticas (VAN KAMPEN, 1992; CASTRO, 2013). Define-se variável aleatória real como uma função real dos elementos de um espaço das amostras (PEEBLES, 1987), classificadas como: variáveis aleatórias discretas, nas quais todos os valores podem ser listados, pertencendo a um conjunto finito ou infinito, numerável; e variáveis aleatórias contínuas, em que os valores não podem ser listados, mas podem assumir infinitos valores em um intervalo infinito ou finito (PORTNOI, 2005).

Ao supor que X venha a ser uma variável aleatória discreta no espaço amostral S, no caso finito, $X(S)$ será um espaço de probabilidade ao se definir a probabilidade de x_i como $f(x_i) = P(X = x_i)$, de modo a se denominar f de distribuição de X. Assim sendo, define-se a esperança ou valor esperado $E(X)$ e a variância, $Var(X)$, como segue

$$E(X) = \sum_{i=1}^{\infty} x_i f(x_i) \tag{11.8}$$

$$Var(X) = \sum_{i=1}^{\infty} x_i^2 f(x_i) - \mu^2 \tag{11.9}$$

sendo $\mu = E(X)$.

No caso de X vir a ser uma variável aleatória contínua, a função f é denominada função de distribuição, função de probabilidade contínua, ou ainda função de densidade de probabilidade (sigla em inglês: *PDF*), a qual segue aos axiomas 1 e 2. A esperança, $E(X)$, e a variância, $Var(X)$, são definidas como

$$E(X) = \int_{-\infty}^{\infty} x f(x) dx \tag{11.10}$$

$$Var(X) = \int_{-\infty}^{\infty} x^2 f(x) dx - \mu^2 \tag{11.11}$$

de cuja raiz quadrada de $Var(X)$ resulta o desvio padrão, σ. Uma função de densidade de probabilidade (*PDF*) utilizada largamente nos estudos de difusão estocástica é a distribuição gaussiana ou normal,

$$N(\mu, \sigma^2) = f(x) = \frac{1}{\sqrt{2\pi\sigma^2}} \exp\left[-\frac{(x-\mu)^2}{2\sigma^2} \right] \tag{11.12}$$

em que se identificam $\mu = E(X)$ e $Var(X) = \sigma^2$.

11.4 GERAÇÃO DE NÚMEROS ALEATÓRIOS

No modelo estocástico para a difusão mássica é essencial considerar a aleatoriedade do fenômeno, que está substancialmente associado ao ruído branco, este definido como $N(\mu,\sigma^2) = N(0,1)$, ou seja, uma distribuição de variáveis aleatórias que segue a distribuição gaussiana de média nula e variância igual a *1*. Para tanto, será necessária a geração dessas variáveis ou de números aleatórios. Um número aleatório é qualquer número que faz parte de uma série numérica e que não pode ser previsto a partir de elementos anteriores dessa série. Tais números podem ser gerados por algoritmos numéricos que produzem uma sequência de números obtidos de forma aleatória (números pseudoaleatórios). Deseja-se que a sequência obtida apresente características determinantes, como boa distribuição aleatória de números; longo período antes que determinado número se repita; portabilidade, ou seja, a série gerada deve ser a mesma independentemente do computador empregado (JAMES, 1990).

Há uma gama de algoritmos para a geração de números aleatórios encontrada na literatura (DEVROYE, 1986). O método congruente linear multiplicativo (CLM), empregado por Lehmer em 1948, é um dos mais antigos (JAMES, 1990). Nesse método, um número inteiro, x_i, é obtido por meio da multiplicação de um número prévio, x_{i-1}, e de outro, denominado multiplicador, a, cujo resultado, opcionalmente, pode ser adicionado de um incremento *c* (o que faz o método ter o termo "misto" adicionado ao nome, CLMM), descartando-se o resto da divisão de tal resultado por um número inteiro *m*, denominado módulo,

$$x_i = (ax_{i-1} + c)MOD(m) \tag{11.13}$$

Para dar-se início ao processo de geração, torna-se essencial a definição do primeiro valor x_0, reconhecido como semente. Para a obtenção de variáveis aleatórias no intervalo *(0,1)*, deve-se dividir o resultado advindo da Equação (11.13) por *m*. São exemplos aqueles recomendados por James (1990): $a = 69069$, $c = 1$, $m = 2^{32}$, podendo-se assumir o valor da semente $x_0 = 123456789$. Ocasionalmente, é de interesse obter números aleatórios que sigam a distribuição gaussiana *N(0,1)*. Neste caso, uma alternativa surge a partir do método da transformação da inversa de determinada PDF, *F(x)* (OLOFSSON; ANDERSSON, 2011). Para tanto, gera-se uma variável aleatória $u_i(0,1)$, por exemplo, pela Equação (11.13); de posse do valor, segue-se que a nova variável aleatória advenha de $x_i = F^{-1}(u_i)$ (PEREIRA JR.; FREITAS; LACERDA, 2002), em que *F(u)* é a inversa de determinada PDF. Uma PDF de interesse em difusão estocástica é a gaussiana na sua forma de ruído branco ou (TORAL; CHAKRABARTI, 1993)

$$N(0,1) = \frac{1}{\sqrt{2\pi}} \exp\left(-\frac{x^2}{2}\right) \tag{11.14}$$

Por meio do método de Box-Muller (1958), aplicado à Equação (11.14), obtêm-se duas séries de números aleatórios uniformemente distribuídos na forma

$$x_1 = \sin(2\pi u_2)\sqrt{-2\ell n(u_1)} \tag{11.15}$$

$$x_2 = \cos(2\pi u_2)\sqrt{-2\ell n(u_1)} \tag{11.16}$$

das quais se identifica $u_1 = x_1$ na Equação (11.13).

Exemplo 11.1

Gere *60 mil* números pseudoaleatórios, entre *0* e *1*, por meio do método congruente linear multiplicativo misto (CLMM). A partir dos números gerados, obtenha duas séries de números pseudoaleatórios uniformemente distribuídos que sigam a gaussiana *N(0,1)*, pelo método de Box-Muller (BM). Apresente os resultados na forma gráfica. A partir dos números gerados, obtenha as distribuições de frequência oriundas das Equações (11.15) e (11.16). Para tanto, obtenha o valor do número de classes segundo Cencov (1962),

$$N = L^{1/3} \tag{11.17}$$

sendo L o número de pontos da série original, de tal modo que o intervalo para cada classe advenha de

$$\Delta = \frac{V_{máx} - V_{mín}}{N} \tag{11.18}$$

em que $V_{máx}$ e $V_{mín}$ são os valores máximo e mínimo de números encontrados na série original.

Solução: o enfoque a ser dado a este problema é via numérica, descrita pelo seguinte algoritmo:

1. Tendo em vista a necessidade de se ter, primeiramente, o conjunto de números pseudoaleatórios entre *0* e *1*, a Equação (11.13) é retomada como

$$u_i = \frac{(69069u_{i-1}+1)MOD(2^{32})}{2^{32}} \tag{1}$$

com o valor da semente $u_0 = 123456789$. Isso posto, a Figura 1 apresenta os primeiros *100* números pseudoaleatórios gerados pela Equação (1).

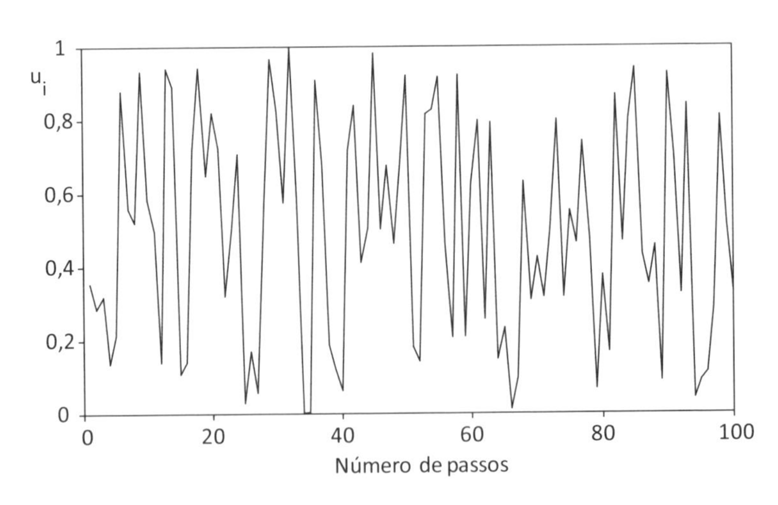

Figura 1 – Números pseudoaleatórios gerados a partir do método CLMM.

2. A partir dos números gerados na primeira etapa e apresentados na Figura 1, emprega-se o método de Box-Muller para a obtenção de $X_1(S)$ e $X_2(S)$, utilizando-se as

Equações (11.15) e (11.16), respectivamente. Os primeiros *100* valores são aqueles apresentados nas Figuras 2 e 3.

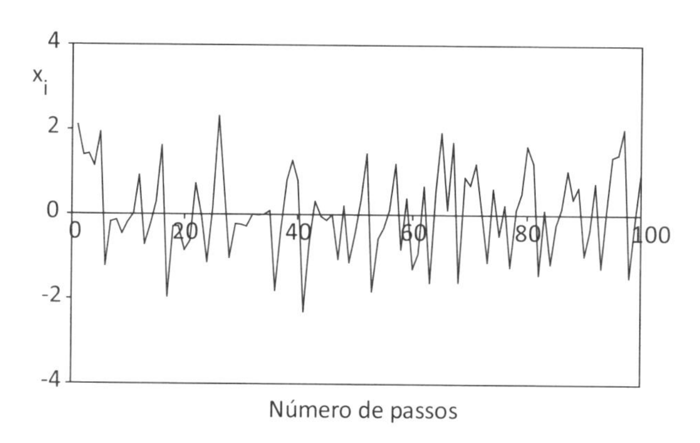

Figura 2 – Números pseudoaleatórios gerados a partir do método Box-Miller: seno.

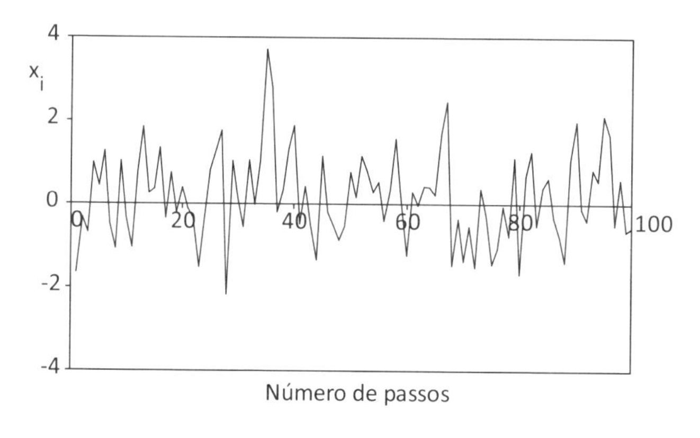

Figura 3 – Números pseudoaleatórios gerados a partir do método Box-Miller: cosseno.

3. Para a obtenção da distribuição de frequência utilizando tanto a Equação (11.15) quanto a Equação (11.16), torna-se necessário o conhecimento dos valores máximo e mínimo das séries representadas pelas Figuras 2 e 3, contudo, considerando-se os *60 mil* pontos. Tais valores estão apresentados na Tabela 1.

Tabela 1 – Valores máximo e mínimo dos números pseudoaleatórios para $n = 60.000$

Método	$V_{mín}$	$V_{máx}$
Box-Muller: seno	–3,8809	4,0711
Box-Muller: cosseno	–3,9593	4,2011

O valor para o número de classes, N, advém da Equação (11.17) para $n = 60.000$.

$$N = (60.000)^{1/3} = 39,15$$

ou, tendo em vista que se trata de número inteiro,

$$N = 40$$

Para a obtenção dos histogramas que possibilitam agrupar os números contidos nas Figuras 2 e 3, foi utilizado o código encontrado em Pacitti e Atkinson (1976), do qual se faz a seguinte releitura para a geração de números pseudoaleatórios uniformemente distribuídos:

```
      dimension x(60000), corte (200)
      integer faixa(200)
10    open(unit 10, file='aleatorio.dat', status='old')
      read(10,*) L,N,Delta,Vmin
20    do 20 i =1,L
      read(10,*) x(i)
c     delimitação de classes
      do 30 i= 1, N
      faixa(i)=0
30    corte(i)=Vmin+i*Delta+0.5E-5
c     distribuição de frequência
      do 40 j=1,L
      do 50 i=1,N
      dif=corte(i)-x(j)
      if (dif.GE.0) goto 40
50    continue
40    faixa(i)= faixa(i)+1
      corte(0)=Vmin
      do 60 k=1,N
      xmedio=(corte(k-1)+corte(k))/2
      px=faixa(k)/float(L)
60    write(*,*)xmedio,px
      stop
      end
```

As distribuições de frequência em decorrência de tal código são apresentadas nas Figuras 4 e 5. Em tais figuras os valores médios de x_i, para cada classe (cada histograma obtido originalmente), são apresentados nas abscissas. Na ordenada dessas figuras está contido o número adimensional de pontos (cada qual dividido por L, para garantir a validade da Equação 11.3) para a sua respectiva classe, denominado $p(x_i)$.

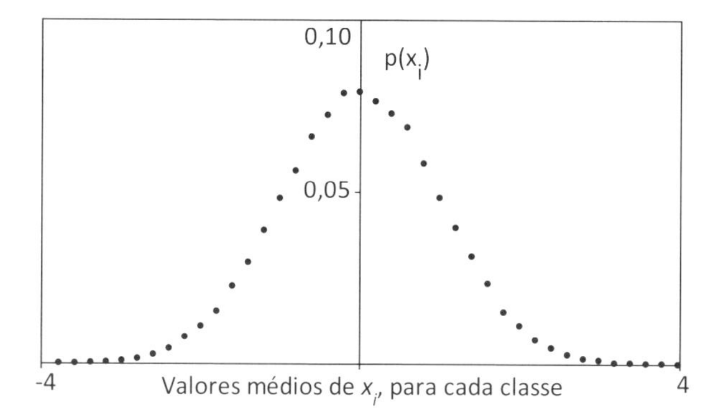

Figura 4 – PDF gaussiana a partir da Equação (11.5) – BM seno.

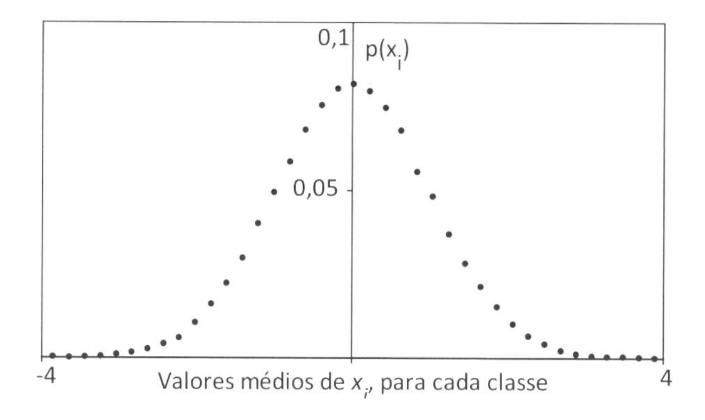

Figura 5 – PDF gaussiana a partir da Equação (11.16) – BM cosseno.

Ao se analisar as Figuras 4 e 5, nota-se o comportamento gaussiano em ambas. Fazendo $f(x_i) = p(x_i)$ nas Equações (11.8) e (11.9), obtém-se os valores para a esperança, $E(X)$, e variância, $Var(x)$, que estão apresentados na Tabela 1. De posse dessa tabela, verifica-se que as fórmulas de recorrência advindas das Equações (11.15) e (11.16) equivalem-se quanto à aproximação para $E(X) = 0$ e $Var(X) = 1$, ambas adequadas para a abordagem de ruído branco.

Tabela 2 – Valores da esperança e variância

	E(X)	Var(X)
Figura 4 - Equação (11.15)	0,00325	1,0033
Figura 5 - Equação (11.16)	-0,00333	1,0002

11.5 PROCESSOS ESTOCÁSTICOS MARKOVIANOS

Um processo estocástico é um modelo matemático destinado à descrição de um fenômeno aleatório (NICOLAU, 2000), representando o desenvolvimento de certo sistema aleatório ao longo do tempo (ou do espaço), por meio de uma família de variáveis aleatórias. Ou seja, processo estocástico refere-se a uma coleção de variáveis aleatórias $\{X(t,x),\ t \in T,\ x \in S\}$, contidas no estado de espaço de probabilidades S (OLOFSSON; ANDERSSON, 2011; CASTRO, 2013), em que t é, costumeiramente, o tempo e varia em um conjunto de índices $T = \{0, 1, 2, \ldots\}$, com $X(t)$ representando uma característica mensurável de interesse no parâmetro t. Na situação em que a modelagem probabilística das variáveis aleatórias do processo em um tempo futuro é condicionada apenas à ocorrência de seus valores no tempo presente, tem-se o processo estocástico markoviano, de modo que as variáveis aleatórias $X(t)$ estejam definidas condicionalmente em um espaço de estado discreto, apresentando probabilidades de transição estacionárias segundo (TAYLOR; KARLIN, 1998)

$$P\left\{X_{N+1} = k \mid X_0 = i_0, \ldots, X_{N-1} = i_{N-1}, X_N = i\right\} = P\left\{X_{N+1} = k \mid, X_N = i\right\} \qquad (11.19)$$

Nota-se a probabilidade da ocorrência de x_1 em t_1, a probabilidade da ocorrência de x_2 em t_2 dado x_1, a ocorrência de x_3 dado x_2, e assim sucessivamente. Essa característica possibilita a construção de uma matriz de transição de estados, que quantifica a probabilidade condicional dos eventos em cada ponto da malha temporal analisada, permitindo o estudo probabilístico na conhecida cadeia de Markov, que se refere a uma série de eventos de um processo estocástico. Caso as cadeias de Markov possuam número finito de estados e probabilidades de transição estacionárias, então, convenientemente, todas as probabilidades de transição para apenas um passo podem ser apresentadas por meio de uma matriz quadrada, denominada matriz de transição (LIPSCHUTZ, 1972; FERREIRA, 2009)

$$P = \begin{bmatrix} p_{11} & p_{12} & \cdots & p_{1m} \\ p_{21} & p_{22} & \cdots & p_{1m} \\ \cdots & \cdots & \cdots & \cdots \\ p_{m1} & p_{m2} & \cdots & p_{mm} \end{bmatrix} \qquad (11.20)$$

tal que $P = p[i,j]$, em que cada linha i representa o estado atual e cada coluna j representa o estado futuro (FERREIRA, 2009). É importante que se reforce que a cadeia de Markov descreve um sistema cujo estado muda com o tempo, governada por distribuições de probabilidade, de maneira que a previsão do estado futuro depende apenas do estado atual, independentemente de como este foi alcançado.

O emprego da formulação de processos estocásticos markovianos é imediato, por exemplo, para a compreensão do equilíbrio termodinâmico, sem a necessidade de se utilizar a formulação clássica de Boltzmann para a entropia; todavia útil para a compreensão da difusão mássica por meio do movimento errático de moléculas de soluto em determinado meio. Para a primeira situação, tem-se o modelo de Ehrenfest; já para a segunda, há o passeio aleatório e o modelo de Langevin.

11.6 MODELO DE EHRENFEST

O modelo de Ehrenfest foi desenvolvido por Tatiana e Paul Ehrenfest em 1907 ao estudar a dinâmica molecular (KLEIN, 1956). Para tanto, considere um sistema com *M* moléculas em uma caixa dividida em dois compartimentos, *I* e *II*, por uma membrana fictícia, conforme ilustra a Figura 2.2, aqui retomada na Figura 11.1.

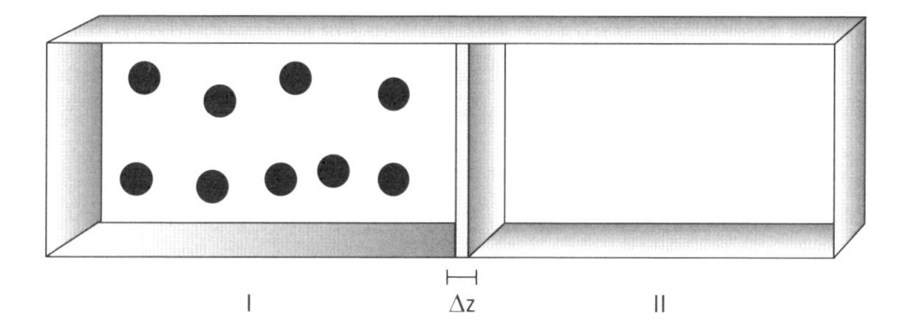

Figura 11.1 – Ilustração do modelo de Ehrenfest.

Se, no instante inicial, todas as moléculas estiverem no compartimento *I*, elas se reorganizarão para atingir o equilíbrio, no qual o estado macroscópico de *I* e *II* são termodinamicamente equivalentes (BRÉMAUD, 1998). O modelo de Ehrenfest pode ser formulado como um simples modelo de compartimentos e moléculas. Supõe-se a existência de *M* moléculas do mesmo soluto a serem distribuídas entre dois compartimentos *I* e *II*, mantidos em igual temperatura. Se o compartimento *I* contém *k* moléculas, o compartimento *II* conterá *M* – *k* moléculas, configurando, sempre, o total de *M* moléculas. Transcorrido certo tempo *t*, determinada molécula é transferida, aleatoriamente, de um compartimento a outro. Caso existam *k* moléculas no compartimento *I* em determinado tempo *t*, então o próximo passo *t* fornece a probabilidade de a molécula estar no compartimento *II* ou no *I* por meio da matriz de transição de probabilidade expressa na Equação (11.21) (MACCLUER, 2009) e ilustrada na Figura 11.2.

$$p_{ik} = \begin{cases} \dfrac{k}{M}, & \text{se } k = i - 1 \\ \dfrac{M-k}{M}, & \text{se } k = i + 1 \\ 0, \text{ outros valores} & \end{cases} \tag{11.21}$$

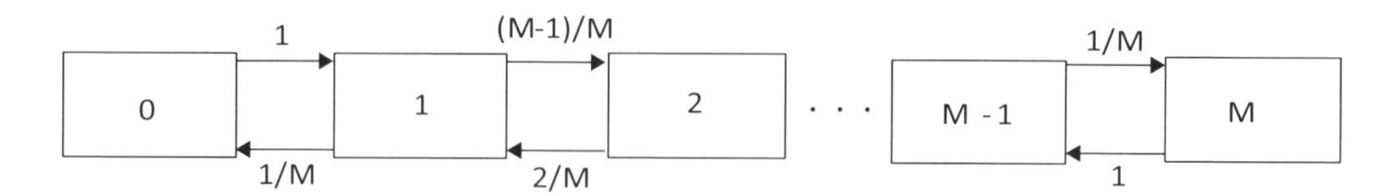

Figura 11.2 – Diagrama de transição do modelo de Ehrenfest.

Exemplo 11.2

Admita a existência de *200* moléculas do mesmo soluto contidas em determinada urna, a qual é constituída de dois compartimentos à semelhança da Figura 11.1. Supondo, inicialmente, que todas as moléculas estejam no compartimento *I*, estime o valor do tempo necessário para que tais moléculas se reorganizem para apresentar, em média, a mesma quantidade em ambos os compartimentos, assumindo, para tanto, que o passo temporal é igual à unidade e que o tempo fictício total de observação venha a ser *2.000 s*.

Solução: o enfoque a ser dado a este problema é numérico, descrito pelo seguinte algoritmo:

1. Visto que determinada molécula é eleita aleatoriamente para dar consistência ao fenômeno, existe a necessidade, de pronto, da geração de números aleatórios entre *0* e *1*, por meio de programas existentes na literatura (GREEN JR., 1977; SCHRAGE, 1979; JAMES, 1990) ou na obtenção de sua própria série, como a estratégia abordada na seção 11.4. Seja qual for o método de obtenção, nomearemos o número aleatório $x_i(0,1)$ como x_i. Utiliza-se os números pseudoaleatórios que geraram a Figura 1 do exemplo anterior, contudo se resgatando os primeiros *2.000* valores.
2. Nomeia-se o número de moléculas no compartimento *II* como um número inteiro *j*, de modo que no instante inicial $t = 0 \rightarrow j = 0$.
3. Define-se o número de passos que, no presente exemplo, está associado ao tempo fictício de duração $N = 2.000$.
4. Por se tratar de processo estocástico markoviano, o número de moléculas contidas no compartimento *II*, no transcorrer do tempo, segue uma matriz de transição à semelhança da Equação (11.21).
5. O número de moléculas eleito de forma aleatória nesse processo estocástico de tempo *N*, que varia de $i = 1$ a *N*, é um número inteiro obtido de $k = x_i M$, sendo *M* o número total de moléculas.
6. Durante o processo faz-se a comparação entre *j* e *k*.
7. Caso $j \leq k$, faz-se $j = j + 1$. Caso $j > k$, faz-se $j = j - 1$.
8. Retorna-se à etapa 5 até $i = N$.

Utilizando-se os números pseudoaleatórios, *x(i)*, apresentados na Figura 1 do exemplo anterior, bem como considerando-se *M = 200, N =2.000, j = y(i)*, tem-se o seguinte código:

```
         dimension x(60000), y(2000), w(2000)
         open(unit 10, file='aleatorio.dat', status='old')
10       read(10,*) M, N
         do 20 i =1,N
20       read(10,*) x(i)
         y(0)=0
         do 30 i =1,N
         k=x(i)*M
         if (y(i-1).LE.k) goto 40
         y(i)=y(i-1)-1
40       goto 50
50       y(i) = y(i-1)+1
         y(i)=y(i)
30       write(*,*) i, y(i)/float(M)
         stop
         end
```

A Figura 11.3 ilustra a evolução temporal da quantidade de moléculas no segundo compartimento à medida que o número de transições na cadeia de Markov aumenta (*i* de *1* a *N*). Nota-se que a média se situa por volta de *1/2*, para os passos acima de *380* (que é o resultado pretendido neste exemplo). Ressalte-se que, claramente, existe a flutuação dos valores de moléculas entre os compartimentos. Chama a atenção que tal flutuação persiste após o passo *380*, caracterizando uma situação de equilíbrio termodinâmico em que as moléculas não permanecem estáticas em um único compartimento, e sim migram de um a outro, indistintamente. Outra observação necessária é que, ao se supor que não existam, inicialmente, moléculas no compartimento *II*, as moléculas migram majoritariamente a esse compartimento a partir do compartimento *I* até atingir a média constante, caracterizando, nessa etapa, o fenômeno da difusão mássica descrita por abordagem estocástica.

A abordagem puramente probabilística do modelo de Ehrenfest permite que se faça com que, inicialmente, se esvazie o compartimento *II*, em vez de preenchê-lo, e que mesmo em $t \to \infty$ ocorra a tendência de as moléculas retornarem ao seu estado inicial.

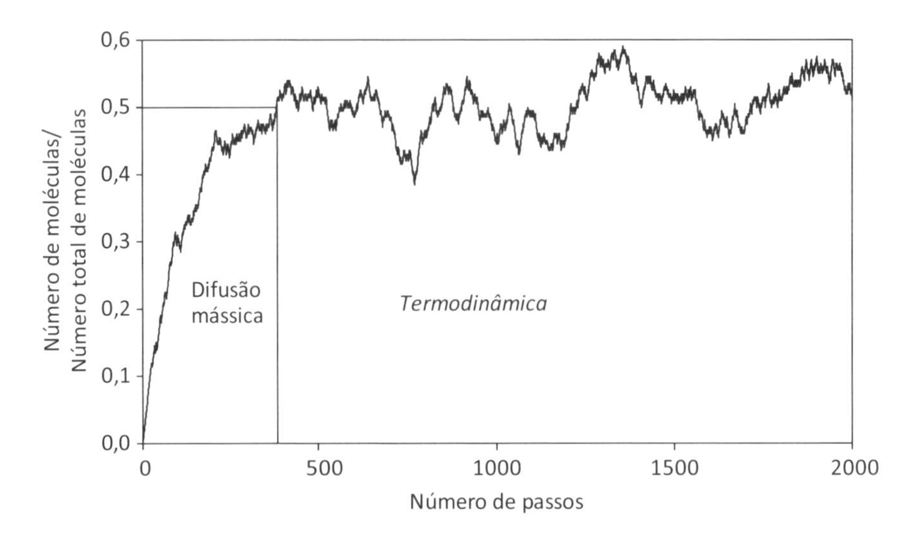

Figura 11.3 – Simulação do modelo de Ehrenfest.

11.7 PASSEIO ALEATÓRIO

O passeio aleatório é o exemplo mais emblemático da cadeia de Markov para a descrição do deslocamento de uma partícula material que, no caso de difusão mássica estocástica, está associada ao movimento errático de uma molécula (ou átomo, íon). O conceito, introduzido em 1905 por Karl Pearson, assume que determinada molécula, estando em certa posição x, no tempo 0, apresenta a probabilidade, no tempo posterior t, de se descolar no espaço unidimensional para a esquerda, probabilidade q, ou para a direita, probabilidade $p = 1 - q$, conforme ilustra a Figura 11.4.

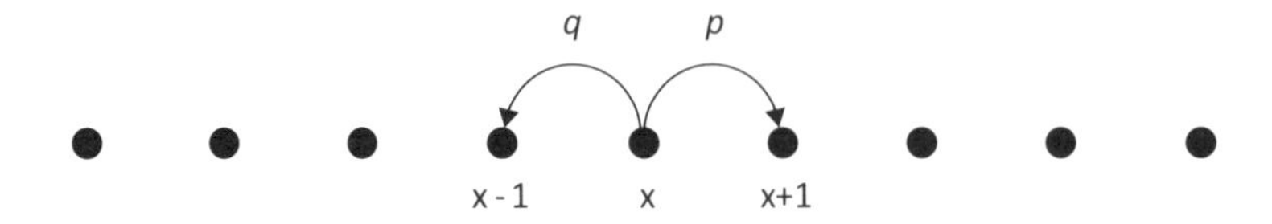

Figura 11.4 – Passeio aleatório unidimensional.

De igual modo ao modelo de Ehrenfest, considera-se que, transcorrido certo tempo t, a molécula se desloca, aleatoriamente, para a esquerda ou para a direita (q ou p), acarretando a seguinte matriz de transição (FERREIRA, 2009; LEVIN; PERES; WILMER, 2009)

$$p_{ik} = \begin{cases} p, & \text{se } k = i + 1 \\ q, & \text{se } k = i - i \\ 0, & \text{outros valores} \end{cases} \quad (11.22)$$

O algoritmo para a descrição do passeio aleatório unidimensional é semelhante ao apresentado no Exemplo 11.2. Aqui, todavia, durante o processo estocástico, ao longo do tempo, elege-se aleatoriamente o valor do número $x_i(0,1)$, para cada molécula, observando-se: caso $x_i < q$, faz-se $j = k - 1$; caso $x_i \geq p$, faz-se $j = k + 1$, sendo k a posição imediatamente anterior à atual $j = k$. Utilizando-se a série estocástica de números aleatórios, entre 0 e 1, advindos do Exemplo 11.1, obtém-se a Figura 11.5, considerando-se $p = q = 1/2$, para o passeio de uma molécula e *30.000* passos. O código empregado para a geração da Figura (11.5), para $L = 30.000$ números pseudoaleatórios, considerando-se $x_i(0,1)$, $k = r$, é o seguinte:

```
          dimension x(30000), y(30000)
          open(unit 10, file='aleatorio.dat', status='old')
10        read(10,*) L
          do 20 i =1,L
20        read(10,*) x(i)
          do 30 i =1,L
          if (x(i).LT.0.5) goto 40
          r = r -1
          goto 50
40        r = r +1
50        y(i) = r
30        continue
          do 60 i =1,N
60        write(*,*) i, y(i)
          stop
          end
```

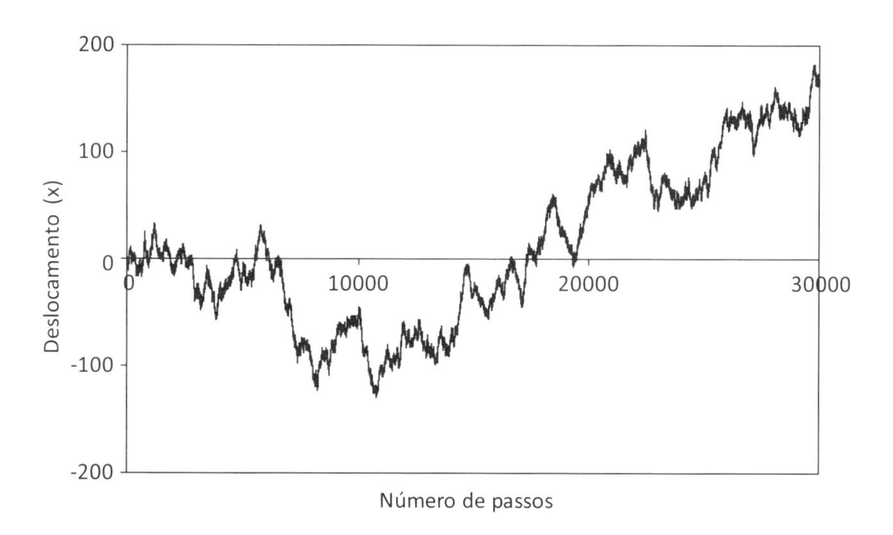

Figura 11.5 – Resultado da simulação do passeio aleatório unidimensional de uma molécula.

Em se tratando de passeio aleatório bidimensional, elege-se, para cada molécula, o valor do número $x_i(0,1)$, observando-se: caso $x_i \leq 0{,}25$, faz-se $i = k + 1$; caso $x < 0{,}5$, faz-se $i = k - 1$, sendo k a posição imediatamente anterior à atual i; *caso* $x \leq 0{,}75$, faz--se $j = n + 1$; caso $x > 0{,}75$, faz-se $j = n - 1$, sendo n a posição imediatamente anterior à atual j, configurando o par cartesiano (i,j) na identificação da posição da molécula no espaço bidimensional. A Figura 11.6 apresenta a simulação do passeio aleatório bidimensional para $L = 500$, *5.000*, *15.000* e *30.000* números pseudoaleatórios, $x(i)$, empregando-se o código que segue

```
      dimension x(60000), r(30000), s(30000)
      open(unit 10, file='aleatorio.dat', status='old')
10    read(10,*) L
      do 20 i =1,L
20    read(10,*) x(i)
      rx = 0
      sy = 0
      do 30 i = 1,L
      if (x(i).LE.0.25) goto 40
      if (x(i).LT.0.50) goto 50
      if (x(i).LE.0.75) goto 60
      sy = sy -1
      goto 70
40    rx = rx +1
      goto 70
50    rx = rx - 1
      goto 70
60    sy = sy + 1
70    s(i) = sy
      r(i) = rx
30    continue
      do 80 i =1,L
80    write(*,*) r(i),s(i)
      stop
      end
```

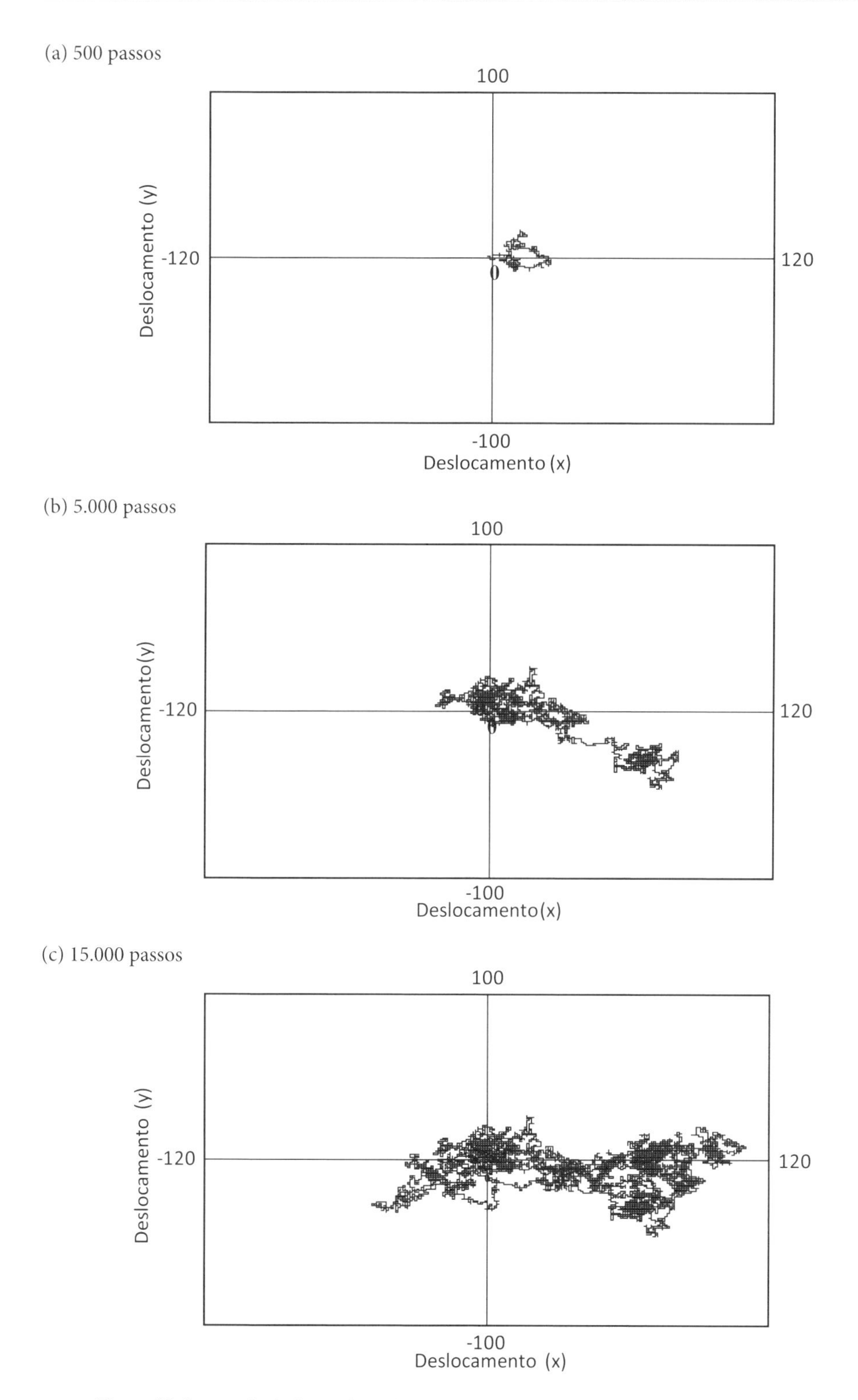

Figura 11.6 – Resultado da simulação do passeio aleatório bidimensional de uma molécula. *(continua)*

(d) 30.000 passos

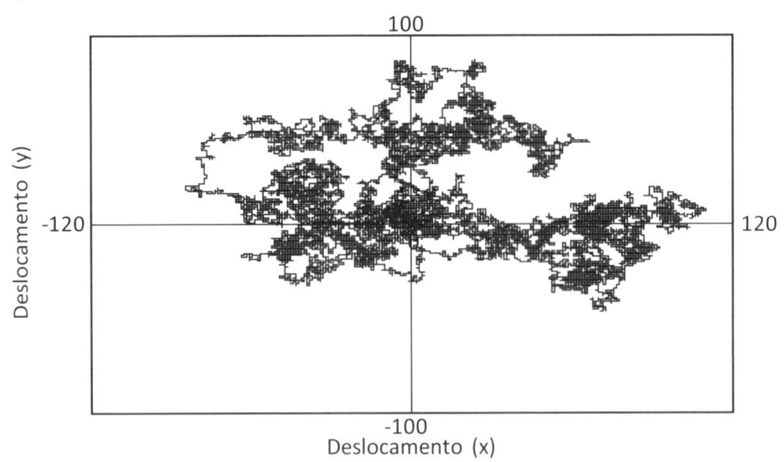

Figura 11.6 – Resultado da simulação do passeio aleatório bidimensional de uma molécula. *(continuação)*

Observa-se, por inspeção da Figura 11.6, a dispersão bidimensional aleatória da molécula ao longo do número de passos. Guardando as devidas proporções, pode-se compará-la com a Figura 1.1, que ilustrou a expansão do ser humano moderno na Europa a partir do Oriente Próximo, ou ainda com os resultados experimentais de Perrin sobre o movimento errático de grânulos de *1,4 micra* (Figura 1.5), resultando que a difusão mássica trata sobremaneira da dispersão molecular aleatória da matéria.

11.8 A 2ª LEI DE FICK COMO EQUAÇÃO MESTRE

Pode-se retomar o modelo do passeio aleatório em termos de uma equação mestre, a qual se refere a uma cadeia de Markov no limite em que o tempo é contínuo. Neste caso, assume-se a probabilidade $P(i,N)$ como sendo aquela em que uma molécula esteja em determinada posição i após o passo N. Tendo em vista que as moléculas apresentam a probabilidade de mover-se para a esquerda ou para a direita, considerando-se $p = q = 1/2$, é possível escrever

$$P(i,N)=\frac{1}{2}P(i+1,N-1)+\frac{1}{2}P(i-1,N-1) \tag{11.23}$$

Ao se identificar i enquanto posição adimensionalizada por um comprimento característico δ,

$$i \equiv \frac{x}{\delta} \tag{11.24}$$

e *N*, enquanto adimensional de certo tempo característico, τ,

$$N \equiv \frac{t}{\tau} \tag{11.25}$$

A Equação (11.23) é retomada como

$$P\left(\frac{x}{\delta},\frac{t}{\tau}\right)=\frac{1}{2}P\left(\frac{x}{\delta}+1,\frac{t}{\tau}-1\right)+\frac{1}{2}P\left(\frac{x}{\delta}-1,\frac{t}{\tau}-1\right) \tag{11.26}$$

Uma vez que a probabilidade do evento guarda independência do tempo e do espaço e visto que δ e τ são constantes, a Equação (11.26) é retomada, após multiplicá-la por δ e τ, como (NORDLUND, 2006)

$$P(x,t)=\frac{1}{2}P(x+\delta,t-\tau)+\frac{1}{2}P(x-\delta,t-\tau) \tag{11.27}$$

Subtraindo a Equação (11.27) por $P(x,t\text{-}\tau)$ e dividindo o resultado obtido por τ, tem-se

$$\frac{P(x,t)-P(x,t-\tau)}{\tau}=\frac{P(x+\delta,t-\tau)-2P(x,t-\tau)+P(x-\delta,t-\tau)}{2\tau} \tag{11.28}$$

Ao se considerar $P(x, t-\tau)$, $P(x+\delta,t-\tau)$ e $P(x-\delta, t-\tau)$ em termos de série de Taylor segundo

$$P(x,t-\tau)\cong P(x,t)+\frac{\partial P(x,t)}{\partial t}\tau \tag{11.29}$$

$$P(x+\delta,t-\tau)\cong P(x,t)+\frac{\partial P(x,t)}{\partial \delta}\delta+\frac{1}{2}\frac{\partial^2 P(x,t)}{\partial x^2}\delta^2-\frac{\partial P(x,t)}{\partial t}\tau \tag{11.30}$$

$$P(x-\delta,t-\tau)\cong P(x,t)-\frac{\partial P(x,t)}{\partial \delta}\delta+\frac{1}{2}\frac{\partial^2 P(x,t)}{\partial x^2}\delta^2-\frac{\partial P(x,t)}{\partial t}\tau \tag{11.31}$$

Substituindo-se as Equações (11.29), (11.30) e (11.31) na Equação (11.28), esta é retomada, após ajustes algébricos, como

$$\frac{\partial P(x,t)}{\partial t}\cong\frac{\delta^2}{2\tau}\frac{\partial^2 P(x,t)}{\partial x^2} \tag{11.32}$$

Escreve-se a aproximação contida na Equação (11.32) na forma de uma relação exata, ao se admitir a existência de uma constante, segundo

$$D_{AB} \cong \frac{\delta^2}{2\tau} \tag{11.33}$$

De modo que a Equação (11.32) é retomada como

$$\frac{\partial P(x,t)}{\partial t} = D_{AB}\frac{\partial^2 P(x,t)}{\partial x^2} \tag{11.34}$$

que é a 2ª lei de Fick em termos de função de probabilidades no espaço unidimensional, em que uma das soluções possíveis é a distribuição normal, na forma $N(0, \sigma^2)$:

$$P(x,t) = \frac{1}{\sqrt{4\pi D_{AB} t}} \exp\left(-\frac{x^2}{4D_{AB}t}\right) \tag{11.35}$$

Nota-se que a Equação (11.35) é uma distribuição gaussiana relacionando as características macroscópicas da difusão (D_{AB}) à distribuição de probabilidades do movimento aleatório de uma molécula. A Equação (11.35) advém, considerando-se condições de fronteira apropriadas, da solução da Equação (11.34), fornecendo, inclusive, indicação precisa sobre grandezas a serem medidas experimentalmente na forma da equação clássica de Einstein, em que relaciona o coeficiente de difusão ao deslocamento quadrático médio, $<x^2>$, para uma única dimensão. Para tanto, pode-se substituir a Equação (11.35) nas Equações (11.10) e (11.11) para obter, respectivamente, o valor médio do deslocamento das moléculas do soluto, e o valor do deslocamento quadrático médio por

$$\langle x \rangle = \int_{-\infty}^{+\infty} xP(x,t)dx = \frac{1}{\sqrt{4\pi D_{AB}t}} \int_{-\infty}^{+\infty} x \exp\left(-\frac{x^2}{4D_{AB}t}\right)dx = 0 \tag{11.36}$$

$$\langle x^2 \rangle = \int_{-\infty}^{+\infty} x^2 P(x,t)dx = \frac{1}{\sqrt{4\pi D_{AB}t}} \int_{-\infty}^{+\infty} x^2 \exp\left(-\frac{x^2}{4D_{AB}t}\right)dx = 2D_{AB}t \tag{11.37}$$

ou

$$D_{AB} = \frac{\langle x^2 \rangle}{2t} \tag{11.38}$$

Na situação de o passeio aleatório ocorrer em duas dimensões, a constante *2* é substituída por *4* ou *6* no caso de o passeio aleatório dar-se em três dimensões.

11.9 EQUAÇÃO DE LANGEVIN E O MOVIMENTO BROWNIANO

11.9.1 ABORDAGEM CLÁSSICA

Conforme apresentado no Capítulo 4, o mecanismo descrito para a difusão em líquidos foi baseado no movimento browniano. Ou seja, o movimento molecular do solvente, devido à sua energia cinética, na forma k_BT, causa o movimento aleatório do soluto. No modelo de Langevin, considera-se o movimento browniano, em uma dimensão, de uma molécula do soluto A de massa m e diâmetro d_A imersa em um fluido B de viscosidade dinâmica η_B. Tal molécula movimenta-se com velocidade $v(t)$ segundo (MENDES, 2009; SANTOS, 2011)

$$m\frac{dv(t)}{dt} = -3\pi\eta_B d_A v(t) + \xi(t) \tag{11.39}$$

sendo o termo $3\pi\eta_B d_A$ associado ao atrito viscoso de Stokes. Definindo-se o tempo característico de amortecimento viscoso, τ, na forma

$$\tau = \frac{m}{3\pi\eta_B d_A} \tag{11.40}$$

a Equação (11.39) é vista como

$$\frac{dv(t)}{dt} = -\frac{1}{\tau}v(t) + \frac{1}{m}\xi(t) \tag{11.41}$$

O tempo característico de amortecimento viscoso, τ, é da ordem de femtossegundos (*fs*) para moléculas "pequenas", de picossegundos (*ps*) para macromoléculas, e de nanossegundos (*ns*) para partículas visíveis ao microscópio óptico (SANTOS, 2016); $\xi(t)$ é o ruído branco gaussiano que segue a distribuição $N(0,1)$ (Equação 11.14). A Equação (11.39) é conhecida como equação de Langevin em termos da 2ª lei de Newton, caracterizada por apresentar uma componente determinística, associada à força de arraste, $\tau^{-1}v(t)$, sofrida pela molécula do soluto decorrente da força aleatória, $\xi(t)$, ou força de Langevin, a qual é devida à colisão das moléculas individuais do meio no soluto. Langevin (1908) define a velocidade da molécula (partícula) em dado instante na forma (bem como com $v(t) = v$)

$$v \equiv \frac{dx}{dt} \tag{11.42}$$

de modo que a Equação (11.39) é retomada como

$$\frac{d^2x}{dt^2} = -\frac{1}{\tau}\frac{dx}{dt} + \frac{1}{m}\xi(t) \tag{11.43}$$

Ao se multiplicar a Equação (11.43) por *x*, assim como considerando a Equação (11.42), tem-se como resultado (LANGEVIN, 1908)

$$\frac{1}{2}\frac{d^2x^2}{dt^2} - v^2 = -\frac{1}{2\tau}\frac{dx^2}{dt} + \frac{1}{m}x\xi(t) \tag{11.44}$$

Caso se admita a existência de número considerável de moléculas idênticas, e tomando a média da Equação (11.44), o valor médio do termo $x\xi(t)$ será nulo tendo em vista o comportamento de ruído nele presente. Assim, a Equação (11.44) em termos de valor médio é posta na forma, depois de rearranjada,

$$\frac{d\phi}{dt} + \frac{1}{\tau}\phi = 2\left\langle v^2 \right\rangle \tag{11.45}$$

em que

$$\phi = \frac{d\left\langle x^2 \right\rangle}{dt} \tag{11.46}$$

A solução da Equação (11.45) é

$$\phi = 2\tau\left\langle v^2 \right\rangle + Ce^{-\frac{t}{\tau}} \tag{11.47}$$

Para tempo característico, τ, na ordem de nanossegundos na qual o movimento browniano é observado, a Equação (11.47) reduz-se a

$$\phi = \frac{d\left\langle x^2 \right\rangle}{dt} = 2\tau\left\langle v^2 \right\rangle \tag{11.48}$$

Desse modo, para dado intervalo de tempo *t*, a integração da Equação (11.48) fornece (LANGEVIN, 1908)

$$\left\langle x^2 \right\rangle - \left\langle x_0^2 \right\rangle = 2\tau\left\langle v^2 \right\rangle t \tag{11.49}$$

Utilizando-se o princípio da equipartição de energia para uma dimensão,

$$\frac{1}{2}m\left\langle v^2\right\rangle = \frac{1}{2}k_B T \tag{11.50}$$

pode-se substituir as Equações (11.40) e (11.50) na Equação (11.49), resultando em

$$\frac{\left\langle x^2\right\rangle - \left\langle x_0^2\right\rangle}{2t} = \frac{k_B T}{3\pi\eta_B d_A} \tag{11.51}$$

Ao se definir o coeficiente de difusão de um soluto *A* diluído no meio *B* segundo [veja a Equação (11.38) para $x_0 = 0$]

$$D_{AB} \equiv \lim_{t\to\infty} \frac{\left\langle x^2\right\rangle - \left\langle x_0^2\right\rangle}{2t} \tag{11.52}$$

tem-se o resultado clássico obtido por Einstein,

$$D_{AB} = \frac{k_B T}{3\pi\eta_B d_A} \tag{11.53}$$

11.9.2 LIMITE VISCOSO

O movimento browniano no limite viscoso refere-se à situação em que a contribuição stokesiana é significativa o bastante a ponto de a contribuição do termo de aceleração, dv/dt, da equação de Langevin ser desprezível. Essa equação, portanto, é retomada segundo

$$\frac{1}{\tau}\frac{dx}{dt} = \frac{1}{m}\xi(t) \tag{11.54}$$

Na intenção de se avaliar a solução numérica para a Equação (11.54), torna-se necessária transformá-la para a forma diferencial, de modo a integrá-la de t a $t + \Delta t$, como (SCHERER, 2010)

$$\frac{1}{\tau}\int_t^{t+\Delta t} x(t')dt' = \frac{1}{m}\int_t^{t+\Delta t} \xi(t')dt' \tag{11.55}$$

A integral associada ao termo aleatório segue o processo de Wierner, permitindo retomar a Equação (11.55), no intervalo t a $t + \Delta t$, da seguinte maneira

$$\frac{1}{\tau}x(t+\Delta t)=\frac{1}{\tau}x(t)+\Delta W \tag{11.56}$$

em que o incremento ΔW, para cada passo i, advém de

$$\Delta W_i = R_i\sqrt{\psi\Delta t} \tag{11.57}$$

em que R_i é um número aleatório cuja PDF apresenta média igual a 0 e variância igual a 1, obtido, por exemplo, a partir ou da Equação (11.15) ou da (11.16). Ressalte-se que o incremento ΔW refere-se a um processo estocástico gaussiano, cuja PDF apresenta largura diretamente proporcional a $(\psi\Delta t)^{1/2}$. Para o caso em questão, considerando-se a propriedade da função de autocorrelação da força aleatória

$$\langle\xi(t)\xi(t')\rangle=\psi\delta(t-t') \tag{11.58}$$

pode-se assumir

$$\psi=2\left(\frac{3\pi\eta_B d_A}{m^2}\right)=2\frac{k_B T}{m\tau}=2\frac{\langle v^2\rangle}{\tau} \tag{11.59}$$

Ao substituir a Equação (11.59) na Equação (11.57) e o resultado na Equação (11.56), tem-se

$$x(t+\Delta t)=x(t)+\tau R_i\sqrt{2\frac{\langle v^2\rangle}{\tau}\Delta t}$$

ou

$$x(t+\Delta t)=x(t)+R_i\sqrt{2\langle v^2\rangle\tau\Delta t} \tag{11.60}$$

A Equação (11.60) sinaliza para

$$\langle x(t+\Delta t)-x(t)\rangle=\mu(x,t)\Delta t=0 \tag{11.61}$$

e

$$\mathrm{Var}\left[x(t+\Delta t)-x(t)\right]=\sigma^2(x,t)\Delta t \tag{11.62}$$

com

$$\sigma^2(x,t)=2\left\langle v^2\right\rangle\tau \tag{11.63}$$

Estabelecendo que o modelo do limite viscoso para a equação de Langevin, na forma da Equação (11.54), agora com o ruído branco gaussiano especificado como

$$\left\langle\xi(t)\xi(t')\right\rangle=\sigma^2\delta(t-t') \tag{11.64}$$

representa o mesmo processo markoviano expresso na forma da Equação (11.32), esta é retomada como

$$\frac{\partial P(x,t)}{\partial t}=\frac{\sigma^2}{2}\frac{\partial^2 P(x,t)}{\partial x^2} \tag{11.65}$$

revigorando a aplicabilidade da equação mestre, na forma da 2ª lei de Fick, em termos de função de probabilidade no espaço unidimensional, de igual maneira à Equação (11.32).

Exemplo 11.3

Por meio de técnica óptica em que se utilizam pulsos ultracurtos de luz *laser* em escala de femtossegundos, com espectros vibracionais intra e intermoleculares, torna-se possível obter informações sobre o coeficiente de difusão de moléculas de gases em água. Na intenção de se avaliar o movimento estocástico das moléculas de H_2 e N_2 em água a $25\ ^oC$ *(0,8911 cP)*, utilizou-se essa técnica, assumindo, todavia, que o fenômeno difusivo segue a 2ª lei de Fick em termos de função de probabilidade no espaço unidimensional, de modo que se tem uma solução gaussiana na forma da Equação (11.65), sendo possível a geração de números pseudoaleatórios por meio do método Box-Muller (BOX; MULLER, 1958) para R_i. Tendo em vista que se assume a difusão de uma molécula de gás e que o seu diâmetro molecular é da ordem de angstrom, o fenômeno difusivo é da ordem da escala de tempo de vibrações moleculares, portanto, de femtossegundos, *fs*, e o valor da massa de uma molécula do gás é da ordem de yoctogramas (*1 yoctograma* $= 1{,}0 \times 10^{-24}$ *gramas*). Assim sendo, o valor da constante de Boltzmann, utilizando-se unidades coerentes, é $k_B = 1{,}3806 \times 10^{-6}\ \text{Å}^2.yg/(fs^2.K)$; viscosidade dinâmica da água é igual a $\eta_B = 0{,}8911 cP = 0{,}08911\ yg/\ \text{Å}.fs$, com o resultado de D_{AB} em $\text{Å}^2/fs$, sendo que $1\ \text{Å}^2/fs = 1{,}0 \times 10^4\ m^2/s$. Dado o exposto, pede-se:

a) os valores da velocidade quadrática média em *Å/fs*, para os gases analisados;

b) o valor tempo característico de amortecimento viscoso, τ, em *fs*, para cada gás;

c) o valor do coeficiente de difusão para cada gás, utilizando-se a equação de Stokes--Einstein;

d) o valor do coeficiente de difusão dos gases no meio considerado, assumindo a hipótese do limite viscoso. Nesta situação, admite-se a descrição Einstein-Smoluchowski para a evolução do deslocamento da molécula, de maneira que, na evolução temporal do processo, se verifica

$$\Delta t >> \tau \tag{11.66}$$

Considere o movimento browniano de *2 mil* moléculas individuais em *30* passos de tempo, o que acarreta o tempo final do processo >> 30τ. Assuma que o diâmetro da molécula possa ser dado por seu diâmetro covalente em *Å*. A Tabela 1 apresenta as propriedades de interesse dos gases, ressaltando os valores experimentais do coeficiente de difusão para efeito de comparação com a modelagem proposta neste exemplo.

Tabela 1 – Propriedade dos gases H_2 e O_2

molécula	[a]m (yg)	[b]d_A (Å)	[c]$D_{AB} \times 10^4$ (Å^2/fs)
H_2	3,348	0,74	4,80
N_2	46,525	1,50	3,47

[a] valor calculado da massa de 1 molécula; [b] diâmetro covalente; [c] valor experimental.

Solução:

a) Os valores da velocidade quadrática média, para os gases analisados, advêm diretamente do emprego da Equação (11.50), retomada como

$$\left\langle v^2 \right\rangle = \frac{k_B T}{m} \tag{1}$$

Tendo em vista que foram fornecidos os valores de $k_B = 1,3806 \times 10^{-6}$ $Å^2.yg/(fs^2.K)$, $T = 25\ ^oC = 298,15\ K$ e a massa molecular presente na Tabela 1, tem-se para H_2 e N_2, respectivamente,

$$\left\langle v^2 \right\rangle_{H_2} = \frac{\left(1,3806 \times 10^{-6}\right)\left(298,15\right)}{\left(3,348\right)} = 1,229 \times 10^{-4}\ \overset{o}{A}/fs \tag{2}$$

$$\left\langle v^2 \right\rangle_{N_2} = \frac{\left(1,3806 \times 10^{-6}\right)\left(298,15\right)}{\left(46,525\right)} = 8,847 \times 10^{-6}\ \overset{o}{A}/fs \tag{3}$$

b) O valor do tempo característico de amortecimento viscoso, τ, para cada gás advém da Equação (11.40),

$$\tau = \frac{m}{3\pi \eta_B d_A} \tag{4}$$

Pode-se substituir o valor da viscosidade dinâmica da água, η_B = *0,08911 yg/ Å.fs*, bem como os valores dos diâmetros covalentes encontrados na Tabela 1 na Equação (4), obtendo-se

$$\tau_{H_2} = \frac{(3{,}348)}{(3)(\pi)(0{,}08911)(0{,}74)} = 5{,}39 \text{ fs} \tag{5}$$

$$\tau_{N_2} = \frac{(46{,}525)}{(3)(\pi)(0{,}08911)(1{,}50)} = 36{,}93 \text{ fs} \tag{6}$$

c) O cálculo do valor do coeficiente de difusão dos gases hidrogênio e nitrogênio em água a 25 ^oC advém da utilização da Equação (11.53), retomada na forma

$$D_{AB} = \frac{k_B T}{3\pi \eta_B d_A} \tag{7}$$

Ao se multiplicar e dividir a Equação (7) pela massa da molécula gasosa, verifica-se

$$D_{AB} = \left(\frac{k_B T}{m}\right)\left(\frac{m}{3\pi \eta_B d_A}\right) \tag{8}$$

na qual se identificam as Equações (1) e (4), ou

$$D_{AB} = \left\langle v^2 \right\rangle \tau \tag{9}$$

Trazendo os resultados (2), (3), (5) e (6) na Equação (9),

$$D_{H_2,H_2O} = \left(1{,}229 \times 10^{-4}\right)(5{,}39) = 6{,}62 \times 10^{-4} \text{ Å}^2/\text{fs} \tag{10}$$

$$D_{N_2,H_2O} = \left(8{,}847 \times 10^{-6}\right)(36{,}93) = 3{,}27 \times 10^{-4} \text{ Å}^2/\text{fs} \tag{11}$$

Ao se utilizar o desvio relativo (DR), segundo

$$\text{Desvio} = \left(\frac{D_{AB_{cal.}} - D_{AB_{exp.}}}{D_{AB_{exp.}}} \right) \times 100\% \qquad (12)$$

para comparar os resultados obtidos com aqueles experimentais apresentados na Tabela 1, verifica-se que o DR para a coeficiente de difusão do N_2 em água é de *–5,76%*, enquanto para o H_2 esse valor atinge *37,92%*. O resultado para o hidrogênio está diretamente associado à eleição de seu diâmetro molecular, havendo a indicação de que o seu diâmetro difusional venha a ser maior.

d) No modelo do limite viscoso utiliza-se a Equação (11.60). Considerando-se a igualdade da Equação (11.66) na Equação (11.60), esta é retomada como

$$x(t+\tau) = x(t) + R_i \sqrt{2\left\langle v^2 \right\rangle \tau^2}$$

ou

$$x(t+\tau) = x(t) + \beta R_i \qquad (13)$$

com

$$\beta = \sqrt{2\left\langle v^2 \right\rangle \tau^2} \qquad (14)$$

Trazendo os resultados (2), (3), (5) e (6) da Equação (13), obtêm-se para os gases hidrogênio e nitrogênio, respectivamente,

$$\beta_{H_2} = 0{,}0845\,\text{Å} \qquad (15)$$

$$\beta_{N_2} = 0{,}1553\,\text{Å} \qquad (16)$$

Considerando-se $L = 60.000$ a quantidade de números pseudoaleatórios; $M = 2.000$ o número de moléculas; $N = 30$ o número total de passos (de tempo, na presente situação), tem-se o seguinte código para $x(t) = p(i)$, $<x^2(t)>=dm(i)$

```
      dimension r(60000), p(3000), w(3000)
      open(unit 10, file='cosseno.dat', status='old')
10    read(10,*) L, M, N, Beta, Tau
```

```
      do 20 i =1,L
      read(10,*) r(i)
20    r(i)=Beta*r(i)
30    do 30 i =1,N
      w(i)=0
      do 40 j =1,M
      p(0) = 0
      do 50 i =1,N
      k = i + (j-1)*N
      p(i)= p(i-1)+r(k)
50    p2(i)=p2(i)+p(i)*p(i)
40    continue
      continue
      do 60 i =1,N
60    dm(i) = p2(i)/float(M)
      write(*,*) Tau*float(i),dm(i)
      stop
      end
```

Tendo em vista os resultados apresentados na Tabela 1 do Exemplo 11.1, será utilizada a Equação (11.16) para a geração do ruído branco, R_i. Os gráficos construídos são da forma $<x^2>$ *vs.* τ, de tal modo que o valor do coeficiente angular da reta obtida, α, fornece $2<v^2>\tau$. Como $<v^2>\tau = D_{AB}$, torna-se possível obter o valor do coeficiente de difusão por meio de $D_{AB} = \alpha/2$. As Figuras 1 e 2 foram construídas a partir da implantação do código, cujas retas obtidas possibilitam a apresentação da Tabela 2.

Tabela 2 – Obtenção do coeficiente de difusão de gases em água por meio do modelo do limite viscoso de Langevin

moléculas	r^2	$\alpha \times 10^4$ (Å^2/fs)	$D_{AB} \times 10^4$ (Å^2/fs)
H_2	0,9996	13,25	6,63
N_2	0,9996	6,54	3,27

Utilizando-se do desvio relativo, Equação (12), para comparar os resultados obtidos com aqueles experimentais, verifica-se que o desvio para a coeficiente de difusão do gás nitrogênio é de *–5,76%*, enquanto para o hidrogênio esse valor atinge *38,13%*.

Cabe o comentário apresentado logo após a Equação (11). Nota-se, entretanto, que o resultado obtido neste item (d) é praticamente o mesmo daquele que utiliza a equação de Stokes-Einstein.

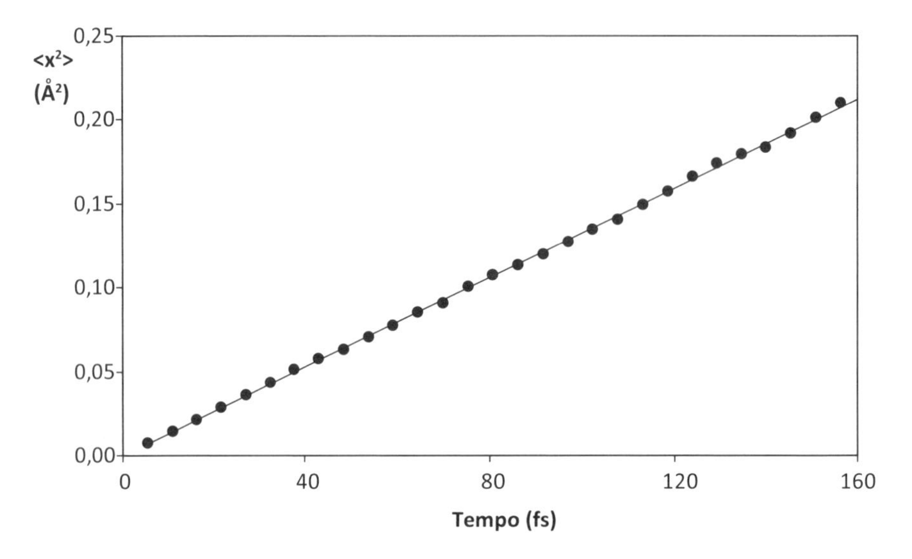

Figura 1 – Deslocamento médio quadrático em função do tempo: difusão do gás hidrogênio em água a *25 °C*.

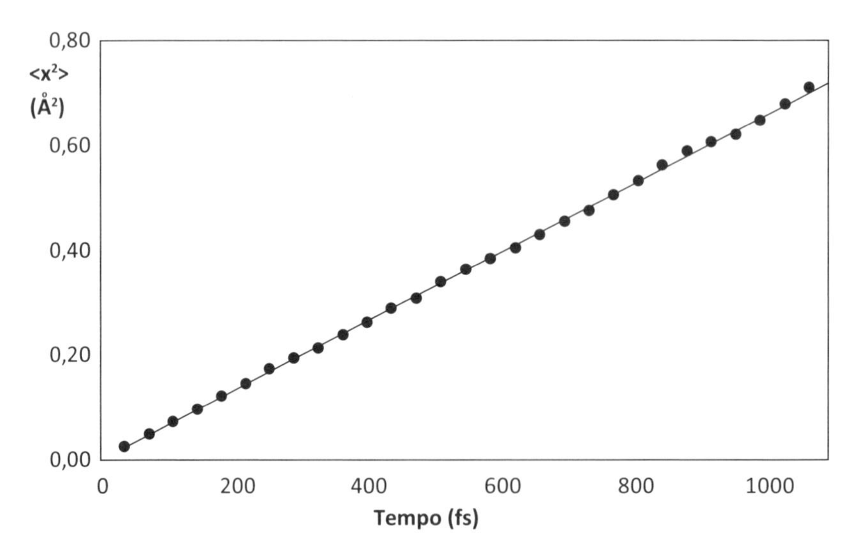

Figura 2 – Deslocamento médio quadrático em função do tempo: difusão do gás nitrogênio em água a *25 °C*.

REFERÊNCIAS

ALICIEO, T. V. R. et al. Análise do uso da membrana cerâmica de 0,2 μm na clarificação de cerveja. *Acta Scientiarum. Technology*, v. 30, n. 2, p. 181-186, 2008.

ALMEIDA FILHO, C. *Estudo experimental e teórico de coeficientes de difusão binários envolvendo componentes de óleos essenciais em dióxido de carbono supercrítico*. 2003. 108 f. Tese (Doutorado em Engenharia Química) – Universidade Federal de Santa Catarina, Florianópolis, 2003.

ALVES, C. M. *Modelos estocásticos para o tratamento da dispersão de material particulado na atmosfera*. 2006. 189 f. Tese (Doutorado em Modelagem Computacional) – Laboratório Nacional de Computação Científica, Rio de Janeiro, 2006.

ANJOS, M. A. et al. *Pequeno glossário de nanotecnologia*. Brasília: Ministério da Ciência e Tecnologia, Secretaria de Desenvolvimento Tecnológico e Inovação, Coordenação-Geral de Micro e Nanotecnologias, 2006. 21 p.

ASAEDA, M.; DU, L. D. Separation of alcohol/water gaseous mixtures by thin ceramic membrane. *Journal of Chemical Engineering of Japan*, v. 19, n. 1, p. 72-77, 1986.

BANER, A. et al. The application of a predictive migration model for evaluation compliance of plastic materials with European food regulations. *Food Additives and Contaminants*, v. 13, n. 15, p. 587-601, 1996.

BARBOSA, A. S.; BARBOSA, A. S.; RODRIGUES, M. G. F. Avaliação de membranas cerâmicas (α-alumina e γ-alumina) em sistema contínuo de separação emulsão óleo/água. In: ENCONTRO BRASILEIRO SOBRE ADSORÇÃO, 10., 2014. Guarujá. *Anais*... Guarujá, 2014. CD-ROM.

BARCHE, B.; HENKEL, M. KENNA, R. Fenômenos críticos: 150 anos desde Cagniard de la Tour. Tradução S. R. Dahmen. *Revista Brasileira de Ensino de Física*, v. 31, n. 2, p. 2602.2-2602.4, 2009.

BERNARDO, B. T. *Estudo de adsorção em leito fixo para o sistema heptano/tolueno/sílica gel usando líquidos iónicos como fase móvel*. 2011. 47 f. Dissertação (Mestrado) – Faculdade de

Ciências e Tecnologia, Universidade Nova de Lisboa, Lisboa, 2011.

BIRD, R. B.; STEWART, W. E.; LIGHTFOOT, E. N. *Transport phenomena.* New York: John Wiley & Sons, 1960. 780 p.

BITTENCOURT, J. A. *Fundamentals of plasma physics.* 3. ed. New York: Springer-Ver1ag, 2004. 678 p.

BOPARAI, H. K.; JOSEPH, M.; O'CARROLL, D. M. Kinetics and thermodynamics of cadmium ion removal by adsorption onto nano zerovalent iron particles. *Journal of Hazardous Materials*, v. 186, p. 458-465, 2011.

BORMAN, V. D.; NIKOLAEV, B. I.; NIKOLAEV, N. I. Transfer phenomena in a polar gas. *Soviet Physics JETP – Soviet Journal of Experimental and Theoretical Physics*, v. 23, n. 3, p. 544-547, 1966.

BOX, G.; MULLER, M. A note on the generation of random normal deviates. *The Annals of Mathematical Statistics*, v. 29, n. 2, p. 610-611, 1958.

BRACHT, H. Diffusion mechanisms and intrinsic point-defect properties in silicon. *MRS Bulletin*, June 2000. Disponível em: <www.mrs.org/publications/bulletin>. Acesso em: 7 fev. 2017.

BRAGA, N. P. *Processo de obtenção e separação do piperonal a partir do óleo essencial de pimenta longa* (Piper hispidinervium C. DC). 2007. 256 f. Tese (Doutorado) – Faculdade de Engenharia Química, Universidade Estadual de Campinas, Campinas, 2007.

BRÉMAUD, P. *Markov Chains:* Gibbs fields, Monte Carlo simulation, and queues. New York: Springer, 1998. 445 p.

BROKAW, R. S. Predicting transport properties of dilute gases. *Industrial & Engineering Chemistry Process Design and Development*, v. 8, n. 2, p. 240-253, 1969.

BROWN, T. et al. *R. Química:* La ciencia central. 9. ed. Mexico: Prentice-Hall, 2004. 1152 p.

BUDISA, N.; SCHULZE-MAKUCH, D. Supercritical carbon dioxide and its potential as a life-sustaining solvent in a planetary environment. *Life*, v. 4, p. 331-340, 2014.

BUNDE, A. et al. Correlating self- and transport diffusion in the Knudsen regime. *Diffusion fundamentals*, v. 2, n. 6, p. 1-12, 2005. Disponível em: <http://nbn-resolving.de/urn:nbn:de:bsz:15-qucosa-195159>. Acesso em: 10 fev. 2017.

CALDWELL, C. S.; BABB, A. L. Diffusion in ideal binary liquid mixtures. *The Journal of Physical Chemistry*, v. 60, n. 51, p. 51-56, 1956.

CALLEN, H. B. *Thermodynamics and Introduction to thermostatitics.* 2. ed. Singapore: John Wiley, 1985. 493 p.

CALLEN, H. B.; GREENE, R. F. On a theorem of irreversible thermodynamics. *Physical Review*, v. 86, n. 5, p. 702-710, 1952.

CANSELL, F.; REY, S.; BESLIN, P. Thermodynamics aspects of supercritical fluids processing: applications to polymers and waste treatment. *Revue de L'Institut Français du Pétrole*, v. 53, n. 1, p. 71-98, 1998.

CARLSON, L. H. C. et al. Extraction of lemongrass essential oil with dense carbon dioxide. *Journal of Supercritical Fluids*, v. 21, p. 33-39, 2001.

CASTRO, M. T. *Processos estocásticos e equações de difusão:* uma abordagem via formalismo de Paul Lévy para funções características. 2013. 116 f. Tese (Doutorado) – Instituto de Física, Universidade de Brasília, Brasília, 2013.

CATCHPOLE, O. J.; KING, M. B. Measurement and correlation of binary diffusion coefficients in near critical fluids. *Industrial & Engineering Chemistry Research*, v. 33, n. 7, p. 1828-1837, 1984.

CENCOV, N. N. Evaluation of an unknown distribution density from observations. *Soviet Mathematics*, v. 3, p. 1559-1562, 1962.

CHADWICK, A. V. Diffusion in nanocrystalline solids. *Diffusion Fundamentals*, v. 2, n. 44, p. 1-22, 2005. Disponível em: <nbn-resolving.de/urn:nbn:de:bsz:15-qucosa-195769>. Acesso em: 14 mar. 2017.

CHOI, J.-G.; DO, D. D.; DO, H. D. Surface diffusion of adsorbed molecules in porous media: monolayer, multilayer, and capillary condensation regimes. *Industrial & Engineering Chemistry Research*, v. 40, n. 19, p. 4005-4031, 2001.

CHOKSHI, A. H. Diffusion creep in oxide ceramics. *Journal of the European Ceramic Society*, v. 22, p. 2469-2478, 2002.

______. Diffusion creep in metals and ceramics: extension to nanocrystals. *Material Science and Engineering A*, v. 483-482, p. 485-491, 2008.

CÍVICOS, J. I. G *Separación de parafinas linelales y ramificadas em fase líquida mediante tamices moleculares*. 2006. 276 f. Tese (Doutorado) – Departamento de Ingeniería Química, Facultad de Ciencias Químicas, Universidad Complutense de Madrid, Madrid, 2006.

COOLEY, H.; GLEICH, P. H.; WOLF, G. *Desalination, with a grain of salt:* a California perspective. Pacific Institute for Studies in Development, Environment, and Security, June 2006. Disponível em <www.pacinst.org>. Acesso em 31 jan. 2017.

COOPER, S. M. et al. Gas transport characteristics through a carbon nanotube. *Nano Letters*, v. 4, n. 2, p. 377-381, 2004.

CORREA, S. M. B. B. *Probabilidade e estatística*. 2. ed. Belo Horizonte: PUC Minas Virtual, 2003. 116 p.

COSTA, C. T. O. G. *Equilíbrio de fases em sistemas com eletrólitos*: análise de modelos de energia livre de Gibbs em excesso. 2011. 148 f. Dissertação (Mestrado) – COPPE, Universidade Federal do Rio de Janeiro, Rio de Janeiro, 2011.

CRANK, J. *The mathematics of diffusion*. London: Oxford University Press, 1956.

_____. *The mathematics of diffusion*. 2. ed. London: Oxford University Press, 1975.

CREMASCO, M. A. Critério de identificação de mecanismo de convecção mássica em processos que utilizam fluidos supercríticos. In: CONGRESSO BRASILEIRO DE ENGENHARIA QUÍMICA, 17., 2008, Recife. *Anais*... Recife: 2008. CD-ROM.

______. *Operações unitárias em sistemas particulados e fluidomecânicos*. 2. ed. São Paulo: Blucher, 2014. 423 p.

______. *Fundamentos de transferência de massa*. 3. ed. São Paulo: Blucher, 2015. 460 p.

______. Avaliação teórica da separação do piperonal contido em uma solução de síntese a partir do safrol em leito móvel simulado. In: ENCONTRO BRASILEIRO SOBRE ADSORÇÃO, 11., 20016, Aracaju. *Anais*... Aracaju: 2016a. *Pendrive*.

______. Modelo simplificado para a descrição da adsorção de aminoácidos aromáticos em leito fixo. In: CONGRESSO BRASILEIRO DE ENGENHARIA QUÍMICA, 13., 2016, Fortaleza. *Anais*... Fortaleza, 2016b. v. 1. Disponível em: <https://proceedings.galoa.com.br/cobeq/cobeq-2016/trabalhos/modelo-simplificado-para-a-descricao-da-adsorcao-de-aminoacidos-aromaticos-em-leito-fixo>. Acesso em: 21 mar. 2017.

CREMASCO, M. A.; BRAGA, N. P. Síntese do piperonal a partir do óleo essencial de pimenta longa (*Piper hispidinervium* C. DC.). *Acta Amazonica*, v. 42, n. 2, p. 275-278, 2012.

CREMASCO, M. A.; HRITZKO, B. J.; WANG, N.-H. L. Determinação da porosidade do leito, coeficientes de partição e parâmetros de transferência de massa utilizando a técnica da análise das respostas de pulsos cromatográficos. In: CONGRESSO BRASILEIRO DE ENGENHARIA QUÍMICA, 13., 2000, Águas de São Pedro. *Anais*... Águas de São Pedro, 2000. CD-ROM.

CREMASCO, M. A.; MOCHI, V. T. Gradient step method to predict the ozone solubility in water. *Journal of Environmental Science and Engineering*, A 1, p. 256-260, 2012.

CREMASCO, M. A.; STARQUIT, A. N. Modeling for Taxol® separation in a simulated moving bed. *Brazilian Archives of Biology and Technology*, v. 53, p. 1433-1441, 2010.

CREMASCO, M. A.; STARQUIT, A. N; WANG, N.-H. L. Separation of L-tryptophan present in an aromatic amino acids mixture in a four-column simulated moving bed: experimental and simulation studies. *Brazilian Journal of Chemical Engineering*, v. 26, n. 3, p. 611-618, 2009.

CREMASCO, M. A.; WANG, N.-H. L. Estimation of partition, free and specific diffusion coefficients of paclitaxel and taxanes in a fixed bed by moment analysis: experimental, modeling and simulation studies. *Acta Scientiarum. Technology*, v. 34, n. 1, p. 33-40, 2012.

CREMASCO, M. A. et al. Separação de taxol em leito móvel simulado: resultados preliminares. In: CONGRESSO BRASILEIRO DE ENGENHARIA QUÍMICA, 13., 2000, Águas de São Pedro. *Anais*... Águas de São Pedro, 2000. CD-ROM.

CREMASCO, M. A. et al. Parameters estimation for amino acids adsorption in a fixed bed by moment analysis. *Brazilian Journal of Chemical Engineering*, v. 18, n. 2, p. 181-194, 2001.

CURRAT, M.; EXCOFFIER, L. Modern humans did not admit with Neanderthals during their range expansion into Europe. *PLoS Biology*, v. 2, n. 12, p. 2264-2274, 2004.

CURTARELLI, M. P. et al. Avaliação da dinâmica temporal da evaporação no reservatório de Itumbiara, GO, utilizando dados obtidos por sensoriamento remoto. *Revista Ambiente & Água*, v. 8, n. 1, p. 272-289, 2013.

D'AGOSTINO, C. et al. Prediction of mutual diffusion coefficients in non-ideal binary mixtures from PFG-NMR diffusion measurements. *Diffusion fundamentals*, v. 20, n. 109, p. 1-2, 2013. Disponível em: <http://nbn-resolving.de/urn:nbn:de:bsz:15-qucosa-184023>. Acesso em: 28 abr. 2017.

DAL'TOÉ, A. T. O. *Aplicação da teoria de Maxwell-Stefan e análise de correlações em mistura multicomponente com transferência de massa e calor utilizando a abordagem Euler-Lagrange.* 2014. 178 f. Dissertação (Mestrado em Engenharia Química) – Universidade Federal de Santa Catarina, Florianópolis, 2014.

DANTAS, T. L. P. *Separação de dióxido de carbono por adsorção a partir de misturas sintéticas do tipo gás de exaustão.* 2009. 159 f. Tese (Doutorado em Engenharia Química) – Universidade Federal de Santa Catarina, Florianópolis, 2009.

DARKEN, L. S. Diffusion, mobility and their interrelation through free energy in binary metallic systems. *The American Institute of Mining, Metallurgical, and Petroleum Engineers*, n. 175, p. 184-201, 1948.

DECHSIRI, C. *Particle transport in fluidized beds:* experiments and stochastic models. 2004. 175 f. Ph.D. Thesis – University of Groningen, Gronigen, Netherlands, 2004.

DELCHAMPS, D. F. *State-space and input-output linear systems.* New York: Springer-Verlag, 1988.

DEVROYE, L. *Non-uniform random variate generation.* New York: Springer-Verlag, 1986.

DIAS, P. M. C. A hipóteses estatística do teorema-H. *Química Nova*, v. 17, n. 6, p. 472-479, 1994.

DULLIEN, F. A. L. *Diffusivities in the ethanol-water system:* the applicability of the diaphragm cell method to the case of the systems where volume changes occurs mixing. 1960. 192 f. Ph.D. Thesis – Department of Chemical Engineering, University of British Columbia, Vancouver, 1960.

EL MEL, A.-A.; NAKAMURA, R.; BITTENCOURT, C. The Kirkendall effect and nanoscience: hollow nanospheres and nanotubes. *Beilstein Journal of Nanotechnology*, v. 6, p. 1348-1361, 2015.

EPSTEIN, N. On tortuosity and the tortuosity factor in flow and diffusion trought porous media. *Chemical Engineering Science*, v. 44, n. 3, p. 777-779, 1989.

ERSHOV, B. G.; MOROZOV, P. A. Decomposition of ozone in water at pH 4-8. *Russian Journal of Applied Chemistry*, v. 81, n. 11, p. 1777-1780, 2008.

FERREIRA, A. S. *Expoente de Hurst e diagrama de fase para persistência induzida amnesticamente em processos não-Markovianos.* 2009. 129 f. Tese (Doutorado) – Instituto de Física, Universidade Federal de Alagoas, Maceió, 2009.

FINOL, C.; CORONAS, J. Permeation of gases in asymetric ceramic membranes. *Chemical Engineering Education*, v. 33, n. 1, p. 58- 61, 1999.

FLOURY, J.; JEANSON, S.; ALY, S.; LORTAL, S. Determination of the diffusion coefficients of small solutes in cheese: a review. *Dairy Science & Technology*, v. 90, p. 477-508, 2010.

FROMENT, V. G. F.; BISCHOFF, K. B. B. *Chemical reactor analysis and design.* 2. ed. New York: John Wiley, 1990. 664 p.

FULLER, E. N.; SCHETTER, P. D.; GIDDINGS, J. C. A new method for prediction of binary gas-diffusion coefficients. *Industrial & Engineering Chemistry*, v. 58, n. 5, p. 19-27, 1966.

GAUR, R.; MISHRA, L.; GUPTA, S. K. S. Diffusion and transport of molecules in living cells. In: BASU, S. K.; KUMAR, N. (Ed.). *Modelling and Simulation of Diffusive Processes*. Chan: Springer International Publishing, 2014. p. 27-49.

GEANKOPLIS, C. *Transport processes and unit operations*. 3. ed. Englewood Cliffs: Prentice-Hall, 1993. 921 p.

GEISE, G. M. et al. Water permeability and water/salt selectivity tradeoff in polymers for desalination. *Journal of Membrane Science*, v. 369, p. 130-138, 2011.

GIORDANO, R. C. *Termodinâmica do equilíbrio aplicada à destilação etanol-água*. 1985. 223 f. Dissertação (Mestrado) – Faculdade de Engenharia, Universidade Estadual de Campinas, Campinas, 1985.

GLEITER H. Nanostructured materials: basic concepts a microestructure. *Acta Materialia*, v. 48, p. 1-29, 2000.

GOLDSACK, D. E.; FRANCHETTO, R. The viscosity of concentrated electrolyte solutions. I. Concentration dependence at fixed temperature. *Canadian Journal of Chemistry*, v. 55, p. 1062-1072, 1977.

GOMES, J. F. P. et al. Study on the use of MgAl hydrotalcites as solid heterogeneous catalysts for biodiesel production. *Energy*, v. 90, p. 1-9, 2011.

GORDON, A. R. The diffusion constant of an electrolyte, and its relation to concentration. *The Journal of Chemical Physics*, v. 5, n. 7, p. 522-526, 1937.

GREEN JR., B. F. Fortran subroutines for random sampling without replacement. *Behavior Research Methods & Instrumentation*, v. 9, p. 559-559, 1977.

GUIMARÃES, A. P. *Estudos sobre a difusão de hidrocarbonetos em materiais microporosos*. 2011. 189 f. Tese (Doutorado em Química) – Universidade Federal do Ceará, Fortaleza, 2011.

HABERT, A. C.; BORGES, C. P.; NOBREGA, R. *Processos de separação por membranas*. Rio de Janeiro: E-papers, 2006. 180 p.

HIRSCHFELDER, J. O.; BIRD, R. B.; SPOTZ, E. L. The transport properties of gases and gaseous mixtures. *Chemical Reviews*, v. 44, n. 1, p. 205-231, 1949.

HOLMES, M. J.; VAN WINKLE, M. Prediction of ternary vapor-liquid equilibria from binary data. *Industrial and Engineering Chemistry*, v. 62, n. 1, p. 21-31, 1970.

IIDA, T.; GUTHRIE, R. J. L. *The physical properties of liquid metals*. Oxford: Clarendon Press, 1988. 288 p.

JAMES, F. A review of pseudorandom number generators. *Computer Physics Communications*, n. 60, p. 329-344, 1990.

JAWORSKI, Z.; CZERNUSZEWICZ, M.; GRALLA, L. A comparative study of thermodynamic eletrolyte models applied to the Solvay soda system. *Chemical and Process Engineering*, v. 32, n. 2, p. 135-154, 2011.

JIANG, Q.; ZHANG, S. H.; LI, J. C. Grain size-dependent diffusion activation energy in nanomaterials. *Solid State Comunication*, v. 130, p. 581-594, 2004.

JOKIC, S. et al. Effects of supercritical CO_2 extraction parameters on soybean oil yield. *Food and Bioproducts Processing*, v. 90, p. 693-699, 2012.

KITTIDACHA, W. *Diffusion coefficients of biocides in supercritical carbon dioxide*. M. Sc. 1999. 72 f. Thesis – Department of Chemical Engineering, Oregon State University, Corvallis, 1999.

KLEIN, M, J. Entropy and the Ehrenfest model. *Physica*, v. 22, p. 569-575, 1956.

KOH, J-H.; WANKAT, P. C.; WANG, L. N.-H. Pore and surface diffusion and bulk-phase mass transfer in packed and fluidized beds. *Industrial & Engineering Chemistry Research*, v. 37, p. 228-239, 1998.

LANGEVIN, P. Sur la théorie du mouvement brownie. *C. R. Acad. Sci*, v. 146, p. 530, 1908.

LAUNAY, A.; THOMINETTE, F.; VERDU, J. Water sorption in amorphous poly(ethylene terephthalate). *Journal of Applied Polymer Science*, v. 73, p. 1131-1137, 1999.

LEBON, G.; JOU, D. Early history of extended irreversible thermodynamics (1953–1983): an exploration beyond local equilibrium and classical transport theory. *The European Physical Journal H*, v. 40, p. 205-240, 2015.

LEVIN, D. A.; PERES, Y.; WILMER, E. L. *Markov chains and mixing times*. Providence: American Mathematical Society, 2009. 371 p.

LIONG, K. K.; WELLS, P. A.; FOSTER, N. R. Diffusion in supercritical fluids. *The Journal of Supercritical Fluids*, v. 4, p. 91-108, 1991.

LIPSCHUTZ, S. *Probabilidade*. 3. ed. Tradução de R. B. Itacarabi. São Paulo: McGraw-Hill do Brasil, 1972. 228 p. (Coleção Schaum).

LIU, X.; BARDOW, A.; VLUGT, T, J. H. Maxwell-Stefan diffusivities and velocity cross-correlations in dilute ternary systems. *Diffusion fundamentals*, v. 16, n. 81, p. 1-11, 2011. Disponível em: <http://nbn-resolving.de/urn:nbn:de:bsz:15-qucosa-185709>. Acesso em: 15 fev. 2017.

MA, Z.; WHITLEY, R. D.; WANG, N.-H. Pore and surface diffusion in multicomponent adsorption and liquid chromatography systems. *AIChE Journal*, v. 42, n. 5, p. 1244-1262, 1996.

MACCLUER, C. R. Nonconvergence of the Ehrenfest thought experiment. *American Journal of Physics*, v. 77, p. 695-696, 2009.

MACEDO, H. M. *Elementos da teoria cinética dos gases*. Rio de Janeiro: Guanabara Dois, 1978. 198 p.

MACKIE, J.; MEARES, P. The diffusion of electrolytes in a cation exchange resin membrane. *Proceedings of the Royal Society of London*, v. A323, p. 498-509, 1955.

MAGALHÃES, A. L. et al. Simple and accurate correlations for diffusion coefficients of solutes in liquids and supercritical fluids over wide ranges of temperature and density. *The Journal of Supercritical Fluids*, v. 76, p. 94-114, 2013.

MAKRODIMITRI, Z. A.; UNRUH, J. M.; ECONOMOU, I. G. Molecular simulation of diffusion of hydrogen, carbon monoxide, and water in heavy n-alkanes, *The Journal of*

Physical Chemistry B, v. 115, p. 1429-1439, 2011.

MARTINS, L. A. A. *Modelagem e determinação do coeficiente convectivo de transferência de massa de partículas de NaCl no escoamento de salmoura*. 2014. 84 f. Dissertação (Mestrado em Engenharia Química) - Universidade Federal Rural do Rio de Janeiro, Seropédica, 2014.

MASSARANI, G. *Fluidodinâmica em sistemas particulados*. Rio de Janeiro: Editora UFRJ, 1997. 192 p.

MEDINA, I. Determination of diffusion coefficients for supercritical fluids. *Journal of Chromatography A*, v. 1250, p. 124-140, 2012.

MEHRER, H. *Diffusion in solids*. Leipzig: Springer, 2007. 651 p.

MEHRER, H.; STOLWIJK, N. A. Heroes and highlights in the history of diffusion. *Diffusion fundamentals*, v. 11, n. 1, p. 1-32, 2009. Disponível em: <http://ul.qucosa.de/fileadmin/data/qucosa/documents/18859/diff_fund_11%282009%291.pdf>. Acesso em: 15 maio 2017.

MENDES, F. M. *Processos estocásticos em física:* teoria e fundamentos. Brasília: Instituto de Física da Universidade de Brasília, 2009. 229 p.

MERTEN, U. Flow relationships in reverse osmosis. *Industrial & Engineering Chemistry Fundamentals*, v. 2, n. 3, p. 229-232, 1963.

METZLER, R.; KLAFTER, J. The random walk's guide to anomalous diffusion: a fractional dynamics approach. *Physics Reports*, v. 339, p. 1-77, 2000.

MONCHICK, L.; MASON, E. A. Relaxation phenomena in the kinetic theory of gases. *APL Technical Digest*, v. 1, n. 6, p. 19-23, 1962.

MÜLLER, I.; WEISS, W. Thermodynamics of irreversible processes - past and present. *The European Physical Journal H*, v. 37, p. 139-236, 2012.

NARASIMHAN, T. N. Fourier's heat conduction equation: History, influence, and connections. *Reviews of Geophysics*, v. 37, v. 1, p. 151-172, 1999.

NEUFELD, P. D.; JANZEN, A. R.; AZIZ, R. A. Empirical equations to calculate 16 of the transport collision integrals Ωl,s* for the Lennard-Jones (12-6) potential. *The Journal of Chemical Physics*, v. 57, n. 3, p. 1100-1102, 1972.

NICOLAU, J. C. H. C. *Modelação e estimação de séries financeiras através de equações diferenciais estocásticas*. 2000. 425 f. Tese (Doutorado) - Instituto Superior de Economia e Gestão, Universidade Técnica de Lisboa, Lisboa, 2000.

NORDLUND, K. *Basics of Monte Carlo simulations*. [S.l.], 2006. Disponível em: <http://www.acclab.helsinki.fi/~knordlun/mc/mc7nc.pdf>. Acesso em: 10 ago. 2017.

OLIVEIRA, J. A. F. *Modelagem e simulação da solubilidade de sais em sistemas aquosos com monoetilenoglicol*. 2014. 210 f. Tese (Doutorado em Engenharia Química) - Universidade Federal do Rio Grande do Norte, Natal, 2014.

OLOFSSON, P; ANDERSSON, M. *Probability, statistics, and stochastic processes*. 2. ed. New York: John Wiley & Sons, 2011. 569 p.

ONSAGER, L. Reciprocal relations in irreversible processes. *Physical Review*, v. 37, p. 405-427, 1931.

OUYANG, L.-B. New correlations for predicting the density and viscosity of supercritical carbon dioxide under conditions expected in carbon capture and sequestration operations. *The Open Petroleum Engineering Journal*, v. 4, p. 13-21, 2011.

PACITTI, T.; ATKINSON, C. P. *Programação e métodos computacionais*. Rio de Janeiro: Livros Técnicos e Científicos Editora, 1976. v. 2. 668 p.

PADUANO, L. et al. Transport and thermodynamincs properties of (D.L) norleucine-water and (L) phenylalanine-water at 25 °C. *Journal of Molecular Liquids*, v. 47, p. 193-202, 1990.

PARATISKAYA, L. N.; KAGANOVSKI, Y.; BOGDANOV, V. V. Size-dependent diffusion of nanomaterials. *Solid State Phenomena*, v. 94, p. 25-34, 2003.

PAREZ, S.; GUEVARA, G.; VRABEC, J. Mutual diffusion in the ternary mixture of water + methanol + ethanol and its binary subsystems. *Physical Chemistry*, Feb. 2013. Disponível em: <www.researchgate.net/publication/235522207>. Acesso em: 21 jul. 2017.

PARK, C. M. et al. Environmental behavior of engineered nanomaterials in porous media: a review. *Journal of Hazardous Materials*, v. 309, p. 133-150, 2016.

PARRIS, P. *Molecular simulation studies in the supercritical region*. 2010. 159 f. Ph.D. Thesis – Department of Chemical Engineering, University College London, London, 2010.

PEEBLES JR, Z. P. *Probability, random variables and random signal principles*. 2. ed. New York: McGraw-Hill, 1987. 349 p.

PEKER, H. S.; SMITH, J. M.; McCOY, B. J. Caffeine extraction rates from coffee beans with supercritical carbon dioxide. *AIChE Journal*, v. 38, n. 5, p. 761-770, 1992.

PENG, P. et al. Joining silver nanomaterials at low temperatures: processes, properties, and applications. *ACS Applied Materials and Interfaces*, v. 7, p. 12597-12618, 2015.

PEREIRA JR., A. R.; FREITAS, M. E. A.; LACERDA, W. S. Geração de números aleatórios. *Sinergia*, v. 3, n. 2, p. 154-161, 2002.

PERNA, R. F.; CREMASCO, M. A.; SANTANA, C. C. Chromatographic separation of verapamil racemate using a varicol continuous multicolumn process. *Brazilian Journal of Chemical Engineering*, v. 32, p. 929-939, 2015.

PERRIN, M. J. *Brownian movement and molecular reality*. London: Taylor and Francis, 1910. 93 p.

PERTLER, M.; BLASS, E.; STEVENS, G. W. Fickian diffusion in binary mixtures that form two liquid phases. *AIChE Journal*, v. 42, n. 4, p. 910-920, 1996.

PINTO, D. M. G. et al. Clarificação de vinho branco por ultrafiltração utilizando membranas cerâmicas. *Brazilian Journal of Food Technology*, v. 11, n. 4, p. 305-312, 2008.

PIRES, M. J. R. G. R. *Propriedades de corantes azo em soluções aquosas*: influência da temperatura e do meio iónico. 2013. 170 f. Tese (Doutorado) – Universidade da Beira Interior, Covilhã, 2013.

POKROPIVNY, V. et al. *Introduction in nanomaterials and nanotechnology*. Tartur: University of Tartur, Institute of Physics, 2007. 225 p.

POLING, B. E.; PRAUSNITZ, J. M.; O'CONNELL, J. P. *The properties of gases and liquids*. 5. ed. New York: McGraw-Hill, 2004. 707 p.

PORTNOI, M. *Probabilidade, variáveis aleatórias, distribuição de probabilidades e geração aleatória*. Salvador: Universidade Salvador, 2005. 30 p.

PRAUSNITZ, J. M.; LICHTENTHALER, R. N.; AZEVEDO, E. G. *Molecular thermodynamics of fluid-phase equilibria*. 3. ed. Upper Saddler River: Prentice-Hall, 1999. 860 p.

PRIGOGINE, I. *Time, structure and fluctuations*. Nobel Lecture, 8 dez. 1977. Disponível em: <www.nobelprize.org/nobel_prizes/chemistry/laureates/1977/prigogine-lecture.pdf>. Acesso em: 9 set. 2017.

RAMOS, A. M. *Separação do piperonal contido em uma solução de síntese a partir do óleo essencial de pimenta longa* (Piper hispidinervium C. DC) *por cromatografia líquida de alta eficiência com injeção empilhada*. 2014. 104 f. Tese (Doutorado) – Faculdade de Engenharia Química, Universidade Estadual de Campinas, Campinas, 2014.

RAMOS, J. J. M.; LEITÃO, L. L. A atmosfera da Terra: sua origem, evolução e características actuais. *Boletim SPQ*, n. 44/45, p. 53-65, 1991.

RASPO, I. et al. Diffusion coefficients of solids in supercritical carbon dioxide: modelling of near critical behaviour. *Fluid Phase Equilibria*, v. 263, p. 214-222, 2008.

RATHBUN, R. E.; BABB, A. L. Empirical method for prediction of the concentration dependence of mutual diffusivities in binary mixture of associated and nonpolar liquids. *Industrial & Engineering Chemistry Process Design and Development*, v. 5, n. 3, p. 273-275, 1966.

RAWLINGS, J. B.; EKERDT, J. G. *Chemical reactor analysis and design fundamentals*. Madison: Nob Hill Publishing, 2002. 609 p.

REID, R. C.; PRAUSNITZ, J. M.; POLING, B. E. *The properties of gases and liquids*. 4. ed. New York: McGraw-Hill, 1988. 741 p.

REID, R. C.; PRAUSNITZ, J. M.; SHERWOOD, T. K. *The properties of gases and liquids*. 3. ed. New York: McGraw-Hill, 1977. 688 p.

ROBINSON, R. A.; STOKES, R. H. *Electrolyte solutions*. London: Butterworths Publications, 1955. 512 p.

ROUQUEROL, J. et al. Recommendations for the characterization of porous solid. *Pure and Applied Chemistry*, v. 66, n. 8, p. 1739-1758, 1994.

RUTH, M. Insights from thermodynamics for the analysis of economic processes. In: KLEIDON, A.; LORENZ, R. D. (Eds.). *Non-equilibrium thermodynamics and the production of entropy*. Berlin: Springer-Verlag, 2005. p. 243-254.

RUTHVEN, D. M. Diffusion through porous media: ultrafiltration, membrane permeation and molecular sieving. *Diffusion fundamentals*, v. 11, n. 13 p. 1-20, 2009. Disponível em: <nbn-resolving.de/urn:nbn:de:bsz:15-qucosa-188922>. Acesso em: 12 fev. 2017.

SALDAÑA, M. et al. Extraction of purine alkaloids from maté (*Ilex paraguarienses*) using supercritical CO_2. *Journal of Agricultural and Food Chemistry*, v. 47, n. 9, p. 3804-3808, 1999.

SANTOS, F. F. T. *Classes de soluções para a equação de Langevin generalizada.* 2011. 110 f. Tese (Doutorado) – Instituto de Física, Universidade de Brasília, Brasília, 2011.

SANTOS, M. N. B. *Teoria cinética de gases e líquidos.* Lisboa: Instituto Técnico Superior, 2016. Disponível em: <http://web.ist.utl.pt/berberan/PQF/Teoria%20Cinetica%20de%20gases%20 e%20liquidos.pdf>. Acesso em: 28 maio 2017.

SASSIAT, P. et al. Measurement of diffusion coefficient in supercritical carbon dioxide and correlation with the equation of Wilke and Chang. *Analytical Chemistry*, v. 59, n. 8, p. 1164-1170, 1987.

SCHERER, C. *Métodos computacionais da Física.* 2. ed. São Paulo: Livraria da Física, 2010. 299 p.

SCHRAGE, L. A more portable Fortran random number generation. *ACM Transactions on Mathematical Software*, v. 5, n. 2, p. 132-138, 1979.

SCHWANKE, R. O. *Determinação da difusividade de hidrocarbonetos aromáticos em zeólitas Y por métodos cromatográficos.* 2003. 95 f. Dissertação (Mestrado em Engenharia Química) – Universidade Federal de Santa Catarina, Florianópolis, 2003.

SEARS, F. W.; SALINGER, F. W. *Termodinámica, teoría cinética y termodinámica estadística.* 2. ed. Barcelona: Editorial Reverté, 1978. 524 p.

SHARMA, Y. C. et al. Alumina nanoparticule for the removal of Ni (II) from aqueous solutions. *Industrial and Engineering Chemistry Research*, v. 47, p. 8095-8100, 2008.

SHEHU, H.; OKON, E.; GOBINA, E. The use of nano-composite ceramics membranes for gas separation. *Proceedings of the World Congress on Enginering*, London, v. 2, 2015. Disponível em: <http://www.iaeng.org/publication/WCE2015/WCE2015_pp1225-1229.pdf>. Acesso em: 15 maio 2017.

SIDDIQ, M. A.; LUCAS, K. Correlations for prediction of diffusion in liquids. *The Canadian Journal of Chemical Engineering*, v. 64, p. 839-843, 1986.

SILLER, R. H. *The thermodynamics and diffusion kinetics of interstitial solid solutions.* 1971. 112 f. Ph.D. Thesis – Department of Metallurgy Engineering, Rice University, Houston, 1971.

SILVA, C. M. et al. Binary diffusion coefficients of α-pinene and β-pinene in supercritical carbon dioxide. *The Journal of Supercritical Fluids*, v. 32, p. 167-175, 2004.

SILVA, V. R.; SCHEER, A. P. Estudo do processamento por microfiltração de soluções aquosas de pectina em membranas cerâmicas. *Acta Scientiarum. Technology*, v. 33, n. 2, p. 215-220, 2011.

SMITH, J. M.; VAN NESS, H. C. *Introdução à termodinâmica da Engenharia Química.* 3. ed. Rio de Janeiro: Guanabara Dois, 1980. 593 p.

SPIEGEL, M. R. *Probabilidade e estatística.* São Paulo: McGraw-Hill do Brasil, 1978. 527 p.

STRÖHER, A. P. et al. Tratamento de efluente têxtil por ultrafiltração em membrana cerâmica. *E-xata*, v. 5, n. 1, p. 39-44, 2012.

SUN, H. et al. Fractional differential models for anomalous diffusion. *Physica A*, v. 389, p. 2719-2724, 2010.

TANAKA, Y. et al. Specific volume and viscosity of ethanol-water mixture under high pressure. *The Review of Physical Chemistry of Japan*, v. 47, n. 1 p. 12-24, 1977.

TATEISHI, A. A. *Desenvolvimento do conceito de difusão:* de Fourier ao modelo de pente. 2010. 104 f. Dissertação (Mestrado). Departamento de Física da Universidade Estadual de Maringá, Maringá, 2010.

TAYLOR, H. M.; KARLIN, S. *An introduction to stochastic modeling*. 3. ed. San Diego: Academic Press, 1998. 631 p.

TAYLOR, R.; KRISHNA, R. *Multicomponent mass transfer*. New York: John Wiley & Sons, 1993. 579 p.

TORAL, R.; CHAKRABARTI, A. Generation of gaussian distributed random numbers by using a numerical inversion method. *Computer Physics Communications*, n. 74, p. 327-334, 1993.

VAN KAMPEN, N. G. *Stochastic processes in physics and chemistry*. Elservier Science: Amsterdan, 1992. 465 p.

VAVRUCH, I. Conceptual problems of modern irreversible thermodynamics. *Chemické Listy*, v. 96, p. 271-275, 2002.

VERWEIJ, H.; SCHILLO, M. C.; LI, J. Fast mass transport through carbon nanotube membranes. *Small*, v. 3, n. 12, p. 1996-2004, 2007.

VLUGT, T, J.H.; LIU, X. BARDOW, A. Multicomponent Maxwell-Stefan diffusivities at infinite dilution. *Diffusion fundamentals*, v. 16, n. 74, p. 1-2, 2011. Disponível em: <http://nbn-resolving.de/urn:nbn:de:bsz:15-qucosa-185709>. Acesso em: 15 fev. 2017.

WALTON, M. Molecular diffusion rates in supercritical water vapor estimated from viscosity data. *American Journal of Science*, v. 258, p. 385-401, 1960.

WEITKAMP. J. Zeolites and catalysis. *Solid State Ionics*, v. 131, p. 175-188, 2000.

WELLE, F. A new method for the prediction of diffusion coefficients in poly(ethylene terephthalate). *Journal of Apllied Polymer Science*, v. 129, n. 4, p. 1845-1851, 2013.

WELLE, F.; FRANZ, R. Diffusion coefficients and activation energies of diffusion of low molecular weight migrants in poly(ethylene terephthalate) bottles. *Polymer Testing*, v. 31, p. 93-101, 2012.

WELTY, J. R.; WILSON, K. E.; WICKS, E. *Fundamentals of momentum, heat and mass transfer.* 2. ed. New York: John Wiley & Sons, 1976. 789 p.

WENSINK, E. J. W. et al. Dynamic properties of water-alcohol mixtures studied by computer simulation. *Journal of Chemical Physics*, v. 119, n. 14, p. 7308-7317, 2003.

WIDMER, P. F. *Viscosity of a three components system acetone-ethanol-water, at 25 °C and 30 °C*. 1957. 30 f. M. Sc. Thesis – Department of Chemical Engineering, Newark College of Engineering, Newark, 1957.

WILKE, C. R. Diffusional properties of multicomponent gases. *Chemical Engineering Progress*, v. 46, p. 95-104, 1950.

WILKE, C. R.; CHANG, P. Correlation of diffusion coefficients in dilute solutions. *AIChE Journal*, v. 1, n. 2, p. 264-270, 1955.

WILKE, C. R.; LEE, C. Y. Estimation of diffusion coefficients for gases and vapors. *Industrial and Engineering Chemistry*, v. 47, p. 1253-1257, 1955.

WU, T.-Y. On the nature of theories of irreversible processes. *International Journal of Theoretical Physics*, v. 2, n. 4, p. 325-343, 1969.

XIAO, J. *The diffusion mecanism of hydrocarbons in zeolites*. 1990. 195 f. D. Sc. Thesis – Department of Chemical Engineering, Massachusetts Institute of Technology, Cambridge, 1990.

YASUDA, H.; LAMAZE, C. E.; IKENBERRY, L. D. Permeability of solutes through hydrated polymer membranes. Part I. Diffusion of sodium chloride. *Die Makromolekulare Chemie*, v. 118, p. 19-35, 1968.

NOMENCLATURA

a_A	Atividade do soluto *A*	$[F.L.mol^{-1}]$
A_p	Termo relativo ao acúmulo de matéria, em base mássica	$[M.L^{-3}.T^{-1}]$
Bi_M	Número de Biot mássico	adimensional
c	Concentração mássica do átomo difundente na estrutura cristalina	$[M.L^{-3}]$
c_i	Concentração mássica do átomo difundente na estrutura cristalina no plano *i*, para *i* = *A*, *B* ou *O*	$[M.L^{-3}]$
C	Concentração molar da mistura ou da solução	$[mol.L^{-3}]$
C_i	Concentração molar da espécie *i*; *i* =*1*, *2*, ..., *i*, ...*N*; *i* = *A*, *B*, *i*, *j*	$[mol.L^{-3}]$
C_i	Concentração molar do íon *i*	$[mol.L^{-3}]$
d_A	Diâmetro molecular característico da espécie *A*	[L]
d_{AB}	Diâmetro difusional de Fuller, Schetter e Giddings (1966)	[L]
d_{cr}	Diâmetro médio crítico de cristalitos em uma matriz porosa	[L]
d_p	Diâmetro da partícula; diâmetro médio de Sauter	[L]
D_0	Fator pré-exponencial do coeficiente de difusão	$[L^2.T^{-1}]$
D_a	Coeficiente de difusão atômica em estrutura cristalina	$[L^2.T^{-1}]$
D_A	Coeficiente de difusão do eletrólito *A*	$[L^2.T^{-1}]$
D_{AA}	Coeficiente de autodifusão do soluto *A* no meio *A*	$[L^2.T^{-1}]$
D_{AB}	Coeficiente binário de difusão do soluto *A* no meio *B*; coeficiente de difusão termodinâmico	$[L^2.T^{-1}]$

D^{o}_{AB}	Coeficiente binário de difusão do soluto *A* diluído no meio *B*	$[L^2.T^{-1}]$
D^{o}_{BA}	Coeficiente binário de difusão do soluto *B* diluído no meio *A*	$[L^2.T^{-1}]$
D_c	Coeficiente de difusão configuracional; difusividade configuracional	$[L^2.T^{-1}]$
D_{cB}	Coeficiente de autodifusão da espécie *B* em condição termodinâmica supercrítica	$[L^2.T^{-1}]$
D_{ef}	Coeficiente de difusão efetivo; difusividade efetiva	$[L^2.T^{-1}]$
D_i	Coeficiente de difusão iônica	$[L^2.T^{-1}]$
D_K	Coeficiente de difusão de Knudsen	$[L^2.T^{-1}]$
$D_{K,ef}$	Difusividade efetiva de Knudsen	$[L^2.T^{-1}]$
D_m	Coeficiente de difusão em membrana	$[L^2.T^{-1}]$
D_n	Coeficiente simples de difusão em nanomateriais metálicos	$[L^2.T^{-1}]$
D_p	Coeficiente simples de difusão nos poros; difusividade nos poros	$[L^2.T^{-1}]$
D_S	Coeficiente de difusão superficial	$[L^2.T^{-1}]$
D_V	Coeficiente de difusão capilar ou viscosa	$[L^2.T^{-1}]$
$D_{V,ef}$	Coeficiente efetivo de difusão capilar ou viscosa	$[L^2.T^{-1}]$
D^{o}_{i}	Coeficiente de difusão iônica em condição de diluição infinita	$[L^2.T^{-1}]$
D_{ij}	Coeficiente binário de difusão da espécie *i* no meio *j*	$[L^2.T^{-1}]$
D_{iM}	Coeficiente de difusão da espécie *i* no meio multicomponente *M*	$[L^2.T^{-1}]$
$Đ_{ij}$	Coeficiente mútuo de difusão de Maxwell-Stefan da espécie *i* na espécie *j*, pertencentes à mistura multicomponente *M*	$[L^2.T^{-1}]$
E	Potencial eletrostático	$[F.L.Q^{-1}]$
f(x)	Função de distribuição da função de densidade de probabilidade (PDF) da variável *x*	–
$\hat{f}_A$	Fugacidade do soluto *A* (mistura)	$[F.L^{-2}]$
F_z	Força motriz termodinâmica	$[F.mol^{-1}]$
Fo_M	Número de Fourier mássico	adimensional
G	Energia livre de Gibbs	[F.L]

G	Permeância molar	$[mol.F^{-1}]$
$g(\sigma)$	Função de distribuição radial de contato	adimensional
H	Coeficiente de hidratação	adimensional
H	Entalpia	[F.L]
I	Força iônica	$[mol.M^{-1}]$
$j_{A,r}$	Fluxo difusivo radial do soluto A, em base mássica	$[M.L^{-2}.T^{-1}]$
j_m	Fluxo difusivo do permeado na matriz porosa, em base mássica	$[M.L^{-2}.T^{-1}]$
j_x	Fluxo difusivo de átomos do soluto na matriz cristalina na direção *x*, em base mássica	$[M.L^{-2}.T^{-1}]$
$\vec{j}_i$	Fluxo difusivo de *i*, vetorial, em base mássica	$[M.L^{-2}.T^{-1}]$
$j_{i,z}$	Fluxo difusivo de *i*, na direção *z*, em base mássica	$[M.L^{-2}.T^{-1}]$
$\vec{j}_i^c$	Fluxo advectivo de *i*, vetorial, em base mássica	$[M.L^{-2}.T^{-1}]$
$j_{i,z}^c$	Fluxo advectivo de *i*, na direção *z*, em base mássica	$[M.L^{-2}.T^{-1}]$
$\vec{J}_i$	Fluxo difusivo de *i*, vetorial, em base molar	$[mol.L^{-2}.T^{-1}]$
$J_{i,z}$	Fluxo difusivo de *i*, na direção *z*, em base molar	$[mol.L^{-2}.T^{-1}]$
$\vec{J}_i^c$	Fluxo advectivo de *i*, vetorial, em base molar	$[mol.L^{-2}.T^{-1}]$
$J_{i,z}^c$	Fluxo advectivo de *i*, na direção *z*, em base molar	$[mol.L^{-2}.T^{-1}]$
k	Condutividade térmica	$[F.T^{-1}.t^{-1}]$
k	Permeabilidade da matriz porosa	$[L^2]$
k_B	Constante de Boltzmann	$[L^2.M.T^{-1}.t^{-1}]$
k_D	Constante da velocidade de reação homogênea (de primeira ordem)	$[T^{-1}]$
k_m	Coeficiente convectivo de transferência de massa	$[L.T^{-1}]$
k_p	Constante modificada de Henry para isotermas lineares; coeficiente de partição	adimensional
k_s	Constante da velocidade de reação heterogênea (de primeira ordem)	adimensional
K	Coeficiente anômalo de difusão	$[L^2.T^{-1}]$
Kn	Número de Knudsen	adimensional

ℓ	Comprimento devido à relação entre volume e área superficial da partícula	[L]
L	Quantidade de números pseudoaletórios	adimensional
L_{ij}	Coeficientes fenomenológicos de Onsager	$[L^2.T^{-1}]$
m	Massa de uma partícula material	[M]
m_A	Molalidade da espécie *A*	$[mol.M^{-1}]$
m_i	Massa da espécie *i*; *i = 1, 2..., i, ... N*; *i = i, j*	[M]
M	Massa molar do meio (mistura ou solução)	$[M.mol^{-1}]$
M	Número de moléculas	–
M_i	Massa molar da espécie *i*; *i =1, 2, ..., i, ... N*; *i = A, B, i, j*	$[M.mol^{-1}]$
n_A	Número de átomos em uma estrutura cristalina	[átomos]
n_i	Número de mols da espécie *i*; *i = 1, 2, ..., i, ... N*	[mol]
$\vec{n}_i$	Fluxo global de *i*, vetorial, em base mássica	$[M.L^{-2}.T^{-1}]$
$n_{A,i}$	Fluxo global de *A*, na direção $i = x, y, z$ ou $i = r, \theta, z$, em base mássica	$[M.L^{-2}.T^{-1}]$
$n_{i,z}$	Fluxo global de *i*, na direção *z*, em base mássica	$[M.L^{-2}.T^{-1}]$
N	Número de passos	–
N_0	Número de Avogadro	$[molécula.mol^{-1}]$
$\vec{N}_i$	Fluxo global de *i*, vetorial, em base molar	$[mol.L^{-2}.T^{-1}]$
$N_{A,i}$	Fluxo global de *A*, na direção $i = x, y, z$ ou $i = r, \theta, z$, em base molar	$[mol.L^{-2}.T^{-1}]$
$N_{i,z}$	Fluxo global de *i*, na direção *z*, em base molar	$[mol.L^{-2}.T^{-1}]$
P	Pressão termodinâmica; pressão total do sistema	$[F.L^{-2}]$
P_A^{vap}	Pressão de vapor da espécie *A*	$[F.L^{-2}]$
P(A)	Probabilidade de ocorrência do evento *A*	–
P(i,N)	Probabilidade de ocorrência do evento *A* no passo *N*	–
p_A	Pressão parcial da espécie *A*	$[F.L^{-2}]$
p_{ik}	Matriz de transição	–
q	Velocidade superficial da solução	$[L.T^{-1}]$
q_A	Concentração mássica de *A* nas paredes (internas e externas) dos poros	$[M.L^{-3}]$

q_z	Fluxo de calor condutivo na direção *z*	$[F.L^{-1}.t^{-1}]$
Q	Energia de ativação difusional	[F.L]
r	Raio da matriz porosa exposta à difusão radial do soluto	[L]
r''_A	Taxa de reação química heterogênea, em base mássica	$[M.T^{-1}]$
r'''_A	Fluxo devido à taxa de reação química homogênea, em base mássica	$[M.L^{-2}.T^{-1}]$
R'''_A	Fluxo devido à taxa de reação química homogênea, em base molar	$[mol.L^{-2}.T^{-1}]$
R	Constante universal dos gases	$[F.mol^{-1}.t^{-1}]$
R	Raio da partícula	[L]
R_h	Raio hidráulico	[L]
R_i	Ruído branco gaussiano	–
S	Entropia	[F.L]
S	Solubilidade	$[L^4.T^{-2}.F^{-1}]$
S_p	Diferença, produção de entropia	[F.L]
S_V	Superfície específica	$[L^2.L^{-3}]$
t	Tempo	[T]
T	Temperatura; temperatura termodinâmica	[t]
T_b	Temperatura normal de ebulição	[t]
U	Energia interna	[F.L]
u_A	Mobilidade característica da espécie *A*	$[L.T^{-1}]$
$u_{A,z}$	Mobilidade do soluto *A* na direção *z*	$[L.T^{-1}]$
$u_{i,z}$	Mobilidade iônica do íon *i* na direção *z*	$[L.T^{-1}]$
$\vec{v}$	Velocidade média do meio, vetorial, em base mássica	$[L.T^{-1}]$
v_z	Velocidade média do meio, na direção *z*, em base mássica	$[L.T^{-1}]$
$v_{i,z}$	Velocidade absoluta da espécie *i*, na direção *z*, em base mássica	$[L.T^{-1}]$
v, v(t)	Velocidade de uma partícula material	$[L.T^{-1}]$
$\langle v^2 \rangle$	Velocidade quadrática média	$[L^2.T^{-2}]$
$\overline{v}_A$	Volume parcial molar da espécie *A*	$[L^3.mol^{-1}]$

V	Volume	[L^3]
V_A	Volume de ocupação da molécula *A*	[L^3]
V_b	Volume molar à temperatura normal de ebulição	[$L^3.mol^{-1}$]
v_i	Velocidade do meio na direção $i = x, y, z$ ou $i = r, \theta, z$	[$L.T^{-1}$]
V_L	Volume livre de ocupação (aquele não ocupado pelo soluto *A*)	[L^3]
x	Direção espacial *x*; trajetória; percurso; deslocamento	[L]
x_i	Fração molar (para líquido) para a espécie *i*; $i = 1, 2..., i, ... N; i = A, B, i, j$	adimensional
x_i	Número aleatório inteiro	–
$\langle x \rangle$	Deslocamento médio	[L]
$\langle x^2 \rangle$	Deslocamento quadrático médio	[L^2]
X_i	Força motriz generalizada de Onsager	–
y	Direção espacial *y*	[L]
$\langle y_A \rangle$	Fração molar média da espécie *A*	adimensional
y_A^{vap}	Fração molar da espécie *A* em condição de saturação	adimensional
y_i	Fração molar (para gás/vapor) para a espécie *i*; ... $i = 1, 2..., i, ... N; i = A, B, i, j$	adimensional
w_i	Fração mássica para a espécie *i*; $i = 1, 2..., i, ... N; i = A, B, i, j$	adimensional
$W_{A,r}$	Taxa difusiva radial do soluto *A*, em base mássica	[$M.T^{-1}$]
W_R	Taxa real de reação	[$M.T^{-1}$]
W_S	Taxa de reação baseada nas condições da superfície externa da partícula	[$M.T^{-1}$]
z	Número de coordenação	adimensional
z	Direção espacial *z*	[L]
z_i	Carga do íon *i*	

LETRAS GREGAS

γ_A	Coeficiente de atividade da espécie *A*; da solução eletrolítica ±	adimensional
Γ	Frequência de saltos energéticos de átomos em uma estrutura cristalina	adimensional
Γ	Fator termodinâmico para meio líquido	adimensional
Γ_{ij}	Fator termodinâmico para meio líquido referente às espécies *i* e *j*	adimensional
Γ^V	Fator termodinâmico para meio gasoso	adimensional
$\Gamma_\pm$	Fator termodinâmico para soluções eletrolíticas	adimensional
δ	Percurso característico de difusão; espessura da matriz porosa; profundidade	[L]
ΔE	Energia de ativação	[F.L]
ΔG_m	Diferença da energia livre de Gibbs de ativação para a migração atômica em estrutura cristalina	[F.L]
ΔH_m	Diferença de entalpia para a migração atômica em estrutura cristalina	[F.L]
ΔP	Diferença de pressão em uma matriz polimérica	$[F.L^{-2}]$
ΔS_m	Diferença de entropia para a migração atômica em estrutura cristalina	[F.L]
Δt	Incremento no tempo	[T]
ΔW	Processo estocástico gaussiano	–
ε	Fração de vazios; porosidade	adimensional
ε_{AB}	Energia máxima de atração entre as espécies *A* e *B*	[F.L]
ε_i	Energia máxima de atração da espécie *i*; para *i* = *A*, *B*	[F.L]
ε_p	Fração de vazios da matriz porosa; porosidade da partícula	adimensional
η	Fator de efetividade	adimensional
η	Viscosidade dinâmica; viscosidade dinâmica da solução concentrada	$[M.L^{-1}.T^{-1}]$
η_A	Viscosidade dinâmica do meio *A* (com *B* diluído neste meio)	$[M.L^{-1}.T^{-1}]$
η_B	Viscosidade dinâmica do meio *B* (com *A* diluído neste meio)	$[M.L^{-1}.T^{-1}]$
η_{H2O}	Viscosidade dinâmica da água	$[M.L^{-1}.T^{-1}]$
θ	Concentração adimensional do soluto *A*	adimensional
$<\theta>$	Concentração média adimensional do soluto *A*	adimensional
λ	Caminho livre médio	[L]

λ_{AB}	Caminho livre médio da mistura binária composta pelas espécies *A* e *B*	[L]
λ_i	Condutividade iônica limite	[ohm.eq^{-1}]
Λ	Correção de idealidade para a viscosidade dinâmica de soluções binárias	adimensional
μ	Média; esperança; valor esperado	–
μ	Momento dipolar	[L.Q]
μ_i	Potencial químico da espécie *i*; *i* = *1, 2...*, *i, ... N*; *i* = *A, B*	[F.L.mol^{-1}]
ν	Coeficiente estequiométrico	–
ξ	Componente (força) aleatória	–
ξ	Distância adimensional	adimensional
ξ	Momento dipolar adimensional	adimensional
π	Pressão osmótica	[F.L^{-2}]
ρ	Concentração mássica do meio (mistura ou solução); massa específica	[M.L^{-3}]
ρ_A	Concentração mássica da espécie *A* no interior dos poros	[M.L^{-3}]
$\langle\rho_A\rangle$	Concentração média mássica da espécie *A*	[M.L^{-3}]
ρ_i	Concentração mássica da espécie *i*; *i* = *1, 2...*, *i, ... N*; *i* = *A, B*	[M.L^{-3}]
ρ_i	Massa específica da espécie *i*; para *i* = *A, B*	[M.L^{-3}]
ρ_L	Massa específica do soluto *A* na fase líquida	[M.L^{-3}]
σ	Diâmetro de colisão	[L]
σ	Produção de entropia por unidade de tempo	[F.L^{-2}.T^{-1}]
σ^2	Variância, segundo momento	–
σ_A	Diâmetro médio difusional do difundente (soluto) *A*	[L]
σ_{AB}	Diâmetro médio de colisão entre as espécies *A* e *B*	[L]
σ_p	Diâmetro médio dos poros	[L]
τ	Tempo característico; tempo característico de amortecimento viscoso	[T]
τ	Tortuosidade da matriz porosa	adimensional
Σv_i	Volume de difusão (ou difusional) de Fuller, Schetter, Giddings (1966) da espécie *i*	[L^3.mol^{-1}]
φ	Parâmetro de associação do solvente; relação entre os volumes V_A e V_L	adimensional
$\hat{\varphi}_A$	Coeficiente de fugacidade do soluto *A*	adimensional

Φ	Módulo de Thiele	adimensional
ϑ_i	Taxa mássica da espécie *i*; para *i* = *A, B*	$[M.T^{-1}]$
ω	Frequência vibracional atômica do difundente em uma estrutura cristalina	$[T^{-1}]$
ϕ	Esfericidade da partícula	adimensional
ϕ	Variação do deslocamento médio quadrático do tempo	$[L^2.T^{-1}]$
Ω	Velocidade média molecular	$[L.T^{-1}]$
Ω_D	Integral de colisão	adimensional

SUBSCRITOS

0	Pré-exponencial; condição inicial; interface
1, 2, ...	Espécies químicas *1, 2, ...*
A	Espécie química *A*
B	Espécie química *B*
c	Condição termodinâmica crítica
c_B	Condição termodinâmica crítica do meio (solvente) B
i	Espécie *i*; plano ou região *i*
j	Espécie *j*
Kn	Permeância molar devido à difusão de Knudsen
M	Meio multicomponente *M*
mistura	Mistura; meio
r_B	Condição termodinâmica reduzida do meio (solvente) B
s	Superfície do meio
V	Permeância molar devido ao fluxo viscoso
x	Direção espacial *x*
z	Direção espacial *z*

SOBRESCRITOS

o	Condição de diluição do soluto no meio considerado
•	Coeficiente binário de difusão devido à contribuição ponderada das espécies envolvidas
*	Equilíbrio termodinâmico
I	Subsistema *I*
II	Subsistema *II*

ÍNDICE REMISSIVO

A

B

C

E

F

N

O

P

T

U

V

Z